高等职业教育系列教材

MySQL数据库应用与开发技术

温立辉 王 圆 王海林 练敏灵 编 著

机械工业出版社

本书以 MySQL 数据库的应用为主线，讲解数据库编程开发中关系数据表的创建与使用、数据查询与运算、视图与索引的应用、三大范式设计原则、存储过程开发、触发器应用、数据库运维管理、数据备份与恢复、事务处理、数据库建模设计等方面的知识。每章均有与知识、技能相配套的练习题，可满足课程数字化教学的要求。同时，本书融入了思政教育元素，每章均有拓展阅读，可满足课程教学过程中对思政环节的需求。

本书可作为电子与信息大类专业数据库课程的教材，也可作为数据库开发设计人员的参考用书。

本书配有微课视频，扫描二维码即可观看。另外，本书配有电子课件，需要的教师可登录机械工业出版社教育服务网（www. cmpedu. com）免费注册，审核通过后下载，或联系编辑索取（微信：13261377872，电话：010-88379739）。

图书在版编目（CIP）数据

MySQL 数据库应用与开发技术/温立辉等编著．—北京：机械工业出版社，2023. 10（2024. 7 重印）

高等职业教育系列教材

ISBN 978-7-111-74070-4

Ⅰ．①M…　Ⅱ．①温…　Ⅲ．①SQL 语言-数据库管理系统-高等职业教育-教材　Ⅳ．①TP311. 132. 3

中国国家版本馆 CIP 数据核字（2023）第 198618 号

机械工业出版社（北京市百万庄大街 22 号　邮政编码 100037）

策划编辑：和庆娣　　责任编辑：和庆娣　李培培

责任校对：张昕妍　张　薇　　责任印制：单爱军

北京虎彩文化传播有限公司印刷

2024 年 7 月第 1 版第 2 次印刷

184mm×260mm · 15. 25 印张 · 395 千字

标准书号：ISBN 978-7-111-74070-4

定价：65. 00 元

电话服务
客服电话：010-88361066
010-88379833
010-68326294

网络服务
机　工　官　网：www. cmpbook. com
机　工　官　博：weibo. com/cmp1952
金　　书　　网：www. golden-book. com
机工教育服务网：www. cmpedu. com

Preface

前　言

党的二十大报告指出，必须坚持科技是第一生产力、人才是第一资源、创新是第一动力，深入实施科教兴国战略、人才强国战略、创新驱动发展战略，开辟发展新领域新赛道，不断塑造发展新动能新优势。

信息化产业是一个新兴产业，同时也是一个高新技术产业，其科技含量高、能耗低、绿色可持续发展，是国家重点扶持的产业。信息产业的发展必须有强大的后备人才，高校信息化专业是信息产业人才的重要培养阵地。

本书根据当前信息技术领域主流的关系型数据库应用技术，结合行业岗位技能需求而编写，讲述 MySQL 数据库基本特性、SQL 编码开发、服务管理三大方面知识，分基础技能与高级应用两部分。

全书共 11 章，第 1~5 章为基础技能，第 6~11 章为高级应用，在学习、教学过程中可根据实际情况加以选择。

第 1 章为 MySQL 数据库基础，讲述关系数据库基本概念及 MySQL 数据库的安装与配置。

第 2 章为数据库和数据表操作，讲述关系数据表的创建、修改及相关数据项约束。

第 3 章为数据检索操作，讲述数据检索中条件筛选、分组、排序以及聚合函数的使用等操作。

第 4 章为数据插入、更新和删除操作，讲述数据表如何进行插入、更新、删除三大类型操作。

第 5 章为视图与索引，讲述视图的常规应用及数据表索引的管理。

第 6 章为关系数据库设计范式，讲述数据库设计中的三大范式原则。

第 7 章为存储过程，讲述存储过程的作用以及相关编码开发技术。

第 8 章为触发器，讲述触发器的应用及编码语法。

第 9 章为数据库运维管理，讲述数据库用户创建、权限分配、数据运维等方面操作。

第 10 章为关系数据库事务管理，讲述事务功能、原理、特征、封锁机制、隔离级别设置等方面的知识。

第 11 章为数据库设计，讲述信息系统开发中后台数据库设计的原理、方法及如何使用建模工具进行数据库表实体存储方案设计。

本书深入浅出，通俗易懂，使用形象化语言，将理论与实践相结合，以更加生动的形式讲述相关知识。另外，本书特别强调知识的运用，突出技能目标，注重实践能力的培养与技能目标的达成。每章均有与程序开发人员职业岗位相关的素质目标，在指导教学活动时能更好地培养学生的职业素养。

本书是“MySQL 数据库应用与开发技术”在线开放课程的配套教材，读者可以在超星平台加入在线课程的学习。

本书由河源职业技术学院温立辉、广东行政职业学院王圆、企业资深架构师王海林与高级开发工程师练敏灵共同编著。由于时间比较仓促，难免有疏漏或不足之处，恳请广大读者批评指正。

编　者

二维码资源清单

序号	名称	图形	页码	序号	名称	图形	页码
1	1.1.1 数据库发展历程		1	10	3.1.2 查询检索语法		51
2	2.1.1 MySQL 自带的库节点		20	11	3.2.1 数据检索条件筛选语法-WHERE 子句		55
3	2.2.1 数据表相关概念-主键和外键		23	12	3.2.1 数据检索条件筛选语法-HAVING 子句		56
4	2.2.1 数据表相关概念-数据类型分类		25	13	3.3.1 数据检索分组语法		63
5	2.2.2 数据表的创建		26	14	3.4.1 数据检索排序语法		65
6	2.2.4 数据表结构的修改		31	15	3.5.1 数据检索分页语法		67
7	2.3.1 主键约束		36	16	3.6.1 常用的聚合函数		70
8	2.3.3 非空约束		38	17	3.7.1 多表连接操作的语法		74
9	3.1.1 数据库操作语句		50	18	3.8.1 WHERE 类型子查询		81

（续）

序号	名称	图形	页码	序号	名称	图形	页码
19	4.1.1 数据插入语法		90	29	7.1.1 存储过程的优点		128
20	4.2.1 数据更新语法		95	30	7.1.2 存储过程的种类		129
21	4.3.1 数据删除语法		97	31	7.3.1 输入参数（IN）		132
22	5.1.1 认识视图		103	32	7.3.2 输出参数（OUT）		132
23	5.2.1 认识索引		111	33	7.3.3 输入输出参数（INOUT）		133
24	5.2.2 索引管理		112	34	7.4.1 变量声明-1		134
25	6.2.1 第一范式（1NF）		119	35	7.4.1 变量声明-2		134
26	6.2.2 第二范式（2NF）-1		119	36	7.4.2 变量作用域		136
27	6.2.2 第二范式（2NF）-2		120	37	7.5.1 条件语句-IF语句		137
28	6.2.3 第三范式（3NF）		121	38	7.5.1 条件语句-CASE语句		139

（续）

序号	名称	图形	页码	序号	名称	图形	页码
39	7.5.2　循环语句-WHILE语句		141	49	9.3.1　修改账户密码		168
40	7.5.2　循环语句-REPEAT语句		142	50	9.3.2　创建新账户		169
41	8.1　触发器概述		153	51	9.3.3　账户权限分配		170
42	8.1.1　触发器的作用		153	52	9.3.4　删除账户		171
43	8.2.1　触发器基本语法		155	53	9.4.1　数据导出-1		171
44	8.2.2　触发器高级操作		157	54	9.4.1　数据导出-2		172
45	9.1　数据库运维管理概述		165	55	9.4.1　数据导出-3		172
46	9.2.1　开启服务器		166	56	9.4.2　数据导入		172
47	9.2.2　登录服务器		167	57	10.1.1　关系数据库事务功能应用		184
48	9.2.3　关闭服务器		167	58	10.1.2　关系数据库事务基本命令		185

（续）

目录 Contents

第 7 章　存储过程 …… 128

第 8 章　触发器 …… 153

第 9 章　数据库运维管理 …… 165

第 1 章　MySQL 数据库基础

本章目标：

知识目标	能力目标	素质目标
① 认识数据库的功能、作用 ② 了解数据库的发展历程 ③ 了解数据库的组成结构 ④ 认识 SQL 语言的模块分类 ⑤了解数据表的功能作用 ⑥ 理解数据表的数据存储原理 ⑦ 了解数据类型表的基本概念	① 能够正确安装 MySQL 数据库客户端软件 ② 能够正确安装 MySQL 数据库服务器 ③ 能够配置 MySQL 数据库服务器相关参数 ④ 能够登录 MySQL 数据库应用系统	① 具有良好的知识技能拓展能力 ② 具有乐于科学探索的品格与精神 ③ 具有良好的创新能力与创新意识 ④ 具有良好的专业术语表达能力 ⑤ 具有程序开发人员的基本素养

1.1 数据库概述

数据库是一种按照某种类型结构形式来组织、存储和管理数据的存储空间，数据库中存在大量的数据集合体，数据集合体可以长期存储在计算机内以实现信息共享、高效存取等操作，同时数据集合体之间受数据库系统机制的相关约束。

1.1.1 数据库发展历程

数据库经过半个多世纪的发展，从概念的提出到早期的数据库模型，再到流行至今的关系型数据库，发展速度非常迅速，各类新技术层出不穷，规模与使用量也越来越大，在信息技术领域占据核心位置。总的来说数据库的发展可分为人工管理阶段、文件系统阶段、数据库系统阶段。

1.1.1 数据库发展历程

（1）人工管理阶段

在现代意义的数据库出现之前，人们通过人工和文件系统的方式来存储、管理数据。在人工管理阶段，人们常使用穿孔纸带来管理数据，虽然穿孔纸带不具备电子化特征，不能被称为数据库，但其代表着人们在数据存储结构上思考和实践的结果，是数据库发展的预备阶段。

（2）文件系统阶段

随着数据量的增多以及计算机技术、存储技术的快速发展，穿孔纸带这一纸质存储媒介很快就被磁盘、磁鼓等磁性存储设备所取代。在软件方面，操作系统中也出现了专门管理数据的软件，被称为文件系统。

文件系统可以说是最早的数据库了，操作系统提供的文件管理方法使得程序可以通过文件名来访问文件中的数据，不必再寻找数据的物理位置。相较于手工处理的方式，文件系统使管理数据变得简单一些，不需要再翻来覆去地查找文件的位置，但是文件内的数据仍然没有组织起来，程序员需要尝试构造出数据与数据的关系，再编写代码才能从文件中提取关键数据。除数据结构和数据关系不完整的问题外，此时的数据只面向某个应用或者某个程序，数据的共享性也有一定的问题。

（3）数据库系统阶段

虽然文件系统的出现，使得数据可以长期保存，但仍然存在共享能力差、数据不具独立性等缺点。随着数据量的增长以及企业对数据共享的要求越来越高，人们开始提出数据库管理系统（Database Management System，DBMS）的概念，对数据模型展开了更深层次的思考。

20 世纪 60 年代后期以来，随着计算机管理的对象规模越来越大，应用范围也越来越广泛，数据量急剧增长，同时多种应用、多种语言互相覆盖共享数据集合的要求越来越强烈，数据库技术便应运而生，出现了统一管理数据的专门软件系统——数据库管理系统。

在最近的几十年里，数据库的发展更是突飞猛进，并衍生出了各种各样的类型，适用于不同业务场景的数据库系统，例如：关系型数据库、图形数据库、对象数据库、文档数据库等。

1.1.2 数据库系统构成

数据库系统（Database System，DBS）一般由 4 部分组成，分别是数据、硬件、软件、人员，各个部分之间相互协作，共同支撑起整个数据库管理系统各种复合功能，其组成结构如图 1-1 所示。

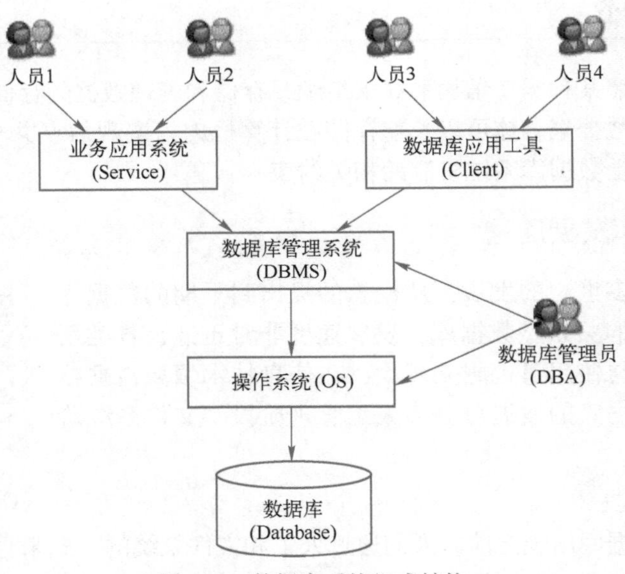

图 1-1 数据库系统组成结构

（1）数据

数据是指长期存储在计算机内的、有组织、可共享的数据集合。数据库中的数据按一定的数学模型组织、描述和存储，具有较小的冗余，较高的数据独立性和易扩展性，并可为不同用户共享。数据作为一种资源是数据库系统中最稳定的部分，即使在硬件更新，甚至在软件更新的情况下，只要存储介质有效，数据也将是长期存在的。

（2）硬件

数据库系统的硬件包括计算机的主机、键盘、显示器和外围设备，例如打印机、硬盘、光盘机、磁带机等。由于一般数据库系统所存放和处理的数据量很大，加之 DBMS 丰富的功能软件，使得自身所占用的存储空间很大，因此整个数据库系统对硬件资源提出了很高的要求。

（3）软件

软件包括数据库管理系统及应用程序，DBMS 是数据库系统的核心软件，它在操作系统的支持下工作，解决如何科学地组织和存储数据，如何高效获取和维护数据的系统软件，其主要功能包括数据定义功能、数据操纵功能、数据库的运行管理和数据库的建立与维护等。

（4）人员

数据库系统的相关人员，主要有 4 类。

第一类为数据库设计人员，负责数据库中数据的确定、数据库各级模式的设计。

第二类为应用程序员，负责编写使用数据库的应用程序，这些应用程序可对数据进行检索、建立、删除或修改。

第三类为最终用户，他们利用系统的接口或查询语言访问数据库。

第四类为数据库管理员（Database Administrator，DBA），负责数据库的总体信息控制。数据库管理员的职责通常包括以下几点：维护数据库中的信息内容和结构，制定数据库的存储结构和存取策略，定义数据库的安全性要求和完整性约束条件，监控数据库的使用和运行，负责数据库的性能改进、数据库的重组和重构，以提高系统的性能。

1.1.3 数据库基础概念

数据集是数据库中最核心的要素，也是基本的操作对象，在数据库中以数据表的形式来组织和管理数据，以各种数据类型来定义数据在计算机中的存储格式，以主外键的方式来标识数据表中信息的唯一性及关联性，以 SQL 语言来检索、存取数据集。

1. SQL 语言

SQL 语言是结构化查询语言（Structured Query Language）的简称，是一种数据库查询和程序设计语言，用于存取数据以及查询、更新和管理关系数据库系统。SQL 是一种综合的、通用的、功能极强的关系数据库语言。

1974 年，Boyce 和 Chamberlin 提出 SQL 语言的实现思想，并随后在 IBM 公司研制的关系数据库系统上实现。由于它具有功能丰富、使用方便灵活、语言简洁易学等突出的优点，深受计算机业界和计算机用户的欢迎。

SQL 语言核心部分的原理是关系代数学，具有数据定义、数据操纵和数据控制的功能，包含 6 大语言模块。

（1）数据查询语言（Data Query Language，DQL）

数据查询语言用于从表中获得数据，确定数据怎样在应用程序给出。SELECT 命令是所有 SQL 操作中使用最频繁的命令，除此外还包含 WHERE、ORDER BY、GROUP BY、HAVING 等操作命令。

（2）数据操作语言（Data Manipulation Language，DML）

数据操作语言规定了对数据表的写操作语句，包括动词 INSERT、UPDATE、DELETE，分别用于对数据表中记录的添加、修改和删除操作。数据操作语言只能操作表中的数据记录，不能变更表的列字段结构。

（3）事务控制语言（Transaction Control Language，TCL）

事务控制语言规定了对数据表的事务控制操作语句，可确保数据表中记录更新的实时性与准确性，通过 COMMIT、SAVEPOINT、ROLLBACK 等操作命令来保证数据表中数据的完整性。

（4）数据控制语言（Data Control Language，DCL）

数据控制语言规定了对表的权限控制操作语句，包括动词 GRANT、REVOKE，以控制外部用户以及用户组对数据库对象的访问，在某些关系型数据库管理系统中可实现对数据表中单个列的访问控制。

（5）数据定义语言（Data Definition Language，DDL）

数据定义语言规定了对表的构建操作语句，包括动词 CREATE、ALTER、DROP，以实现在数据库环境中创建数据表、修改表结构、删除表结构等，添加索引等与数据表相关的构建操作。

（6）指针控制语言（Cursor Control Language，CCL）

指针控制语言规定了 SQL 语句在宿主语言程序中的使用规则，是 SQL 语言的分类之一。指针控制语言包含了 DECLARE CURSOR、FETCH INTO、UPDATE WHERE CURRENT 等语句，用于对一个或多个表中单独行的操作。

2. 数据表

数据表是数据库中主要的数据存储容器，表中的数据被组织成行和列。表中的每一列代表一种属性数据，称为字段，表中每列均有一个名称为数据表的字段名称，每列都具有一个指定的数据类型和容量大小。表中的一行代表一条信息数据，与 Excel 表格中的一行数据类似。如果从用户的角度来看，数据表的逻辑结构就是一张平面的二维表，包含纵向坐标（列）与横向坐标（行）两部分。

如图 1-2 所示，在数据表结构形式中，最上面的一行是数据表的字段名称，从第二行开始即为数据表中相关记录，每一行代表一条完整的数据记录，数据表中的每一列，除最上面的字段名称外，均为表中的一个数据列，代表这个字段在每一行记录中的数据值。

图 1-2　数据表的结构形式

3. 数据类型

数据类型是数据表中数据种类的定义，代表了不同的信息类型，数据类型决定了数据在磁盘中的存储格式。一般来说，数据库中的数据类型有数值类型（INTEGER、FLOAT、DOUBLE 等）、日期类型（YEAR、DATE、DATETIME、TIMESTAMP 等）、字符类型（CHAR、VARCHAR、TEXT 等）。

图 1-3 描述了一个数据表的各字段的相关数据类型，可以看到每个字段均需要声明一个数据类型属性，如“user_id”字段声明为“INTEGER”类型数据，“user_name”“pass_word”“email”“phone”等字段则声明为“VARCHAR”类型数据。

数据表中的字段　　　各字段的数据类型

Column Name	Datatype	NOT NULL	AUTO INC	Flags	Default Value
user_id	INTEGER	✔	✔	☑ UNSIGNED	NULL
user_name	VARCHAR(45)	✔		☐ BINARY	NULL
pass_word	VARCHAR(45)	✔		☐ BINARY	NULL
email	VARCHAR(45)	✔		☐ BINARY	NULL
phone	VARCHAR(45)	✔		☐ BINARY	NULL

图 1-3　数据表中字段的数据类型

1.2 MySQL 数据库的安装及配置

MySQL 是一个主流的关系型数据库管理系统（Relational Database Management System，RDBMS），由瑞典 MySQL AB 公司开发，属于 Oracle 旗下产品。MySQL 同时也是一个非常轻巧的数据库产品，与大型数据管理系统相比，其规模小、速度快、成本低，是一个非常优秀的关系型应用数据库软件系统。

MySQL 软件采用了双授权政策，分为社区版和企业版。其社区版为开源产品，无须付费即可使用，一般中小型 Web 应用平台的开发都选择 MySQL 社区版作为数据库服务器。企业版为付费产品，有相关的技术支持，是一款性价比较高的应用数据库产品。不同的用户群体可以选择不同的 MySQL 数据库版本，以满足对实际生产、应用、学习的需求，本书以社区版为基础来讲解 MySQL 数据库的应用与开发技术。

1.2.1 MySQL 数据库安装

MySQL 数据库的安装包括数据库服务器与客户端工具两部分，数据库服务器以社区版 5.5 为例，客户端工具以官方平台上的 MySQL GUI Tools 为例，来讲解 MySQL 数据库的安装、配置及使用过程。

1）双击安装程序“mysql-installer-community-5.5.27.2.msi”，弹出如图 1-4 所示的开始安装界面，选择第一项“Install MySQL Products”，表示要安装 MySQL 数据库产品。

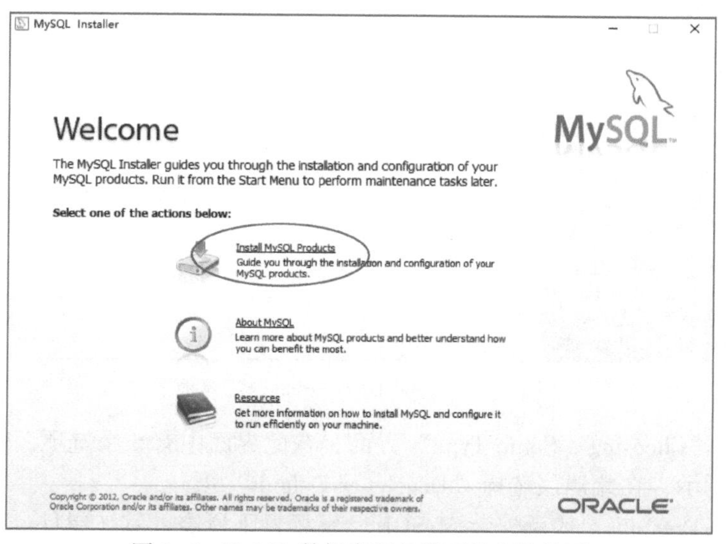

图 1-4　MySQL 数据库服务器开始安装界面

2）在弹出的“License Agreement”界面中，勾选“I accept the license terms”项，表示接受相关协议，如图 1-5 所示，然后单击“Next”按钮。

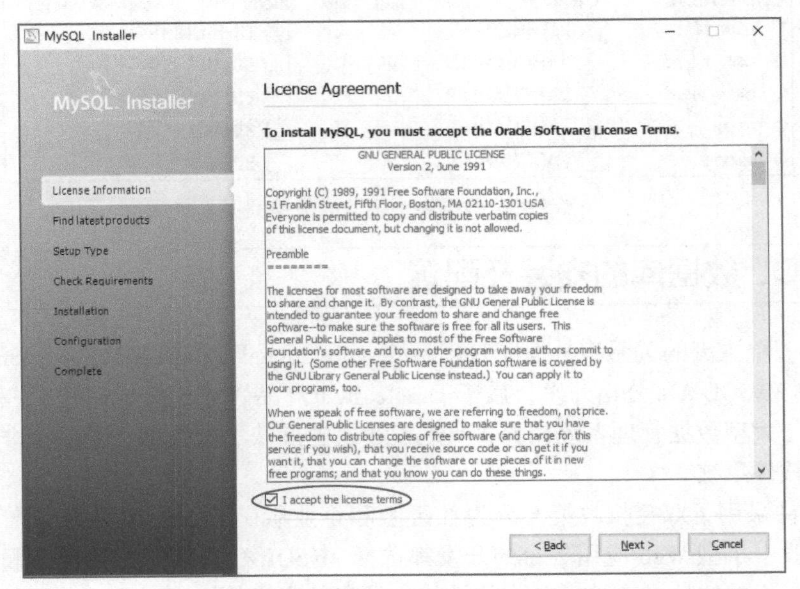

图 1-5 “License Agreement”界面

3）接着弹出“Find latest products”界面，勾选“Skip the check for updates”项，表示不查找最新产品，如图 1-6 所示，然后单击“Next”按钮。

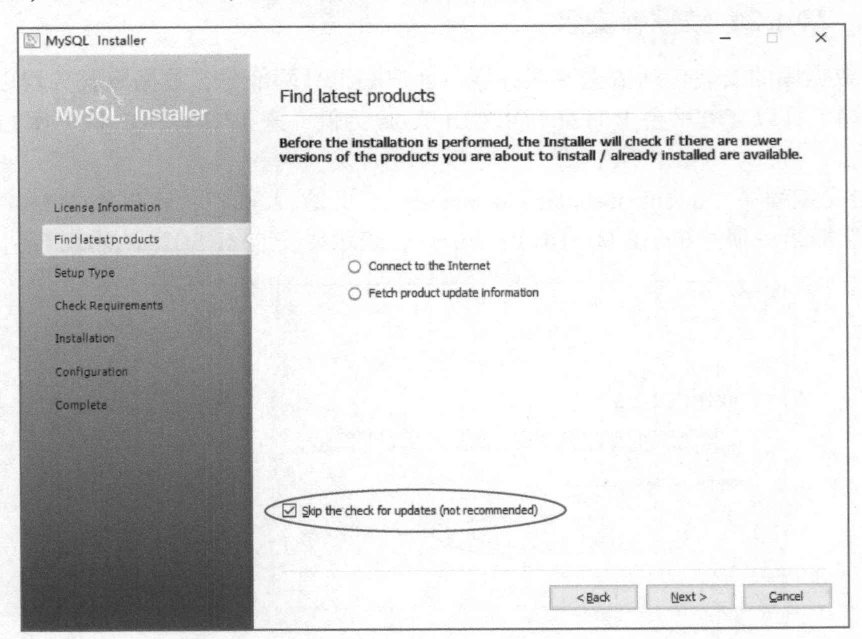

图 1-6 “Find latest products”界面

4）接着进入“Choosing a Setup Type”界面，在此界面中有 5 个选项，表示对安装组件的选择，如图 1-7 所示，在此建议选择“Developer Default”项。

①“Developer Default”：表示安装 MySQL 开发场景下所需的默认组件。

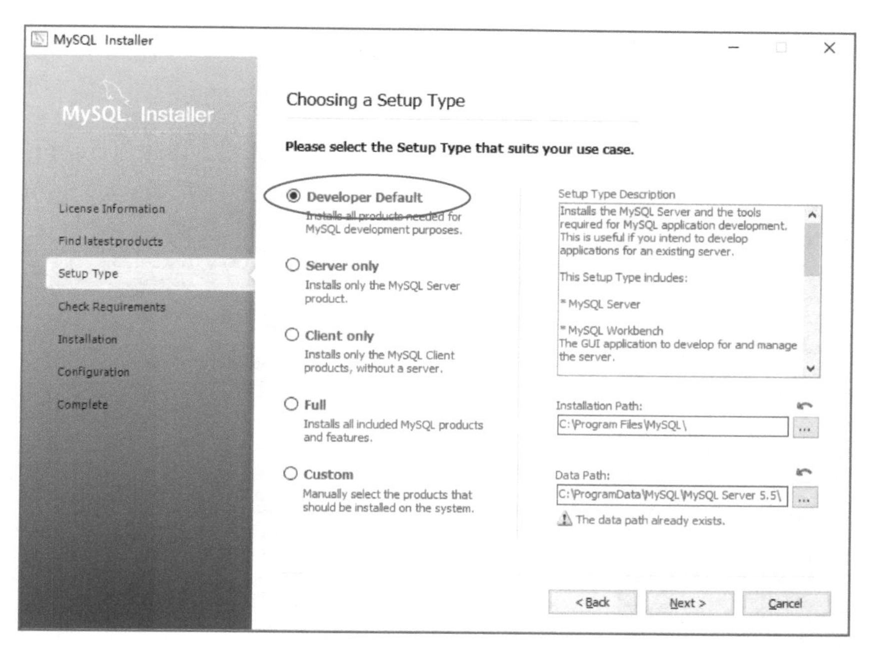

图 1-7　“Choosing a Setup Type” 界面

② “Server only”：表示只安装 MySQL 数据库服务器端，不安装其他任何组件。

③ “Client only”：表示只安装 MySQL 数据库客户端命令行，不安装其他任何组件。

④ “Full”：表示安装所有的 MySQL 组件。

⑤ “Custom”：表示自行选择所需要安装的 MySQL 组件。

5）接着进入 “Check Requirements” 界面，如图 1-8 所示。在此检查操作系统中是否有相应的插件来支持 MySQL 数据库安装组件，如果缺少某一插件可以往上回退，并取消相关

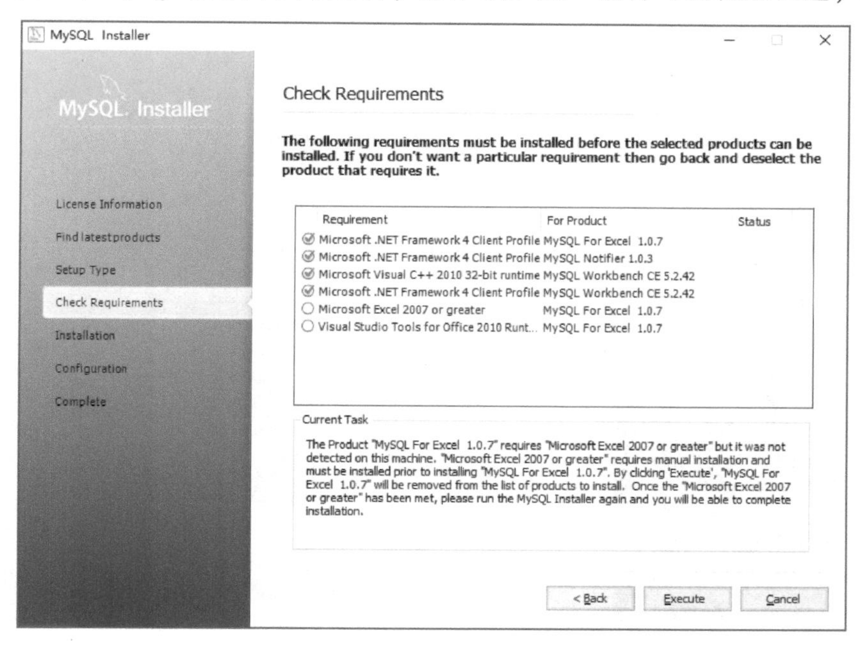

图 1-8　“Check Requirements” 界面（一）

安装组件。在此界面中直接单击“Execute”按钮，弹出如图 1-9 所示界面，直接单击“Next”按钮。

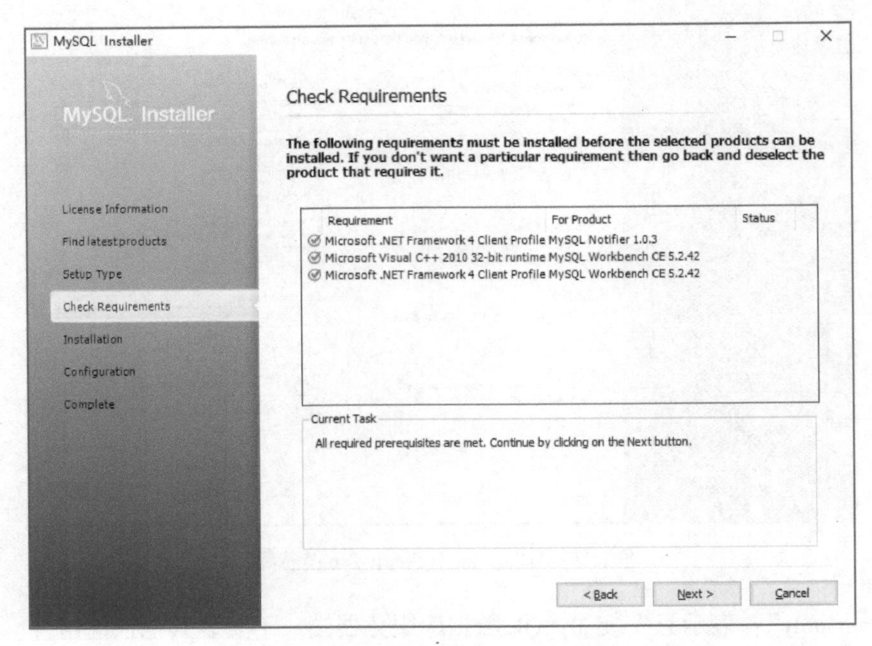

图 1-9 “Check Requirements”界面（二）

6）接着弹出“Installation Progress”界面，如图 1-10 所示，在此界面将展示哪些 MySQL 的产品组件将被安装到操作系统环境中，单击“Execute”按钮，开始产品安装过程，安装完成后看到如图 1-11 所示的界面，至此完成服务器部分安装。

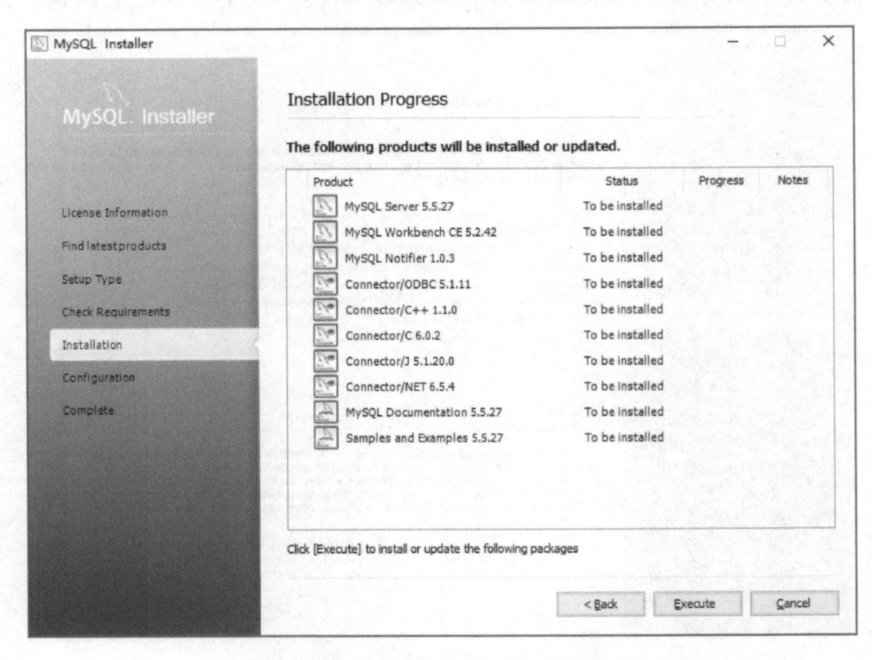

图 1-10 “Installation Progress”界面

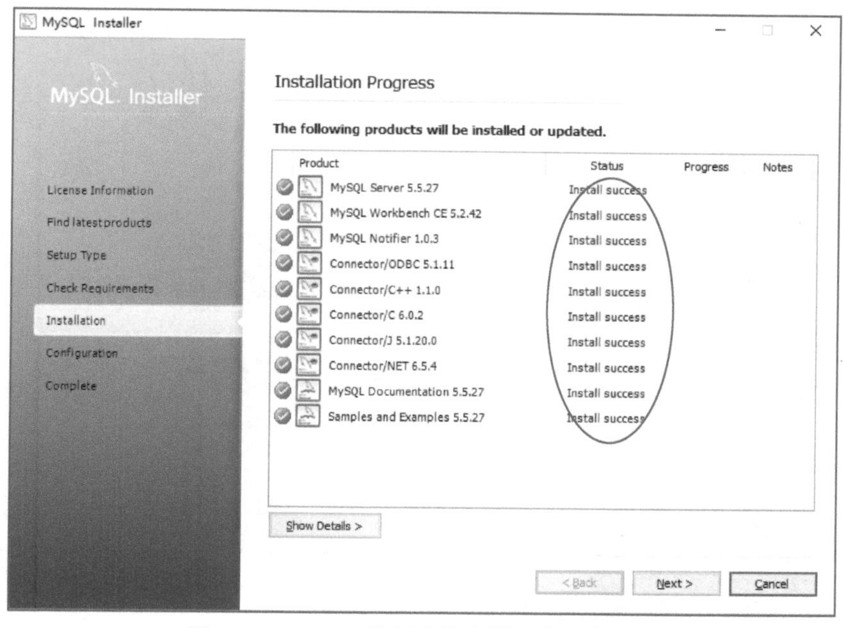

图 1-11　MySQL 数据库服务器完成安装界面

1.2.2　MySQL 数据库配置

MySQL 数据库配置主要包括服务器类型配置、服务响应端口、原始访问用户配置、服务名称、是否开机启动等。

1）在 MySQL 数据库安装完成后即可进入配置操作流程，在如图 1-11 所示的安装完成界面中，单击“Next”按钮，进入配置界面，如图 1-12 所示，开始服务器配置过程，单击“Next”按钮。

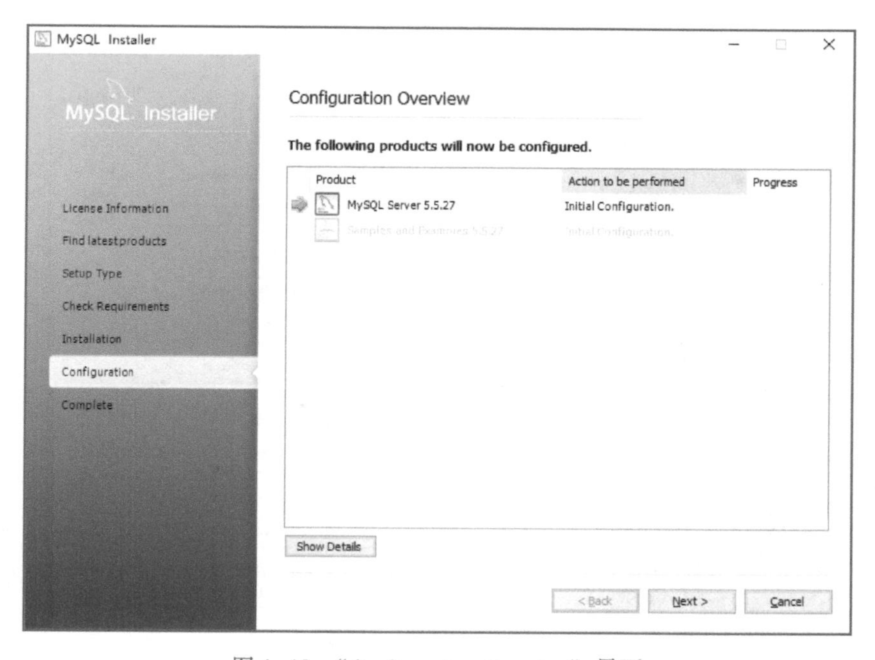

图 1-12　“Configuration Overview”界面

2）接着进入“MySQL Server Configuration”界面，如图 1-13 所示，按相关默认选项安装即可，单击“Next”按钮。

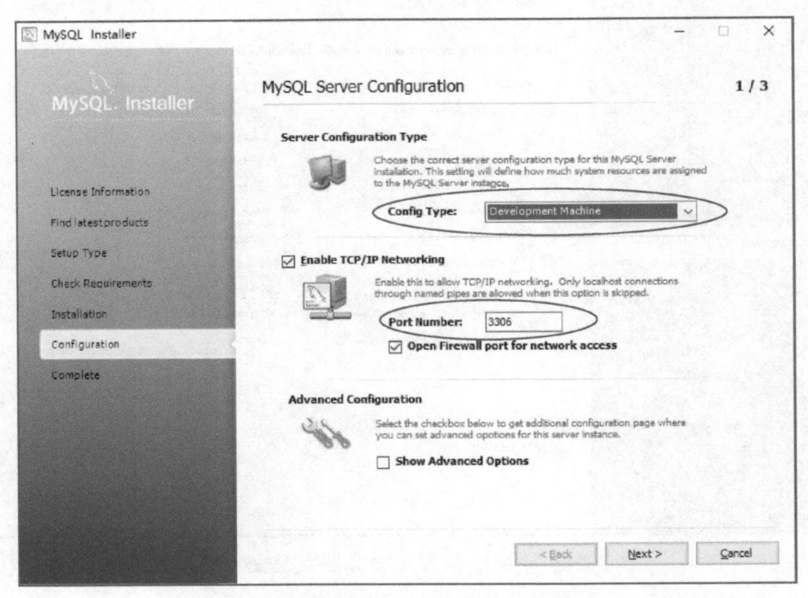

图 1-13 “MySQL Server Configuration”界面

①“Config Type”：配置服务器的类型，有开发机（Development Machine）、普通服务器（Server Machine）、专用服务器（Dedicated Machine）3 种类型。

②“Port Number”：配置 MySQL 服务器的访问端口，默认为 3306。

3）接着进入原始访问用户账号配置界面，如图 1-14 所示，在此可对“root”账户配置访问密码。“root”账户为 MySQL 数据库的超级账户，拥有数据库的所有权限，可以访问任何资源。如果首次安装 MySQL，只有“MySQL Root Password”和“Repeat Password”两项；如果

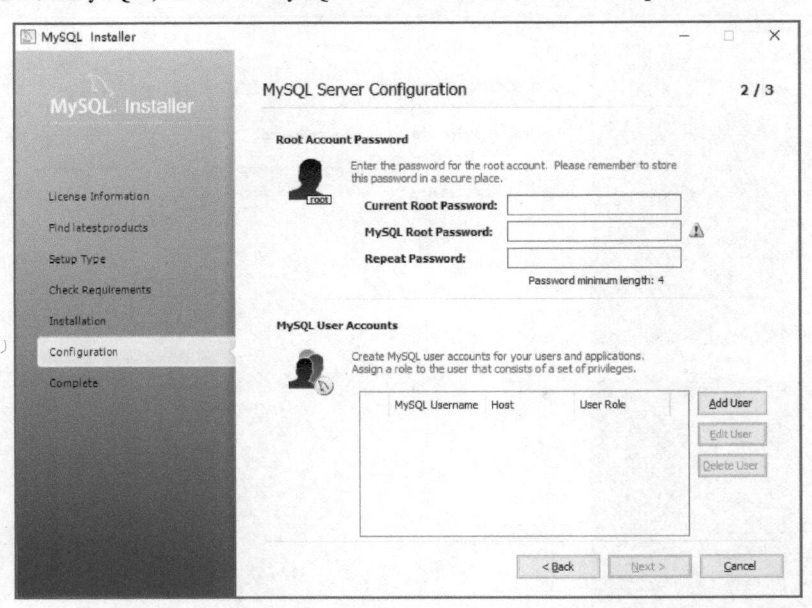

图 1-14 原始访问用户账号配置界面

MySQL 已经安装过多次则会多一项“Current Root Password”，每个密码至少 4 个字符。按相关要求输入相关密码后，单击“Next”按钮。

①“Current Root Password”：输入当前的“root”账号密码。

②“MySQL Root Password”：输入新设定的“root”账号密码。

③“Repeat Password”：再次输入新设定的“root”账号密码。

4）接着进入操作系统服务配置界面，如图 1-15 所示，在此可以设定在 Window 操作系统中 MySQL 数据库服务的名称以及开机是否启动 MySQL 数据库服务。勾选“Start the MySQL Server at System Startup”项，即可实现启动 MySQL 数据库，最后每步直接单击“Next”按钮，直到出现如图 1-16 所示的“Installation Complete”界面，单击“Finish”按钮，完成 MySQL 服务器的基本配置操作。

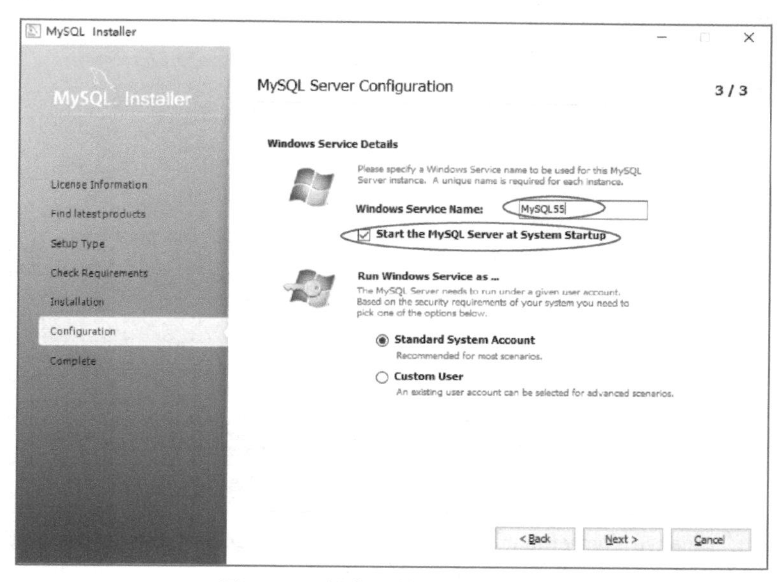

图 1-15　操作系统服务配置界面

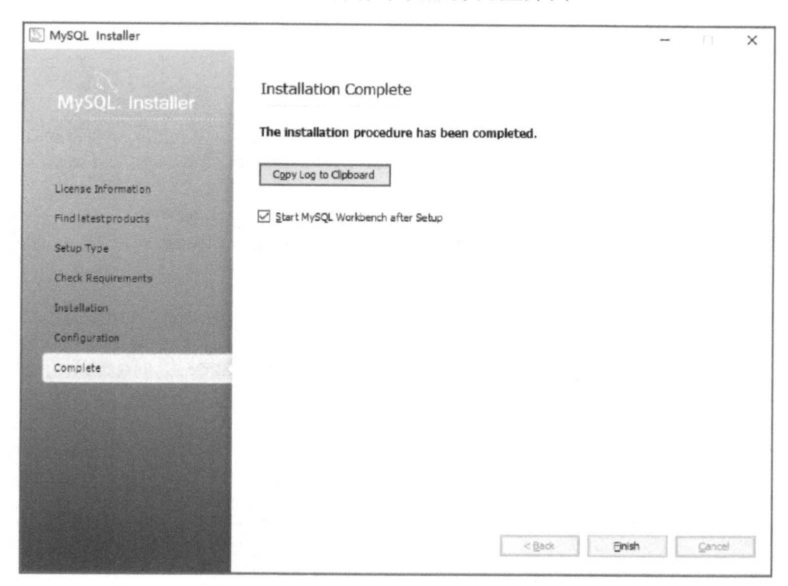

图 1-16　“Installation Complete”界面

1.2.3 MySQL 客户端工具安装

MySQL 数据库客户端包含命令行客户端与图形用户界面（Graphical User Interface，GUI）客户端两部分，其中命令行客户端是 MySQL5.5 安装程序中自带的，无须另外安装；GUI 客户端则需要另外安装。本节以官方平台上的 MySQL GUI Tools 客户端工具为例，讲解其安装过程。

1）双击安装程序“mysql-gui-tools-5.0-r12-win32.msi”，弹出如图 1-17 所示的开始安装界面，单击“Next”按钮，开始安装 MySQL 客户端工具。

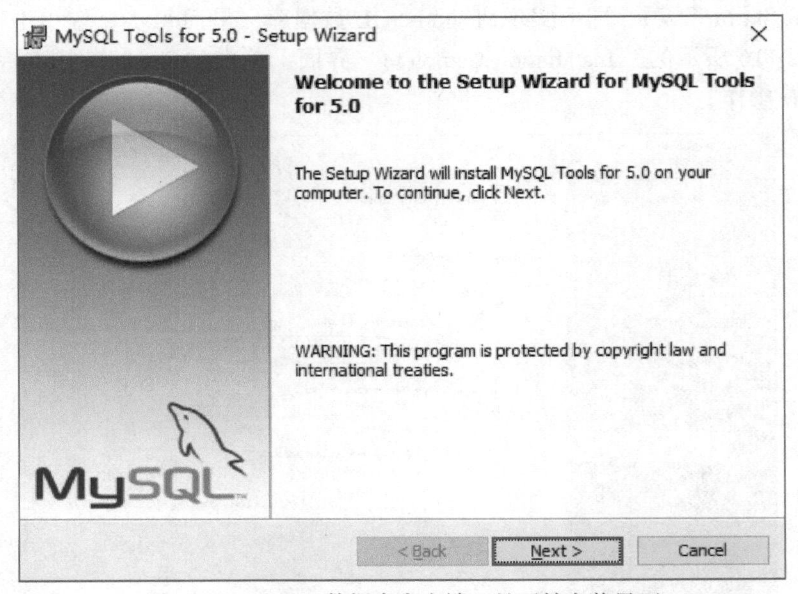

图 1-17　MySQL 数据库客户端工具开始安装界面

2）在弹出的“License Agreement”界面中，勾选“I accept the terms in the license agreement”项，如图 1-18 所示，然后单击“Next”按钮。

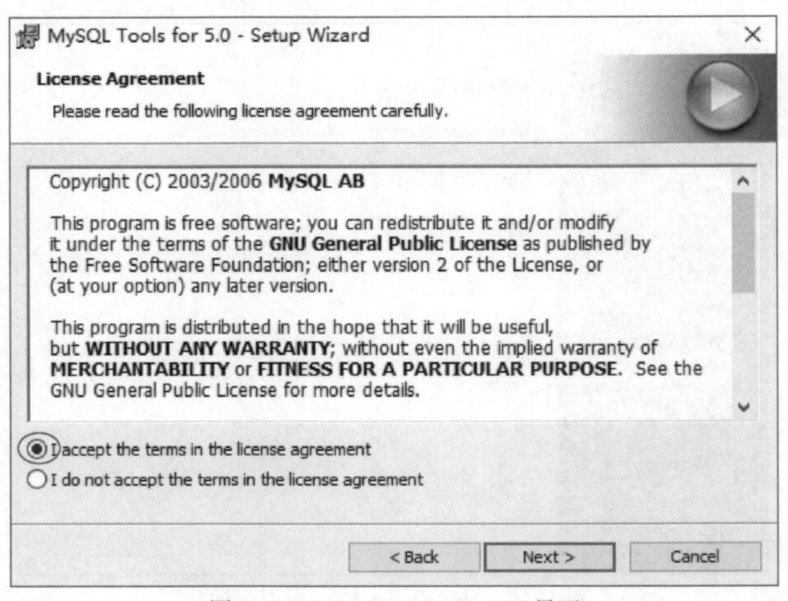

图 1-18　“License Agreement”界面

3）在弹出的“Destination Folder”界面中，可以通过“Change”按钮修改应用的安装位置，如无须修改，则直接单击“Next”按钮，如图 1-19 所示。

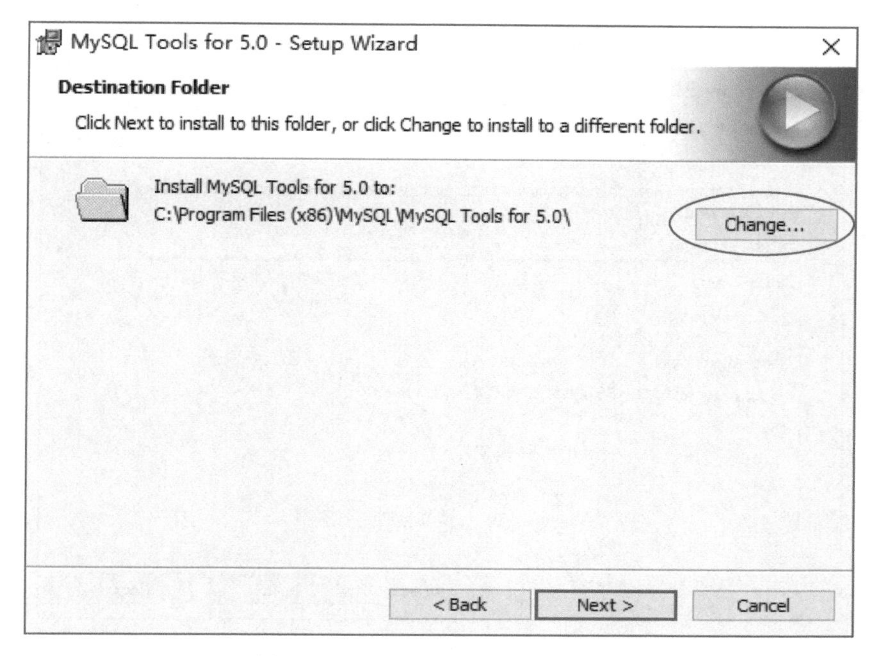

图 1-19　“Destination Folder”界面

4）在弹出的“Setup Type”界面中，可以选择安装的类型，“Complete”项代表完全安装，“Custom”项代表自定义安装，没有特殊需求情况下，按默认项完全安装即可，单击“Next”按钮，如图 1-20 所示。

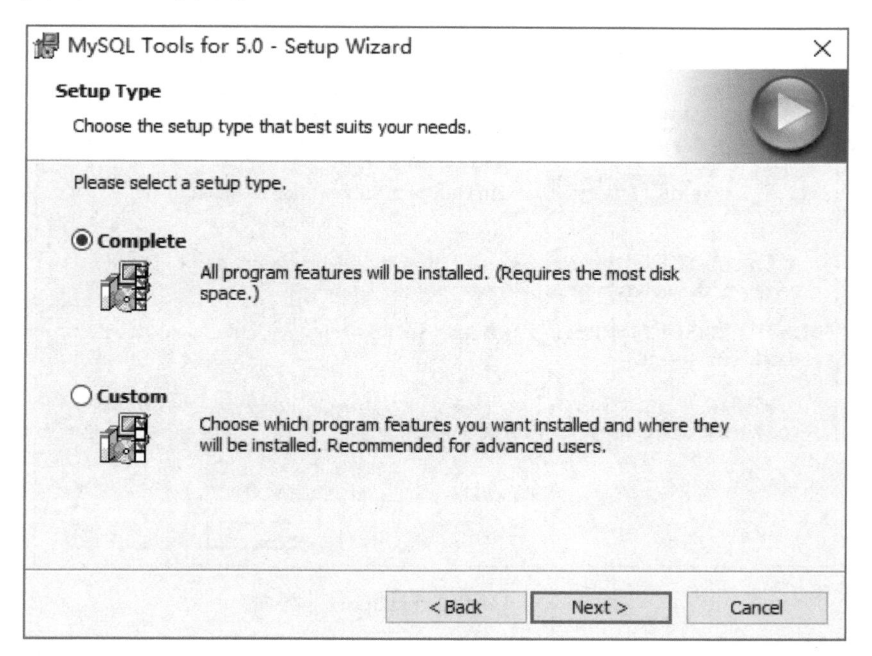

图 1-20　“Setup Type”界面

5）弹出“Ready to Install the Program”界面，直接单击“Install”按钮，真正开始将MySQL 客户端工具安装到操作环境中，如图 1-21 所示。

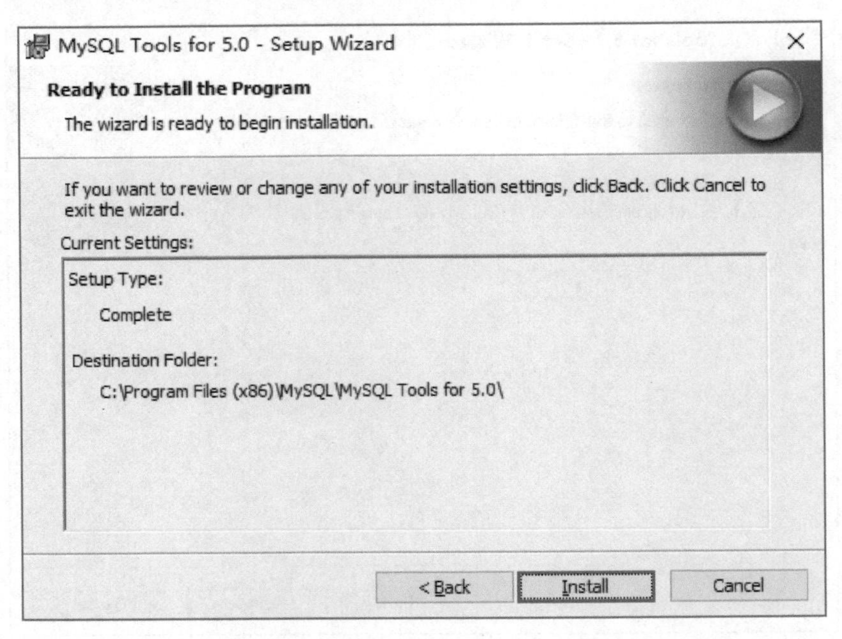

图 1-21 “Ready to Install the Program”界面

6）在弹出的选择界面中，直接单击“Next”按钮，如图 1-22 所示，直至弹出如图 1-23 所示的结束安装界面，直接单击“Finish”按钮，完成安装过程。

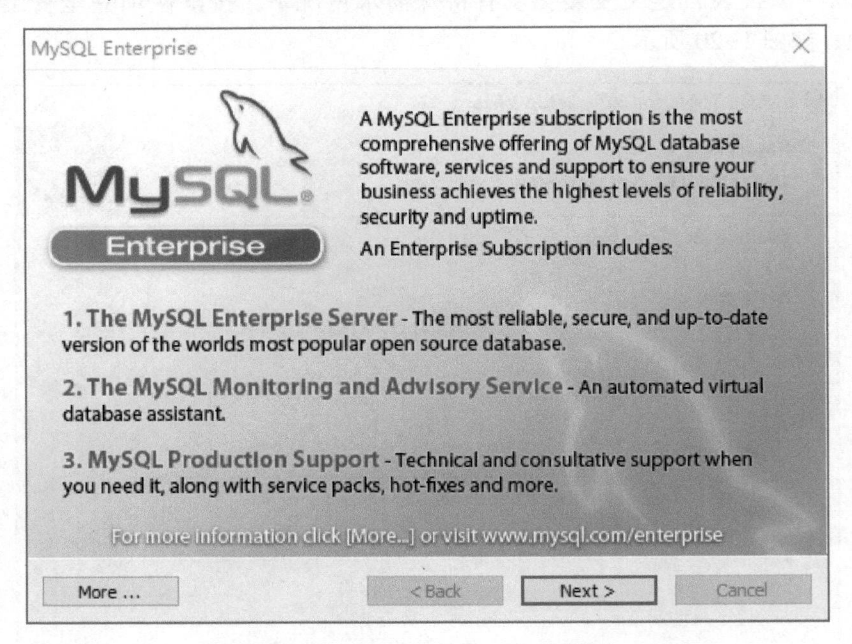

图 1-22 “MySQL Enterprise”界面

7）MySQL 数据库服务器与客户端工具安装完成后，可以在 Windows 操作系统的“开始”菜单中找到 MySQL 相关应用程序的菜单选项，如图 1-24 所示，相关菜单功能如下。

图 1-23　“Wizard Completed”界面

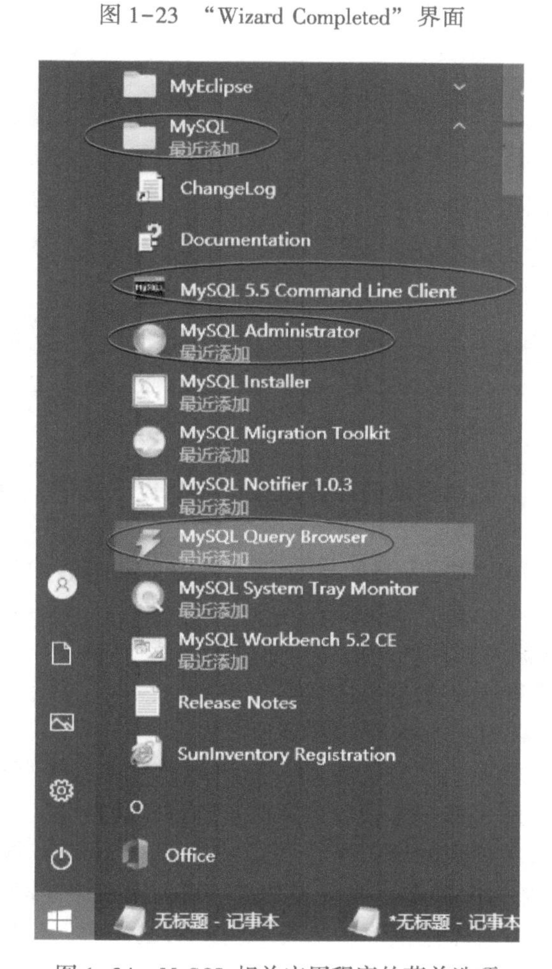

图 1-24　MySQL 相关应用程序的菜单选项

①“MySQL Query Browser”：MySQL 的 GUI 客户端工具。

②“MySQL 5.5 Command Line Client”：MySQL 的命令行客户端工具。

③“MySQL Administrator”：MySQL 服务器管理配置工具。

1.2.4 MySQL 数据库登录

MySQL 数据库安装完成后可通过命令行客户端登录，也可以通过 GUI 客户端工具登录，对初学者来说，通过 GUI 工具登录是最直观明了的，同时也是一种常用、高效的数据库操作方式。

1）在“开始”菜单中单击“MySQL Query Browser”选项，弹出如图 1-25 所示的登录界面，填写各项的登录连接参数，单击“OK”按钮，开始正式登录数据库，各项连接参数的含义如下所述。

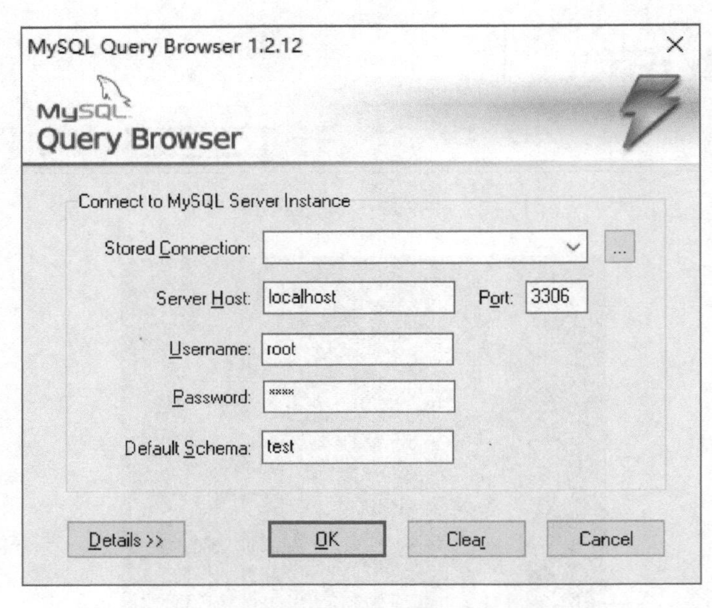

图 1-25 “MySQL Query Browser”界面

①“Stored Connection”：已经存储的连接配置，为下拉式选项，没有存储其他连接配置的情况下，可以不选。

②“Server Host”：MySQL 数据库服务器的 IP，当服务器与客户端工具安装在同一台计算机上时，可输入“127.0.0.1”或“localhost”。

③“Port”：MySQL 数据库服务进程的端口号，默认为 3306。

④“Username”：登录 MySQL 数据库的账号。

⑤“Password”：登录 MySQL 数据库的密码。

⑥“Default Schema”：需要连接的逻辑库，必须是数据库服务器中已存在或已经创建的，默认为“test”库（“test”库是数据库服务器默认创建好的逻辑库）。

2）在各项连接参数输入正确的情况下，可以成功登录 MySQL 数据库，如图 1-26 所示。在 GUI 工具上可以看到，数据库操作界面有多个区，可以看到“test”逻辑库，即连接登录的库节点，同时看到“test”库呈黑色粗体状，表示当前的工作库，可以通过双击逻辑库来改变当前的工作库。

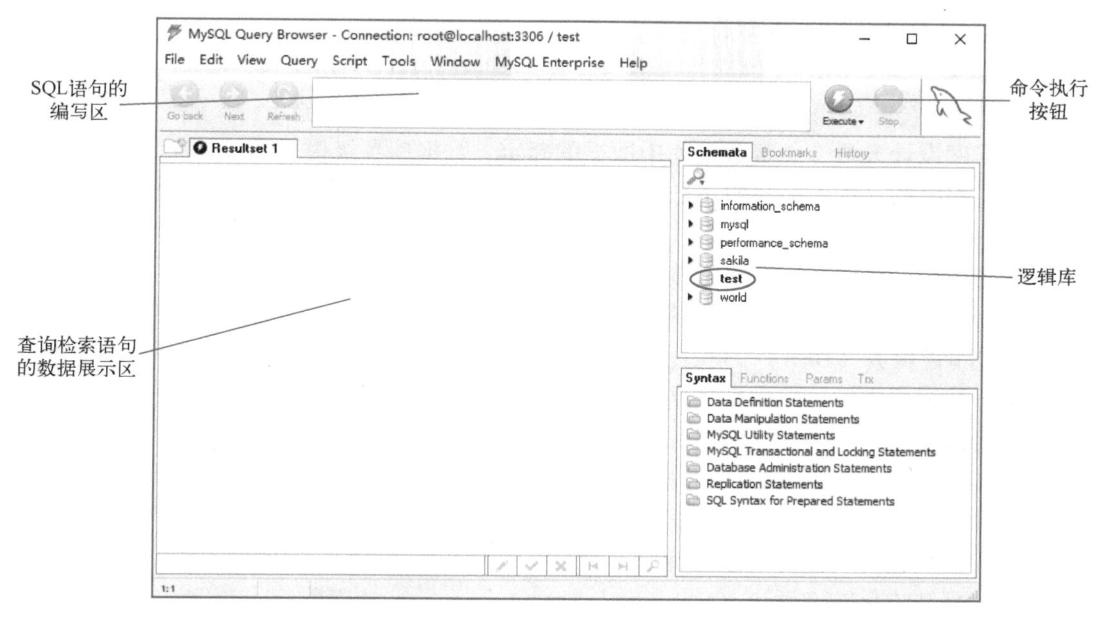

图 1-26　成功登录 MySQL 数据库

拓展阅读　国产数据库的发展

1984 年，中国科学院计算技术研究所研制出了我国第一款自主知识产权的关系型数据库系统“银河数据库”，这也是我国第一个具有自主知识产权的数据库系统。

近年来，随着国家对信息安全和自主可控的要求不断提高，国产数据库市场逐渐崛起。国内企业不断加强自主研发能力，推出了一系列具有自主知识产权的数据库产品。如南大通用 GBase 8a、万里开源 TDSQL、OceanBase 等，这些产品在不同领域都有着广泛的应用。

国产数据库产品不仅在国内市场上得到了广泛应用，也在国际市场上获得了一定的认可。例如，南大通用 GBase 8a 已经通过了 Oracle 认证，成为国内首个通过 Oracle 认证的关系型数据库产品；万里开源 TDSQL 也已经通过了 Microsoft SQL Server 认证，成为国内首个通过 Microsoft SQL Server 认证的分布式关系型数据库产品。

作为中国自主研发的分布式关系型数据库，华为 GaussDB 在市场上也备受关注，其具备高可用、高安全、高性能、高弹性、高智能以及易部署、易迁移的特性，实现了全面升级。

（资料来源：https://baijiahao.baidu.com/s?id=1769525814246780338&wfr=spider&for=pc，有改动）

练习题

一、选择题

1. 数据库诞生于 60 多年前，从其出现至今数据库的发展经历了以下（　　　　）阶段。［多选］

A. 人工管理阶段　　　　　　　　B. 文件系统阶段

C. 数据库系统阶段　　　　　　　D. 大数据信息化阶段

2. 数据库系统（DBS）由（　　　　　　）部分共同组成，各个部分之间相互协作，共同支

撑起整个数据库管理系统各种复合功能。[多选]

A. 数据　　B. 硬件　　C. 软件　　D. 人员

3. 数据库系统的使用用户，主要有以下（　　）类。[多选]

A. 数据库设计人员，负责数据库中数据的确定、数据库各级模式的设计

B. 应用程序员，负责编写使用数据库的应用程序，这些应用程序可对数据进行检索、建立、删除或修改

C. 最终用户，他们利用系统的接口或查询语言访问数据库

D. 数据库管理员，负责数据库的总体信息控制

4. 数据库管理员（DBA）的职责包括以下（　　）点。[多选]

A. 维护数据库中的信息内容和结构，监控数据库的使用和运行

B. 制定数据库的存储结构和存取策略

C. 定义数据库的安全性要求和完整性约束条件

D. 负责数据库的性能改进、数据库的重组和重构

5. 以下关于 SQL 语言的描述正确的是（　　）。[多选]

A. SQL 是结构化查询语言（Structured Query Language）的简称

B. SQL 是一种数据库查询和程序设计语言，用于存取数据以及查询、更新和管理关系数据库系统

C. SQL 是一个综合的、通用的、功能极强的关系数据库语言

D. SQL 同样适用于 NoSQL 类型的非关系型数据库系统

6. SQL 语言包含以下（　　）模块。[多选]

A. 数据查询语言（Data Query Language，DQL）

B. 数据操作语言（Data Manipulation Language，DML）

C. 事务控制语言（Transaction Control Language，TCL）

D. 数据控制语言（Data Control Language，DCL）

E. 数据定义语言（Data Definition Language，DDL）

F. 指针控制语言（Cursor Control Language，CCL）

7. 数据操作语言（Data Manipulation Language，DML）规定了对数据表的写操作语句，包括动词（　　）分别用于对数据表中记录的添加、修改和删除操作。[多选]

A. SELECT　　B. INSERT　　C. UPDATE　　D. DELETE

8. 数据查询语言（Data Query Language，DQL）用以从表中获得数据，确定数据怎样在应用程序给出。包含以下（　　）命令。[多选]

A. SELECT　　B. ORDER BY　　C. COMMIT　　D. CREATE

9. 事务控制语言（Transaction Control Language，TCL）定义了对数据表的事务控制操作语句，可确保数据表中记录更新的实时性与准确性，通过（　　）操作命令来保证数据表数据的完整性。[多选]

A. COMMIT　　B. SAVEPOINT　　C. DROP　　D. ROLLBACK

10. 数据控制语言（Data Control Language，DCL）规定了对表的权限控制操作语句，包括动词（　　），以控制外部用户以及用户组对数据库对象的访问，在某些关系型数据库管理系统中可实现对数据表中单个列的访问控制。[多选]

A. GROUP BY　　B. HAVING　　C. GRANT　　D. REVOKE

11. 数据定义语言（Data Definition Language，DDL）规定了对表的构建操作语句，包括动词（　　　　），以实现在数据库环境中创建数据表、修改表结构、删除表结构等，添加索引等与数据表相关的构建操作。[多选]

A. CREATE　　B. ALTER　　C. DROP　　D. SELECT

12. 数据表是数据库中主要的数据存储容器，表中的数据被组织成行和列，以下关于数据表的说法正确的是（　　　　）。[多选]

A. 表中的每一列代表一种属性数据，称为字段

B. 表中每列均有一个名称为数据表的字段名称

C. 表中每列都具有一个指定的数据类型和容量大小

D. 表中的一行代表一条信息数据

13. 数据类型是数据表中数据种类的定义，代表了不同的信息类型，数据类型决定了数据在计算机磁盘中的存储格式。数据库中常见的数据类型有（　　　　）。[多选]

A. 字节类型（CLASS、EXE、BAT）

B. 数值类型（INTEGER、FLOAT、DOUBLE）

C. 日期类型（YEAR、DATE、DATETIME、TIMESTAMP）

D. 字符类型（CHAR、VARCHAR、TEXT）

二、问答题

1. 数据的发展经历了哪些阶段?

2. 数据库系统由哪几部分组成?

3. SQL 语言包含哪六大语言模块?

4. 什么是数据表? 数据表的作用是什么?

5. 数据表存储数据的原理及组成结构是怎样的?

6. 什么是数据类型? 常见的数据类型有哪些?

第 2 章 数据库和数据表操作

本章目标：

知识目标	能力目标	素质目标
① 认识数据库的内置节点 ② 了解数据表的功能作用 ③ 认识数据库构建语句 ④ 理解数据类型的概念与功能作用 ⑤ 掌握数据表的构建语法 ⑥ 掌握数据表的三大数据约束条件	① 能够正确创建数据库节点 ② 能够正确构建数据表 ③ 能够修改数据表结构 ④ 能够为数据表添加主键及外键约束 ⑤ 能够为数据表相关字段添加唯一性及非空约束 ⑥ 能够为数据表设计主键自增功能	① 具有良好的模型设计与分析能力 ② 养成良好的动手操作能力 ③ 遵循软件工程编码开发的基本原则 ④ 具有良好的表达能力及与人沟通能力 ⑤ 养成敬岗爱业、有责任、有担当的良好职业素养

2.1 数据库操作

在数据库服务器上存在着多个数据库节点，数据库服务器中的数据表以数据库节点为归属单元，实现对数据信息的管理与组织功能。数据库节点是对数据库空间的一种分割方式，实现对数据资源、权限的操作控制管理。

2.1.1 MySQL 自带的库节点

MySQL 数据库服务器安装好后，就已经默认建好了若干的数据库节点，如图 2-1 所示。MySQL 系统中自带了 6 个库节点，分别是 “information_schema” “mysql” “performance_schema” “sakila” “test” 和 “world”。自带的库节点都有自己独特的功能与作用，详细说明如表 2-1 所示。

2.1.1 MySQL 自带的库节点

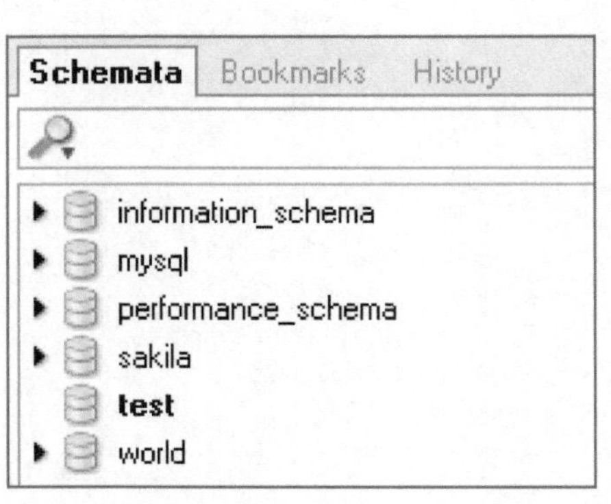

图 2-1 MySQL 数据库节点

表 2-1 自带库节点的功能说明

序号	库名称	功能	说明
1	information_schema	MySQL 系统库	存储数据库的元数据信息，如数据库、表的名称、列的数据类型或者访问权限等
2	mysql	MySQL 系统库	记录了数据库服务器运行时所需要的系统信息，如数据文件夹、当前使用的字符集、约束检查信息、系统用户信息等
3	performance_schema	MySQL 系统库	记录 MySQL 服务进程在运行过程中对资源的消耗、等待等方面数据信息
4	sakila	MySQL 数据库的样例节点	供参考如何进行数据库、数据表设计，以及提供视图、存储过程的开发样例
5	test	MySQL 的测试库	可在此库创建用户自己所需要的数据表以及其他各类型实体，如视图、存储过程、触发器等
6	world	MySQL 数据库的样例节点	比“sakila”简单得多，只有 4 张数据表，以帮助操作人员快速在本地建立 MySQL 数据库节点环境

2.1.2 数据库的创建

MySQL 数据库系统自带的数据库节点显然不能够满足人们进行业务数据信息存储的基本需求，那就需要根据实际业务场景考虑自建库节点，同理，如果认为某些库节点是多余的也可以进行删除操作，甚至可以在不同的库节点之间进行数据的迁移、同步等。

数据库的创建语句格式为：

```
CREATE DATABASE 数据库节点名称
```

用法示例：

```
CREATE DATABASE HELLO    #创建了一个名称为“HELLO”的库节点
CREATE DATABASE DEMO     #创建了一个名称为“DEMO”的库节点
CREATE DATABASE ABC      #创建了一个名称为“ABC”的库节点
```

在以上数据库节点的创建过程中必须保证新建库节点是原数据库环境中不存在的，否则会提示数据库节点已存在，无法创建新节点。

创建库节点后，在 GUI 工具上的“Schemata”栏右键单击，从弹出的快捷菜单中选择“Refresh”（刷新）命令，如图 2-2 所示，可看到新创建的数据库节点“abc”“demo”“hello”，如图 2-3 所示。

2.1.3 数据库的查询

当用户不清楚 MySQL 数据库服务器中存在哪些库节点或不记得要操作的库节点名称时，可以使用命令语句来查询数据库环境中已经存在的库节点，以获取相关数据库节点信息。

数据库查询语句为：

```
SHOW DATABASES
```

执行以上语句后，在 GUI 工具的数据区内，可以看到数据库环境中所有已经存在且本用户具有相关资源权限的库节点，不同用户所看到数据库节点是不相同的，如图 2-4 所示。

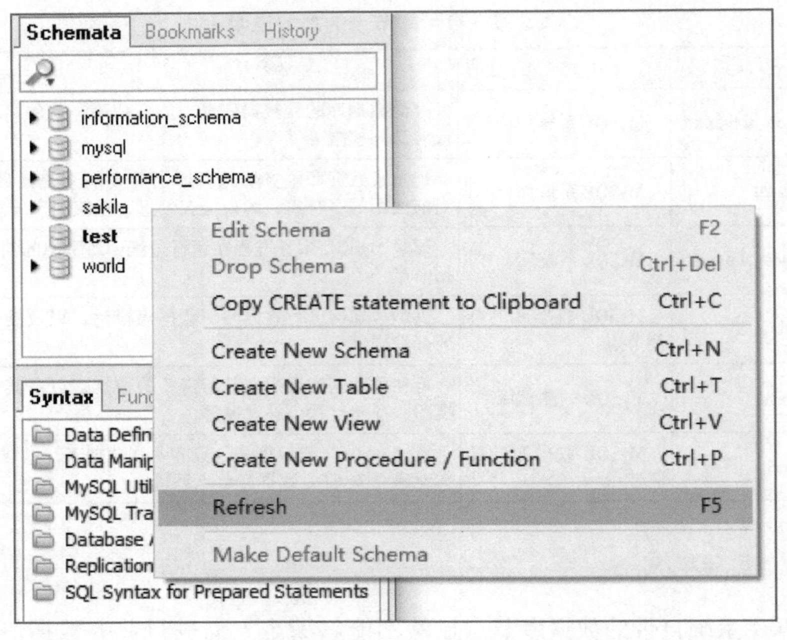

图 2-2 选择 "Refresh" 命令

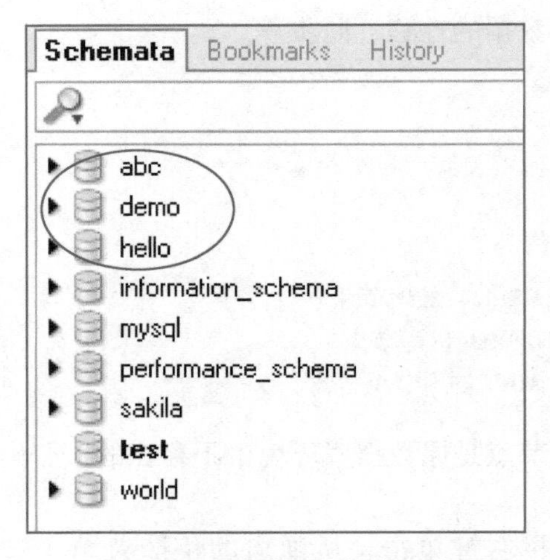

图 2-3 新创建的数据库节点

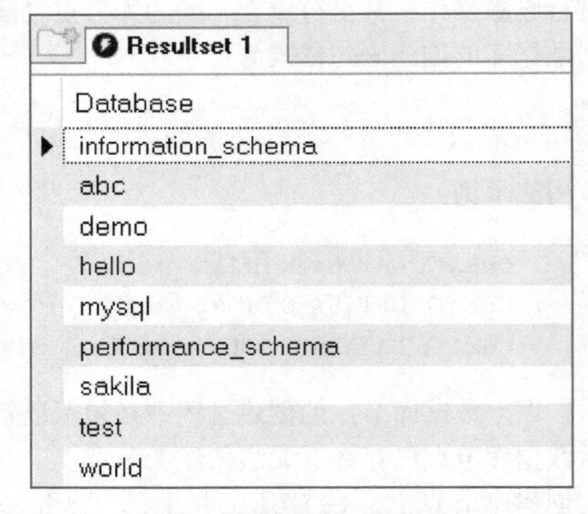

图 2-4 数据库节点的查询

2.1.4 数据库的删除

在 MySQL 服务器上可以根据实际需要创建库节点，也可以根据实际需要删除不必要或多余的库节点，删除库节点将连同库节点上存在的数据表一并删除，所以在删除库节点操作前一般最好先备份库中的数据表，以防数据库节点被删除后数据无法恢复。

数据库的删除语句格式为：

```
DROOP DATABASE 数据库节点名称
```

用法示例：

```
DROOP DATABASE HELLO    #删除了一个名称为“HELLO”的库节点
DROOP DATABASE DEMO     #删除了一个名称为“DEMO”的库节点
DROOP DATABASE ABC      #删除了一个名称为“ABC”的库节点
```

在以上数据库节点的删除操作中，必须保证数据库环境中已经存在相关的数据库节点，否则会提示数据库节点不存在，无法删除对应库节点。

以上库节点删除完毕后，在 GUI 工具上刷新库节点，可看到数据库节点“abc”“demo”“hello”已经被删除，如图 2-5 所示。

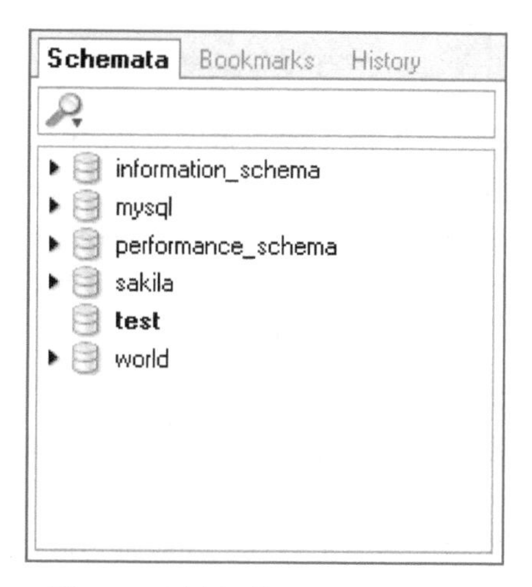

图 2-5　删除操作后的数据库节点

2.2 数据表操作

数据表也称为关系数据表，是数据库中的一种组织、管理、存储数据的单元，是数据库系统中的一个重要概念。一般来说，关系数据表可以想象为现实生活中的二维表单，如 Excel 数据表，只不过数据库环境中的关系数据表一般来说其所存储的数据量远大于日常生活中的表单，可以达到成千上万条，甚至几十万、上百万条。

2.2.1 数据表相关概念

关系数据表是存储业务信息的关键载体，数据表中以字段为最小存储单元，以类型定义数据格式，以记录的形式组织业务信息，以主键的形式标识记录的唯一性，以外键保证数据引用的完整性。

1. 主键

2.2.1　数据表相关概念-主键和外键

主键（Primary Key）是数据表中非常重要的一个核心元素，用于标识数据表中记录的唯一性，通过主键能在数据表中找到唯一的相关数据记录，主键由数据表中的一个或多个字段承担。如在一个学生表中，每个学生的学号都是唯一的，这个属性就可以作为学生表的主键字段。

在如图 2-6 所示的学生表中，字段为：学号（sn）、姓名（name）、年龄（age）、专业（major）、学院（college）、班主任标识（teacher_id），其中学号（sn）字段为表中的主键。通过任一主键值都可以在表中确定唯一的记录。如通过学号（sn）的主键值“20230136”可以在表中找到对应标号为①的唯一记录，通过主键值“20230153”可以在表中找到对应标号为②的唯一记录。

sn	name	age	major	college	teacher_id
20230123	李小明	19	软件工程	计算机学院	T10001
20230136	张秀丽	20	语文教育	师范学院	T10005
20230142	何青红	19	艺术设计	艺术学院	T10008
20230153	徐光平	21	机电工程	机械学院	T10010

①　②

图 2-6　学生表

学号（sn）字段作为学生表中的主键字段，该字段的所有值都不能重复，必须保证其唯一性，即表中不能存在两个相同的学号（sn）字段值，如表中的第一行已经有一个为“20230123”的主键值，除此行之外的其他记录中不能存在以该值为主键的记录。转换为表中的业务意义可理解为，每个学生的学号是唯一的，通过学号就可以确定一个学生。

2. 外键

外键（Foreign Key）是数据表中另外一个非常重要的核心元素，用于传递数据表之间的关联性，一个数据表的业务字段关联另一个数据表的唯一性字段就构成主外键引用关系，引用关联其他数据表的字段则声明为外键。

如图 2-7 所示教师表，表中有字段：教工号（teacher_id）、姓名（name）、年龄（age）、职称（rank）、学历（education），其中教工号（teacher_id）字段为表中的唯一性字段，即教工号的值在表中唯一，不能重复。

teacher_id	name	age	rank	education
T10001	刘大军	45	副教授	本科
T10002	陈小芳	32	讲师	研究生
T10003	张丽红	28	助教	研究生
T10004	黄天鹏	36	讲师	研究生
T10005	刘志伟	40	副教授	本科
T10006	何紫芬	33	讲师	博士
T10007	邓秀红	29	助教	研究生
T10008	赵丽花	35	讲师	本科
T10009	杨发亮	46	教授	博士
T10010	黎红丽	50	讲师	博士

图 2-7　教师表

在如图 2-6 所示的学生表中，字段班主任标识（teacher_id）的作用是记录表中每个学生所对应的班主任。但学生表中可以看到该字段的记录值为“T10001”“T10005”“T10008”“T10010”，并不是具体的教师，这是因为相关教师信息记录在另一张数据表中，也就是具体的教师信息记录在如图 2-7 所示的教师表中，必须通过学生表中的班主任标识（teacher_id）字段引用教师表中的唯一性字段（teacher_id）才能确定相关的教师信息，如图 2-8 所示。

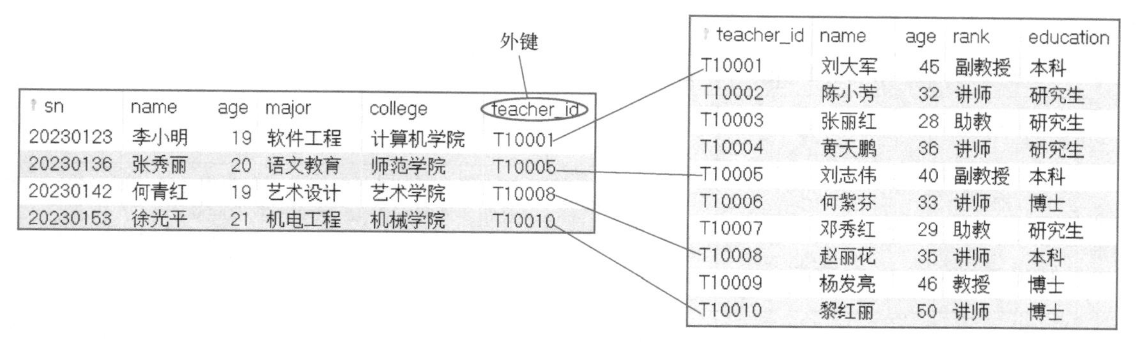

sn	name	age	major	college	teacher_id
20230123	李小明	19	软件工程	计算机学院	T10001
20230136	张秀丽	20	语文教育	师范学院	T10005
20230142	何青红	19	艺术设计	艺术学院	T10008
20230153	徐光平	21	机电工程	机械学院	T10010

teacher_id	name	age	rank	education
T10001	刘大军	45	副教授	本科
T10002	陈小芳	32	讲师	研究生
T10003	张丽红	28	助教	研究生
T10004	黄天鹏	36	讲师	研究生
T10005	刘志伟	40	副教授	本科
T10006	何紫芬	33	讲师	博士
T10007	邓秀红	29	助教	研究生
T10008	赵丽花	35	讲师	本科
T10009	杨发亮	46	教授	博士
T10010	黎红丽	50	讲师	博士

图 2-8　外键关联示意

如学生表中学号为“20230123”的“李小明”同学的班主任标识（teacher_id）字段值为“T10001”，对应于教师表的教工号（teacher_id）字段值“T10001”的记录信息为：姓名“刘大军”，年龄“45”，职称“副教授”，学历“本科”。这条记录即为李小明同学所对应的班主任的信息，则教师表中的教工号（teacher_id）字段即为学生表的外键。

外键的作用是为了保证数据引用的完整性，作为外键的字段要满足两方面的要求：一是必须保证外键在原表中的唯一性，如教工号（teacher_id）字段在教师表中必须是唯一的，不能出现重复值；二是引用字段的值必须在被引用表的外键字段值中存在，如学生表中班主任标识（teacher_id）字段值必须在教师表的教工号（teacher_id）字段中存在对应的被引用值。

3. 数据类型分类

MySQL 数据库支持标准 SQL 语句中的所有数值类型，根据现实生活中对信息描述的需要，MySQL 数据库把数据信息分为整数类型、小数类型、字符串类型、日期类型，以及其他数据类型，具体相关分类如表 2-2 所示。

表 2-2　数据类型分类

分类	数 据 类 型	存储空间范围	数据类型举例	数据类型含义
整数类型	TINYINT	1 字节（0~255）	TINYINT	微整型，只能存储 TINYINT 范围内的整数值
	SMALLINT	2 字节（0~65536）	SMALLINT	小整型，只能存储 SMALLINT 范围内的整数值
	MEDIUMINT	3 字节（$0\sim2^{24}-1$）	MEDIUMINT	中整型，只能存储 MEDIUMINT 范围内的整数值
	INT	4 字节（$0\sim2^{32}-1$）	INT	整型，只能存储 INT 范围内的整数值，等价于 INTEGER
	BIGINT	8 字节（$0\sim2^{64}-1$）	BIGINT	大整型，只能存储 BIGINT 范围内的整数值
小数类型	FLOAT	4 字节	FLOAT	单精度浮点型，8 位精度
	DOUBLE	8 字节	DOUBLE	双精度浮点型，16 位精度
	DECIMAL	动态字节空间	DECIMAL(m,d)	定点类型，参数 m 是总位数，参数 d 是小数位数，其中 m<65，d<30，默认 m=10，d=0
字符串类型	CHAR	固定字节空间	CHAR(n)	只能存储字符串，参数 n 为字符数，当存储的字符数不够时用空格补齐，长度固定
	VARCHAR	动态字节空间	VARCHAR(n)	只能存储字符串，参数 n 为最大字符数，初始分配的空间小于 n，当空间用完后继续分配新空间，直到空间达到 n 为止，为可变长度类型
	TEXT	动态字节空间	TEXT	大字符串存储类型，适用于字符数非常大时使用，最大可达 65 535 字节空间

（续）

分类	数据类型	存储空间范围	数据类型举例	数据类型含义
日期类型	DATE	3 字节	DATE	日期格式时间，精确到天，返回的日期数据形如‘2022-12-15’
	DATETIME	8 字节	DATETIME	带日期及时分秒的时间，可精确到微秒，返回的时间数据形如‘2022-12-15 18:30:40.000000’
	TIMESTAMP	4 字节	TIMESTAMP	时间戳，能自动存储或更新本条记录中其他字段的最终修改时间，返回的时间数据形如‘2022-12-15 14:46:52’
	TIME	3 字节	TIME	时分秒组合的时间数据，默认精确到秒，返回的时间数据形如‘18:30:40’
其他类型	BLOB	动态字节空间	BLOB	二进制大对象数据，可存储非文体的数据信息，如图片对象、音频及视频对象等，最大可达 65 535 字节空间

2.2.2 数据表的创建

数据表存在于数据库节点中，所以在创建数据表之前需要先创建好相关的数据库，或直接在已存在的数据库节点中创建数据表。创建数据表的过程是定义数据列的属性过程，同时也是约束数据完整性的过程。

2.2.2 数据表的创建

1. 在 GUI 工具上创建

1）在 GUI 工具的“Schemata”栏右击“demo”库节点，从弹出的快捷菜单中选择“Create New Table”命令，如图 2-9 所示。

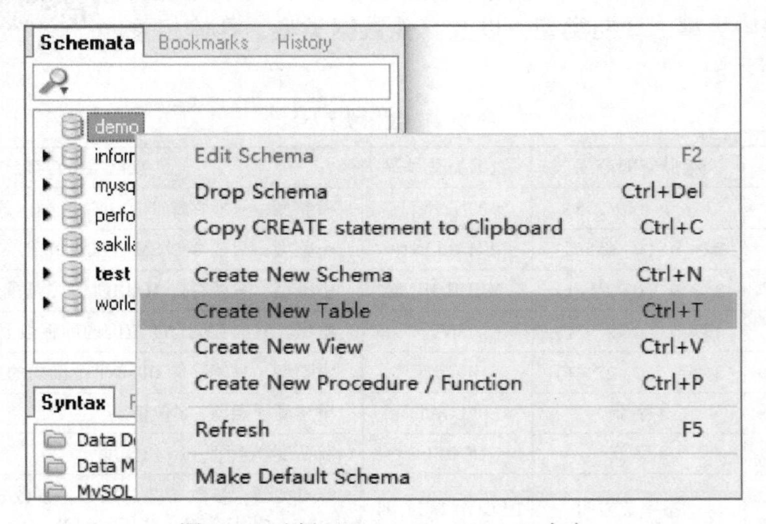

图 2-9 选择“Create New Table”命令

2）弹出“MySQL Table Editor”对话框，如图 2-10 所示。在“Table Name”输入表名“schools”；在“Column Name”栏输入相关的表字段：id、name、address、students、leader；在“Datatype”栏输入相关字段的数据类型，id 表字段类型为“INTEGER”，另外 4 个表字段的类型为“VARCHAR(45)”，最后单击“Apply Changes”按钮，即完成在“demo”库上创建数据表。

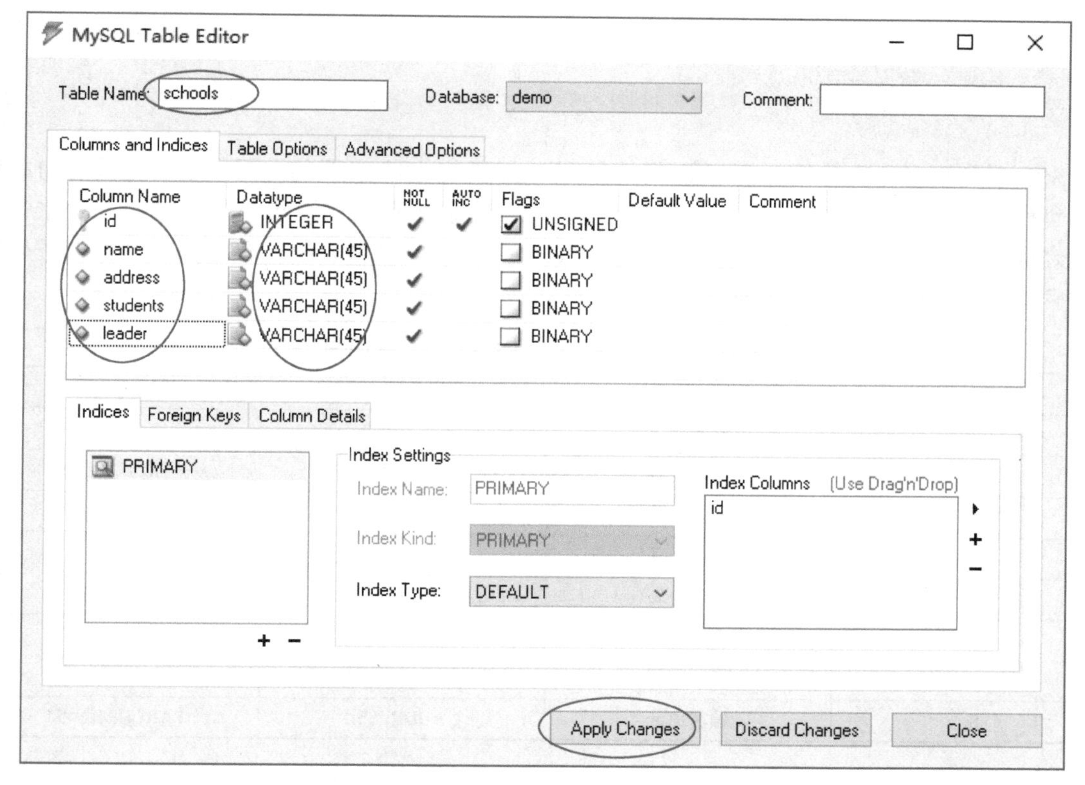

图 2-10　“MySQL Table Editor”对话框

2. 通过 SQL 语句创建

通过 SQL 语句创建数据表是一种比较常用的做法，其过程是通过相关命令来实现创建表操作，在创建数据表前已先进入某个库节点，否则将不能执行相关的创建命令。

（1）进入库节点

进入库节点命令格式为：

```
USE 数据库节点名称
```

用法示例：

```
USE DEMO       #进入名称为“DEMO”的库节点
USE HELLO      #进入名称为“HELLO”的库节点
USE ABC        #进入名称为“ABC”的库节点
```

（2）数据表创建

在创建一张新的数据表前除了要先进入某个库节点之外，还需要先检查该库中是否已存在相同名字的数据表，如已经存在，则不能创建，需要删除该同名表后才能创建。

数据表的创建语法：

```
CREATE TABLE  数据表名称(
字段 1   数据类型(长度约束),
字段 2   数据类型(长度约束),
```

```
...
字段 n  数据类型(长度约束)
);
```

SQL 语句不区分大小写，每条语句的结尾一般用英文状态下的分号“;”表示语句的结束。创建数据表过程中，数据表名称可以任意，但不能使用 SQL 语句中的关键字，表中每个字段之间用英文状态下的逗号“,”隔开。如表 2-3 所示的顾客表中，有主键及其他业务列共 8 个字段，此表使用 SQL 语句创建过程具体如下。

表 2-3　顾客（CUSTOMER）表字段结构

序　　号	字段逻辑名称	字段物理名称	数据类型
1	顾客标识	ID	INT
2	顾客姓名	NAME	VARCHAR(45)
3	顾客年龄	AGE	SMALLINT
4	顾客生日	BIRTHDAY	DATE
5	顾客身高	HEIGHT	FLOAT
6	顾客职业	WORK	VARCHAR(45)
7	顾客薪酬	SALARY	INT
8	顾客地址	ADDRESS	VARCHAR(45)

1）用 SQL 语句创建一个名称为“mydb”的数据库节点，库节点的名称可任意定义，但不能为 SQL 语句的关键字。

```
CREATE DATABASE mydb;
```

2）使用 SQL 语句，进入创建好的数据库节点“mydb”，表示在这个数据库节点上创建相关数据表。

```
USE mydb;
```

3）按数据表的创建语法编写出顾客表的 SQL 创建语句。

```
CREATE TABLE customer (
  id int,
  name varchar(45),
  age smallint,
  birthday date,
  height float,
  work varchar(45),
  salary int,
  address varchar(45)
);
```

表 2-3 中的字段物理名称与数据库环境中数据表的字段名相对应，数据表的字段类型为固定字节空间时，可以不用标出字段的长度，如 INT、SMALLINT、DATE、FLOAT 等类型，若

字段类型为动态字节空间则需要指明字段的长度，如 VARCHAR(45)。

在 GUI 工具中选择菜单 “Tools” → “MySQL Command Line Client” 命令，如图 2-11 所示，弹出 MySQL 的命令行客户端，即 SQL 语句的执行面板，如图 2-12 所示。

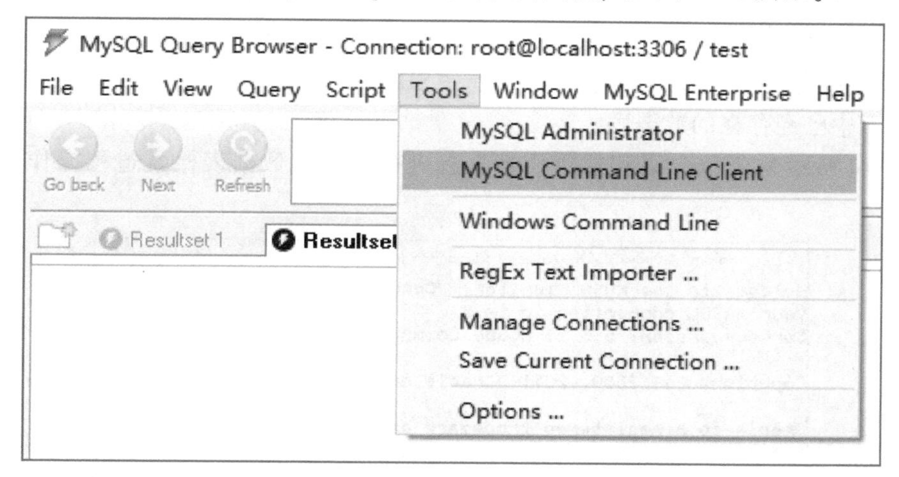

图 2-11　选择 “MySQL Command Line Client” 命令

在 MySQL 命令行客户端按顺序执行以上 1)~3) 步的 SQL 语句，即可创建顾客表（customer），最后在 GUI 工具的库节点区刷新库节点，即可看到新创建的顾客表，如图 2-13 所示。

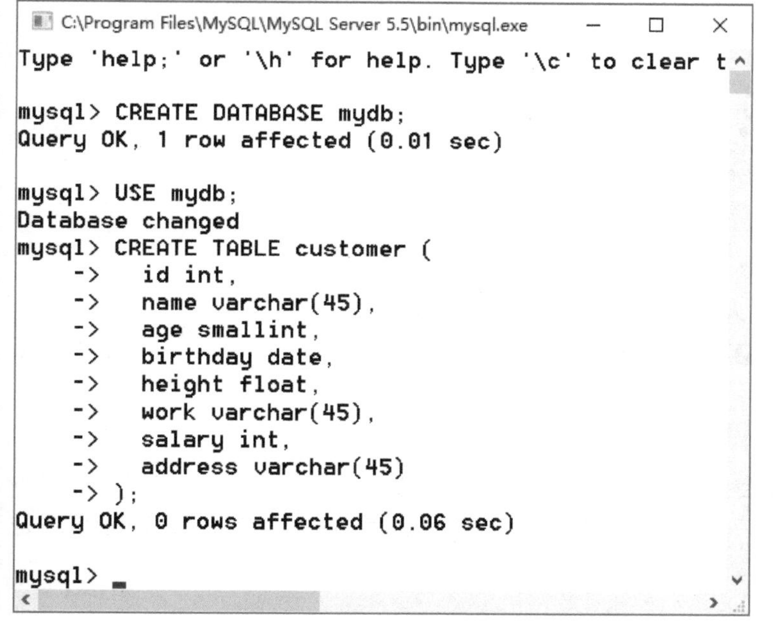

图 2-12　MySQL 命令行客户端

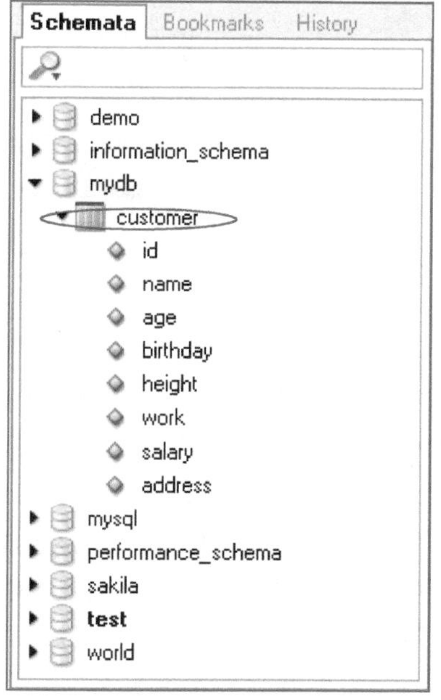

图 2-13　新创建的顾客表

2.2.3　数据表的查看

数据表在某个数据库节点中创建好后，除了通过 GUI 工具进行查看外，还可以通过 SQL 语句进行查看库节点中存在哪些已经创建好的数据表，以及查询每张数据表的列结构、数据类型、约束等。

1. 查看库节点中的数据表

库节点中数据表查看语句格式为：

```
SHOW TABLES
```

进入某个库节点，在 SQL 语句面板上执行“SHOW TABLES”语句后，即可在命令行面板中看到库节点中已经存在的数据表。

如图 2-14 所示为在 SQL 语句执行面板上，进行库节点数据表检索过程操作及相关检索结果。

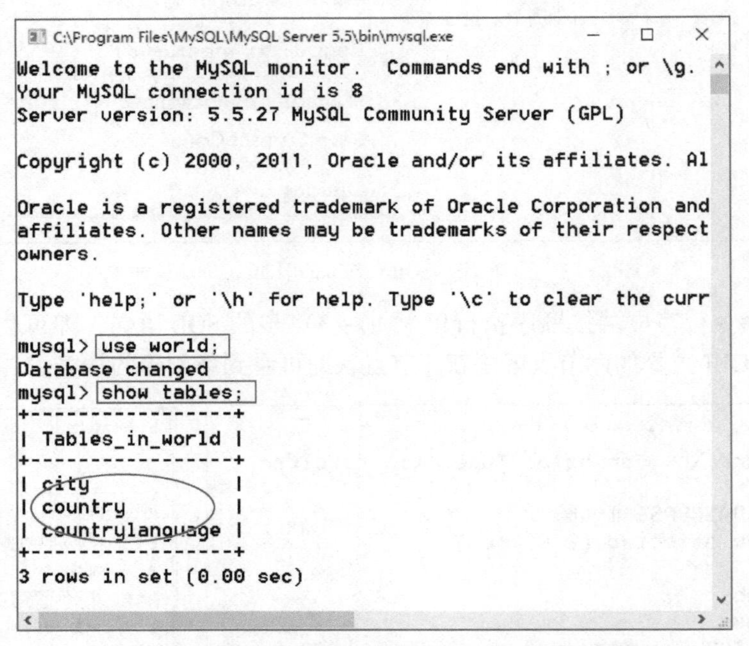

图 2-14　进行库节点数据表检索过程操作及相关检索结果

1）通过“use world”语句进入 MySQL 自带的库节点“world”。

2）通过“show tables”语句查询到“world”库节点中共有“city”“country”和“countrylanguage”3 张数据表。

2. 查看数据表结构

数据表的结构除了可以直接在 GUI 工具上查看外，也可以通过 SQL 语句来实现。实现查看数据表结构的关键字有“DESC”及“DESCRIBE”两个，前者为后者的缩写，功能作用是相同的。

数据表查看语句格式 1：

```
DESC 数据表名称
```

用法示例：

```
DESC user        #查看“user”表结构
DESC order       #查看“order”表结构
DESC member      #查看“member”表结构
```

数据表查看语句格式 2：

```
DESCRIBE 数据表名称
```

用法示例：

```
DESCRIBE student        #查看“student”表结构
DESCRIBE school         #查看“school”表结构
DESCRIBE college        #查看“college”表结构
```

在 SQL 语句执行面板上，查询数据表结构的详情展示如图 2-15 所示。

```
C:\Program Files\MySQL\MySQL Server 5.5\bin\mysql.exe
Type 'help;' or '\h' for help. Type '\c' to clear the curr

mysql> use mydb;
Database changed
mysql> desc customer;
+----------+-------------+------+-----+---------+-------+
| Field    | Type        | Null | Key | Default | Extra |
+----------+-------------+------+-----+---------+-------+
| id       | int(11)     | YES  |     | NULL    |       |
| name     | varchar(45) | YES  |     | NULL    |       |
| age      | smallint(6) | YES  |     | NULL    |       |
| birthday | date        | YES  |     | NULL    |       |
| height   | float       | YES  |     | NULL    |       |
| work     | varchar(45) | YES  |     | NULL    |       |
| salary   | int(11)     | YES  |     | NULL    |       |
| address  | varchar(45) | YES  |     | NULL    |       |
+----------+-------------+------+-----+---------+-------+
8 rows in set (0.01 sec)

mysql>
```

图 2-15　用 SQL 语句查询数据表结构的详细展示

1）通过“use mydb”语句进入 MySQL 自带的库节点“mydb”。

2）通过“desc customer”语句查询到“mydb”库节点中的“customer”数据表结构，包括表中的字段“Field”、各字段类型“Type”，以及其他约束条件。

2.2.4　数据表结构的修改

数据表在库节点中创建好后，如果发现与实际需求不一致时可以对表结构进行必要的修改。数据表结构的修改包括数据表名称的变更、字段的增加、删除、更新，数据表结构的删除等操作。

通过如下的 SQL 脚本在数据库中创建用户订单表（user_order），本节后面将以此数据表为载体来介绍相关内容。

```
CREATE TABLE user_order(
  id int(10) unsigned NOT NULL AUTO_INCREMENT,
```

```
    user varchar(45) NOT NULL,
    money float NOT NULL,
    order_time datetime NOT NULL,
    status char(1) NOT NULL,
    PRIMARY KEY (id)
);
```

本节以用户订单表（user_order）为操作对象讲解数据表结构的修改操作。右键单击用户订单表 user_order，在弹出的快捷菜单中选择“Edit Table”命令，如图 2-16 所示，弹出表结构窗体，在其上可直接修改数据表结构。

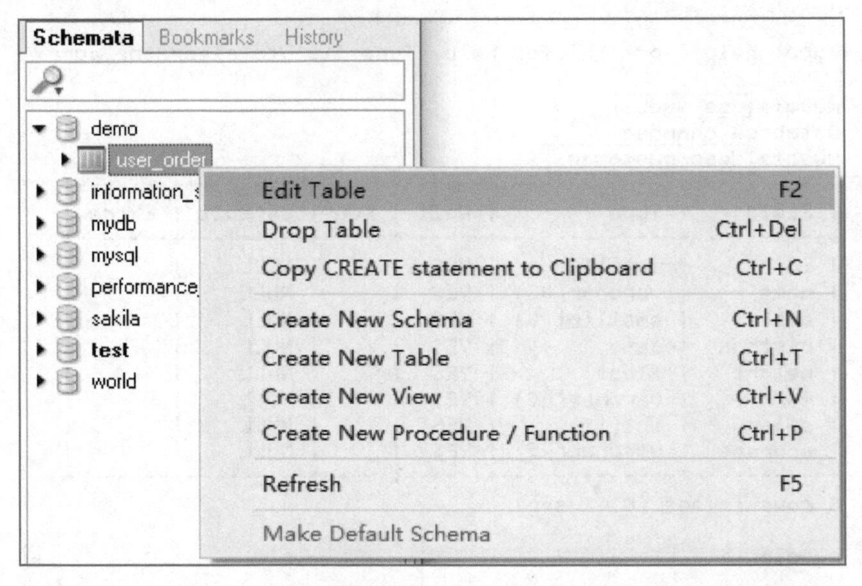

图 2-16　选择“Edit Table”命令

除了 GUI 操作外，更多的时候是要使用 SQL 语句来修改数据表结构的，现以如图 2-17 所示的用户订单表（user_order）为例，讲解修改数据表结构的 SQL 语法，修改数据表结构要使用 SQL 语句的中“ALTER TABLE”关键字。

Field	Type	Null	Key	Default	Extra
id	int(10) unsigned	NO	PRI	NULL	auto_increment
user	varchar(45)	NO		NULL	
money	float	NO		NULL	
order_time	datetime	NO		NULL	
status	char(1)	NO		NULL	

图 2-17　用户订单表（user_order）结构

1. 添加数据表字段

如果数据表在创建时所设定的字段不够全面，则可以在创建完成后依据实际需要进行添加、补充。给数据表添加字段，要使用 SQL 语句中的“ADD COLUMN”“AFTER”等关键字。

添加数据表字段语句格式为：

```
ALTER TABLE 数据表名称 ADD COLUMN 新字段 数据类型 AFTER 表中的某个字段
```

在 SQL 命令行窗体下进入到对应数据表的库节点，并执行下面 SQL 语句。

```
ALTER TABLE user_order ADD COLUMN order_address VARCHAR(45) AFTER order_time;
```

以上 SQL 语句表示在用户订单表的“order_time”字段的后面添加一个数据类型为 VARCHAR、长度为 45 的新字段“order_address”。“AFTER”为可选关键字，如省略此关键字则默认添加在数据表中所有字段的最后面。

SQL 修改表结构语句执行完毕后，可以看到用户订单表中的“order_time”字段后，多了一个新字段“order_address”，如图 2-18 所示。

Field	Type	Null	Key	Default	Extra
id	int(10) unsigned	NO	PRI	NULL	auto_increment
user	varchar(45)	NO		NULL	
money	float	NO		NULL	
order_time	datetime	NO		NULL	
order_address	varchar(45)	YES		NULL	
status	char(1)	NO		NULL	

图 2-18 添加新字段“order_address”后用户订单表（user_order）结构

2. 修改数据表字段

数据表中的字段在数据表创建完成以后，还可以进行实际的变动、更新。字段的修改包括字段数据类型修改、默认值修改等方面。修改数据表字段，要使用 SQL 语句中的“MODIFY”关键字。

修改数据表字段语句格式为：

```
ALTER TABLE 数据表名称 MODIFY 字段名称 新的数据类型或约束条件
```

在 SQL 命令行窗体下进入到对应数据表的库节点，并执行下面 SQL 语句。

```
ALTER TABLE user_order MODIFY money DECIMAL(6,2);
```

SQL 语句执行完毕，则可以看到数据表中的“money”字段，原类型由 FLOAT 变为新类型 DECIMAL(6,2)，如图 2-19 所示。

Field	Type	Null	Key	Default	Extra
id	int(10) unsigned	NO	PRI	NULL	auto_increment
user	varchar(45)	NO		NULL	
money	decimal(6,2)	YES		NULL	
order_time	datetime	NO		NULL	
order_address	varchar(45)	YES		NULL	
status	char(1)	NO		NULL	

图 2-19 修改字段“money”后用户订单表（user_order）结构

3. 删除数据表字段

数据表中的字段在数据表创建完成以后，如果发现表中有多余的字段，可以对相关字段进行删除。删除数据表字段，要使用 SQL 语句中的“DROP”关键字。

删除数据表字段语句格式为：

```
ALTER TABLE 数据表名称 DROP 字段名称
```

在 SQL 命令行窗体下进入到对应数据表的库节点，并执行下面 SQL 语句。

```
ALTER TABLE user_order DROP order_address;
```

SQL 语句执行完毕，则可以看到用户订单数据表中的“order_address”字段已经被删除，如图 2-20 所示。

```
+------------+------------------+------+-----+---------+----------------+
| Field      | Type             | Null | Key | Default | Extra          |
+------------+------------------+------+-----+---------+----------------+
| id         | int(10) unsigned | NO   | PRI | NULL    | auto_increment |
| user       | varchar(45)      | NO   |     | NULL    |                |
| money      | decimal(6,2)     | YES  |     | NULL    |                |
| order_time | datetime         | NO   |     | NULL    |                |
| status     | char(1)          | NO   |     | NULL    |                |
+------------+------------------+------+-----+---------+----------------+
```

图 2-20　删除字段“order_address”后用户订单表（user_order）结构

4. 修改数据表的名称

数据表的名称除在创建表时定义之外，在数据表创建完成以后也是可以进行必要、适当的修改、变更，以更好地满足实际的业务需求。修改数据表名称，要使用 SQL 语句中的“RENAME TO”关键字。

修改数据表名称语句格式为：

```
ALTER TABLE 原数据表名称 RENAME TO 新数据表名称
```

在 SQL 命令行窗体下进入到对应数据表的库节点，并执行修改表名 SQL 语句。

```
ALTER TABLE user_order RENAME TO new_user_order;
```

SQL 语句执行完毕，则可以把用户订单表的名称由原来的“user_order”修改为新名称“new_user_order”，如图 2-21 所示。

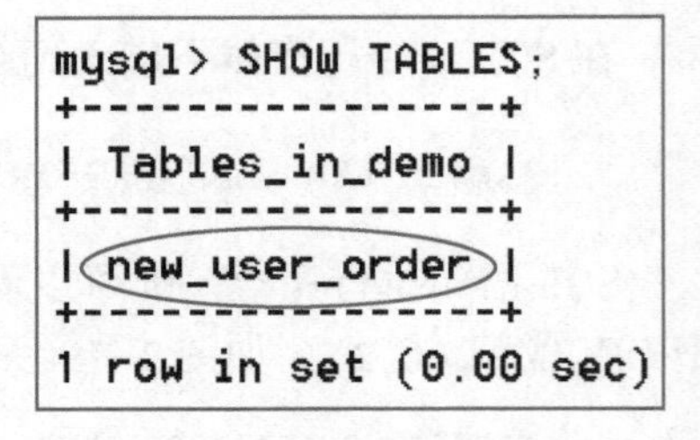

图 2-21　用户订单表名称修改

2.2.5　数据表结构的删除

数据表在库节点中创建好后，如果发现数据表的功能与实际需求不一致，甚至认为数据表是多余的，从数据库的管理及运行性能角度出发，则可以考虑对相关数据表进行删除。

数据表结构的删除操作可以通过 GUI 工具实现。右键单击数据表，在弹出的快捷菜单中选择“Drop Table”命令，如图 2-22 所示，可直接删除已经存在的数据表结构。

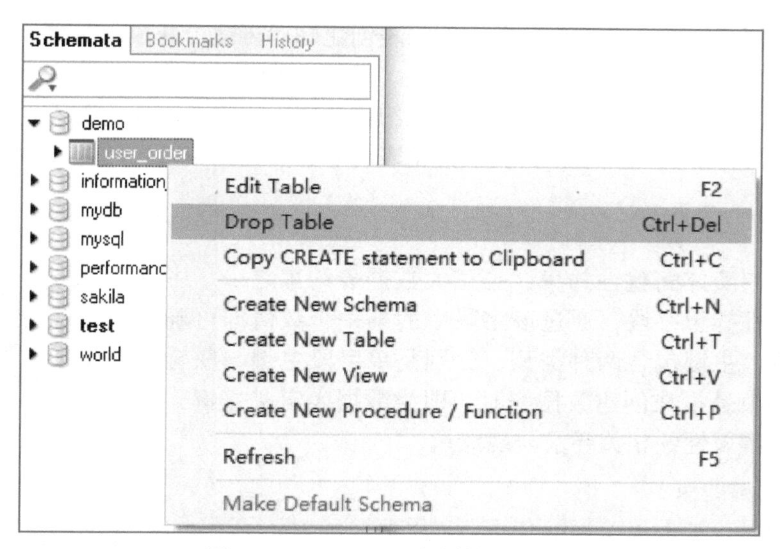

图 2-22　GUI 工具删除数据表结构

除了 GUI 操作外，更多的时候是使用要 SQL 语句来删除数据表结构，现以 2.2.4 节中的用户订单表（new_user_order）为例，来讲解删除数据表结构的 SQL 语法，删除数据表结构要使用 SQL 语句的中“DROP TABLE”关键字。

删除数据表结构语句格式为：

```
DROP TABLE　数据表名称
```

在 SQL 命令行窗体下进入到对应数据表的库节点，并执行删除数据表 SQL 语句。

```
DROP TABLE new_user_order;
```

SQL 语句执行完毕，则数据表“new_user_order”被删除，此时执行“SHOW TABLES”语句，发现已经没有对应的数据表，再执行“DESC NEW_USER_ORDER”语句则直接抛出操作异常，提示数据表已经不存在，如图 2-23 所示。

```
mysql>
mysql> DROP TABLE NEW_USER_ORDER ;
Query OK, 0 rows affected (0.04 sec)

mysql> SHOW TABLES;
Empty set (0.00 sec)

mysql> DESC NEW_USER_ORDER;
ERROR 1146 (42S02): Table 'demo.new_user_order' doesn't exist
mysql>
```

图 2-23　用户订单表（new_user_order）被删除

2.3　数据表约束

数据表约束也称为数据完整性约束，是指数据表结构中关于对数据记录信息的限定与规范，包括了类型、长度、是否为空、是否唯一、主键、外键、默认值等方面的约束。数据表约束一般在创建数据表时即定义，也可以在数据表创建好后再适当修改、变更。

数据表约束通常包括三方面：实体完整性、参照完整性和用户自定义完整性。实体完整性和参照完整性是关系数据表必须满足的完整性约束条件，用户自定义完整性约束则是为满足实际业务需求而额外添加的约束项，为关系数据表的非必要性约束。

2.3.1 主键约束

2.3.1 主键约束

主键约束也叫实体完整性约束，是三大数据表约束之一。主键是数据表的唯一性标识字段，通过该字段中的某一个数值即可确定一条对应的记录。主键包含两种类型，分别是单字段主键与联合主键。所谓主键约束是指在创建数据表时，即为数据表定义主键，使该数据表符合主键属性的相关要求与规范。

1. 单字段主键约束

单字段主键是在数据表中指定其中一个字段作为表的主键字段，作为主键的字段必须受主键的相关规范约束，不得出现重复性数值，也不能出现空值。主键在数据表定义时声明，有两种声明格式。

（1）在字段中声明

在创建数据表的过程中，直接在某个字段上声明为主键字段，单字段主键语法格式为：

```
字段名称 数据类型 PRIMARY KEY
```

主键声明 SQL 语句：

```
CREATE TABLE book(
  id int PRIMARY KEY,
  name varchar(45) ,
  price float ,
  isbn varchar(45)
);
```

以上 SQL 语句定义了一张名称为“book”的数据表，在声明表字段的同时通过关键字“PRIMARY KEY”指定“id”字段为数据表的主键。

（2）在字段声明后指定

在创建数据表的过程中，所有的表字段声明完毕后，最后选择某字段作为主键字。

单字段主键语法格式为：

```
PRIMARY KEY (字段名称)
```

主键声明 SQL 语句：

```
CREATE TABLE clothes(
  id int ,
  shop varchar(45) ,
  price float ,
  brand varchar(45) ,
```

```
    PRIMARY KEY (id)
);
```

以上 SQL 语句定义了一张名称为“clothes”的数据表，先声明表字段，然后通过关键字“PRIMARY KEY”指定“id”字段为数据表的主键。

2. 联合主键约束

在一些特定的数据表中，单字段主键是无法满足业务建模的需求，这时就要考虑多字段的联合主键。联合主键字是在数据表中指定其中两个或两个以上的字段共同作为表的主键字段，联合主键同样符合主键的属性与规范，受相关约束。

联合主键需要在创建数据表的过程中，先声明数据表字段，然后再指定相关字段为共同主键字段。

联合主键语法格式为：

```
PRIMARY KEY (字段1,字段2…,字段n)
```

主键声明 SQL 语句：

```
CREATE TABLE student_course(
    student varchar(45) ,
    course varchar(45) ,
    score int,
    status char(1) ,
    PRIMARY KEY (student,course)
);
```

以上 SQL 语句定义了一张名称为“student_course”的数据表，先声明表字段，然后通过关键字“PRIMARY KEY”指定“student”和“course”字段为数据表的联合主键。

2.3.2 外键约束

外键约束也叫参照完整性约束、引用完整性约束，同样是三大数据表约束之一。外键是两张数据表之间的关联约束，从本质上来说外键是表连接时字段的引用。当数据表建立连接时，从表通过外键关联主表数据，从而得到对应的连接记录信息。被关联的数据表称为主表，去关联人家的数据表称为从表。

一张从表中可以有多个外键，可以关联多张数据表，而作为主表的被引用字段必须是本表中受唯一性约束的字段，可以是本表中的主键字段，也可以是其他有唯一性约束的非主键字段。外键的作用是保证数据引用的完整性、一致性，外键值不允许为空。

一般在创建数据表的过程中，直接声明关联外表的某个字段作为本表的外键。

外键语法格式为：

```
CONSTRAINT 外键名称 FOREIGN KEY(引用字段) REFERENCES 被关联数据表(被引用字段)
```

主表声明 SQL 语句：

```
CREATE TABLE country(
  id int PRIMARY KEY,
  name varchar(45) ,
  population float
);
```

从表中外键声明 SQL 语句:

```
CREATE TABLE member(
  id int PRIMARY KEY,
  name varchar(45) ,
  country_id int,
  CONSTRAINT fk_country_member FOREIGN KEY(country_id) REFERENCES country(id)
);
```

以上 SQL 语句首先定义了一个名称为“country”的数据表，为主表，表中的“id”字段为主键，是唯一性字段。接着第二个 SQL 语句定义了一个名称为“member”的数据表，为从表，在创建数据表的同时声明了从表中的“country_id”字段去引用主表“country”中的“id”字段，从而建立外键关联引用关系。

当“member”数据表与“country”数据表建立了外键引用关系时，“member”数据表中的每一条记录的“country_id”字段值都必须是“country”表中“id”字段存在的数值，否则会造成数据异常。

2.3.3 非空约束

非空约束是一种对数据表中字段值不允许置为空的强制性约束，字段添加此种约束后，往表中添加或更新数据时，相关字段都必须赋相关数据值，否则数据表将产生操作异常。非空约束通过“NOT NULL”关键字实现，一般在创建数据表时在相关字段上声明。

2.3.3 非空约束

非空约束语法格式为:

```
字段名称 数据类型 NOT NULL
```

非空约束声明 SQL 语句:

```
CREATE TABLE computer(
  id int PRIMARY KEY,
  cpu varchar(45) NOT NULL,
  price float NOT NULL,
  product varchar(45) NOT NULL
);
```

以上 SQL 语句定义了一个名称为“computer”的数据表，在数据表的声明过程中，直接在每个字段结尾通过“NOT NULL”关键字声明每个字段值均受非空约束。数据表创建完成后，往数据表中写入数据时，每个字段都必须赋值，不允许为空，否则会提示无法写入，并报数据库错误。

2.3.4 唯一性约束

唯一性约束与主键约束类似，要求数据表中相关字段的值不能重复，但因每张数据表只能有一个主键，因而在主键以外的字段有这种唯一性要求时，就必须添加这种唯一性约束来规范数据值。唯一性约束需要使用“UNIQUE”关键字，来实现相关功能，一般要在数据表创建时直接声明。

唯一性约束与主键约束最大不同的地方是允许空值存在，但空值最多只能一个，不允许有多个空值，以免出现数据重复，破坏了唯一性的要求。可以在数据表中为多个字段添加唯一性约束，相关语法如下。

唯一性约束语法格式为：

```
字段名称 数据类型 UNIQUE
```

唯一性约束声明 SQL 语句：

```
CREATE TABLE employee(
  id int PRIMARY KEY,
  work_num varchar(45) UNIQUE,
  card_num varchar(45) UNIQUE,
  birthday date,
  department varchar(45)
);
```

以上 SQL 语句定义了一个名称为“employee”的数据表，在数据表的声明过程中，在“work_num”和“card_num”两个字段末尾通过“UNIQUE”关键字声明此两个字段的值必须保持各自的唯一性，不能重复。数据表创建完成后，往数据表中写入数据时，如果字段值出现重复，会提示无法写入，并报数据库错误。

2.3.5 自定义约束

自定义约束是指，根据应用环境要求和实际需要，对某一具体应用所涉及数据提出约束性条件。该约束机制一般不应由应用程序提供，而应由关系模型提供定义并检验。

在关系数据库中，用户自定义约束一般使用 check( ) 函数来实现，MySQL 关系数据库在 MySQL 8.0.16 之前不支持 check( ) 函数约束，在后继版本中已经实现了对 check( ) 函数约束的支持。

(1) 数值类型自定义约束

创建用户工资表（user_salary），并为工资（salary）属性添加自定义约束，数值不能超过 10000。

```
CREATE TABLE user_salary(
  id int primary key,
  user varchar(50) not null,
```

```
    salary int not null check(salary<10000)
);
```

当往用户工资表（user_salary）写入数据时，如果“salary”字段值不超过 check( )函数约束值 10000，可以正常执行写入操作，如果“salary”字段值超过 check( )函数约束值 10000，则无法正常写入数据。

（2）数据项类型自定义约束

创建会员表（member），并为会员性别（member_sex）属性添加自定义约束，取值只能为集合中的元素：{'female','male'}。

```
CREATE TABLE member(
member_id varchar(45) primary key,
member_name varchar(45),
member_sex varchar(10),
check (member_sex in ('female','male'))
);
```

当往会员表（member）写入数据时，如果“member_sex”字段取值为“female”或“male”，则在约束指定的数据项范围内，可以正常执行写入操作；如果“member_sex”字段取值为其他字符值，则超出字段约束指定的数据项范围，无法正常写入数据。

2.3.6 主键自增

主键自增也叫字段自增，是专为主键字段服务的一种约束类型，指数据表中的主键字段能自动填充数据，并以序列的形式自增。字段值自增只适用于主键为整型类型的字段，不适用于其他字符、日期、浮点等类型。使用字段值自增可实现自动生成主键功能，实现字段自增要使用“AUTO_INCREMENT”关键字。

一般在创建数据表的过程中，直接声明数据表的主键字段为自增类型，主键自增语法格式为：

```
字段名称  数据类型  PRIMARY  KEY AUTO_INCREMENT
```

数据表及主键自增声明 SQL 语句：

```
CREATE TABLE exam(
  id int PRIMARY KEY AUTO_INCREMENT,
  stu_num varchar(45),
  reg_ser int,
  exam_time date,
  exam_score smallint
);
```

以上 SQL 语句定义了一个名称为“exam”的数据表，在数据表的创建过程中，直接在 INT 类型的主键字段“id”末尾通过“AUTO_INCREMENT”关键字声明此主键值自增。数据表创建完成后，往数据表中写入数据时，主键“id”字段无须赋值，会自动从 1 开始依次增加，从而实现自动主键生成策略。

2.4 案例：创建职员与部门数据表

数据表的创建是数据库环境中最基本的管理操作，本节将以一个信息系统中相关模块的数据表设计为载体，演示、讲解数据表创建过程的实现方式，以及在进行数据表设计时应注意的相关问题。

1. 功能需求描述

在一个人力资源信息系统的员工管理模块有职员表与部门表，两张数据表的结构及关系如下，请按相关要求在数据库环境中创建出相关数据表。

1）职员表中有员工号、姓名、性别、生日、住址、工资、岗位、部门编号字段，相关结构如表 2-4 所示。

表 2-4　职员（EMPLOYEE）表字段结构

序　号	字段逻辑名称	字段物理名称	数据类型
1	员工号	EMP_NO	VARCHAR(45)
2	姓名	NAME	VARCHAR(45)
3	性别	GENDER	CHAR(1)
4	生日	BIRTHDAY	DATE
5	住址	ADDRESS	VARCHAR(45)
6	工资	SALARY	FLOAT
7	岗位	POSITION	VARCHAR(45)
8	部门编号	DEP_NO	VARCHAR(45)

2）部门表中部门编号、部门名称、办公地点、部门主管、部门员工数、部门职责字段，相关结构如表 2-5 所示。

表 2-5　部门（DEPARTMENT）表字段结构

序　号	字段逻辑名称	字段物理名称	数据类型
1	部门编号	DEP_NO	VARCHAR(45)
2	部门名称	DEP_NAME	VARCHAR(45)
3	办公地点	DEP_ADDRESS	VARCHAR(45)
4	部门主管	DEP_LEADER	VARCHAR(45)
5	部门员工数	DEP_PERSONS	INT
6	部门职责	DEP_DESC	VARCHAR(45)

3）员工号为职员表主键字段，部门编号为部门表的主键字段。

4）部门表的部门编号与职员表的部门编号两字段存在主外键引用关系。

2. 功能操作实现

本案例中数据表的创建方式两种，一种是通过 GUI 工具操作，另一种是通过 SQL 命令脚本创建的方式实现，以下分别对这两种方式作相关说明。

(1) 使用 GUI 工具创建数据表

1) 在 GUI 工具的“Schemata”栏中右键单击，在弹出的快捷菜单中选择“Create New Schema”命令，如图 2-24 所示。

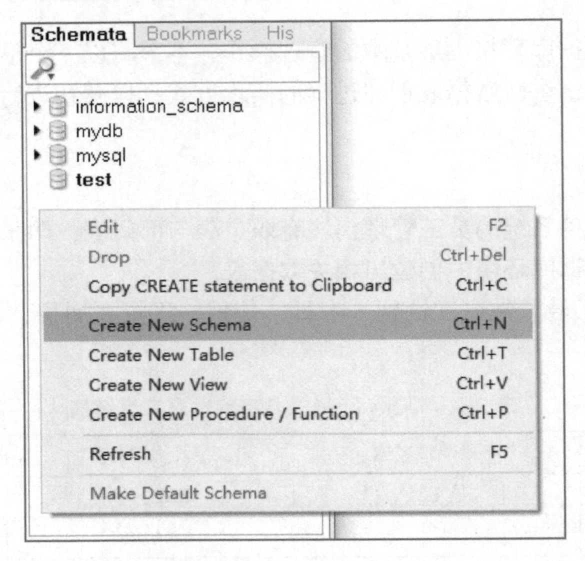

图 2-24 选择“Create New Schema”命令

2) 在弹出的“Create new Schema”窗体上输入库节点的名称“hr”，单击“OK”按钮，则创建好库节点“hr”，如图 2-25 所示。

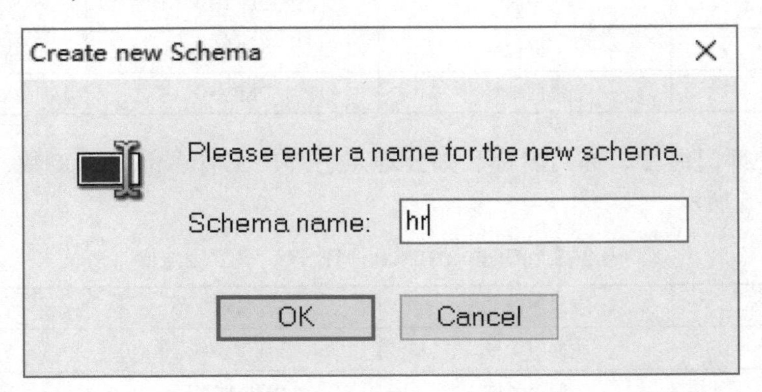

图 2-25 “Create new Schema”窗体

3) 右键单击“hr”库节点，并在弹出的快捷菜单中选择“Create New Table”命令，如图 2-26 所示。

4) 在弹出的“MySQL Table Editor”窗体中，输入数据表名称“department”，并在“Column Name”栏输入本数据表的相关字段：dep_no、dep_name、dep_address、dep_leader、dep_persons、dep_desc，在“Datatype”栏输入相关字段对应的数据类型，最后单击“Apply Changes”按钮，则可创建部门表，如图 2-27 所示。在创建窗体中，默认以第一个字段作为数据表的主键，这里“dep_no”字段将作为部门表的主键字段。

5) 用与上一步同样的方法创建职员表，在“MySQL Table Editor”窗体中，输入数据表名称“employee”，并在“Column Name”栏输入本数据表的相关字段：emp_no、name、gender、

birthday、address、salary、position、dep_no，在“Datatype”栏输入相关字段对应的数据类型，如图 2-28 所示。

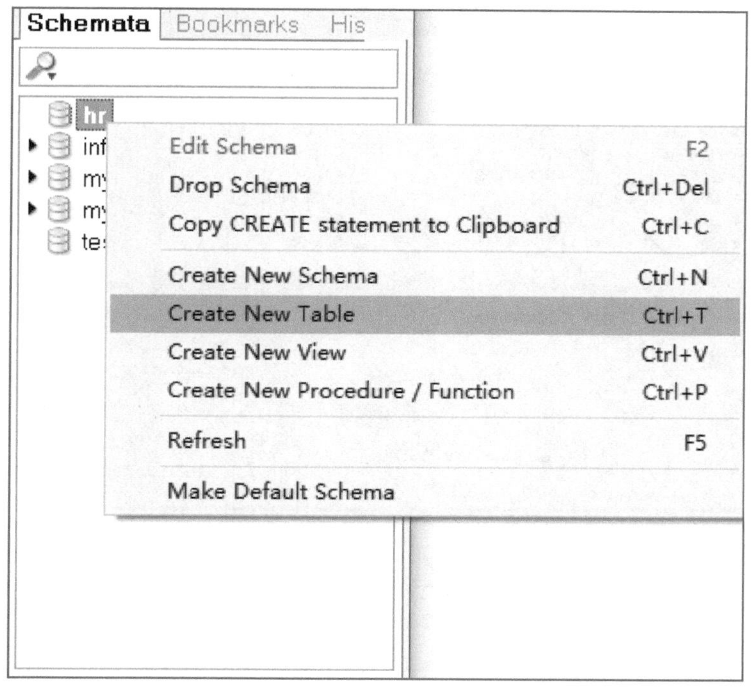

图 2-26　选择“Create New Table”命令

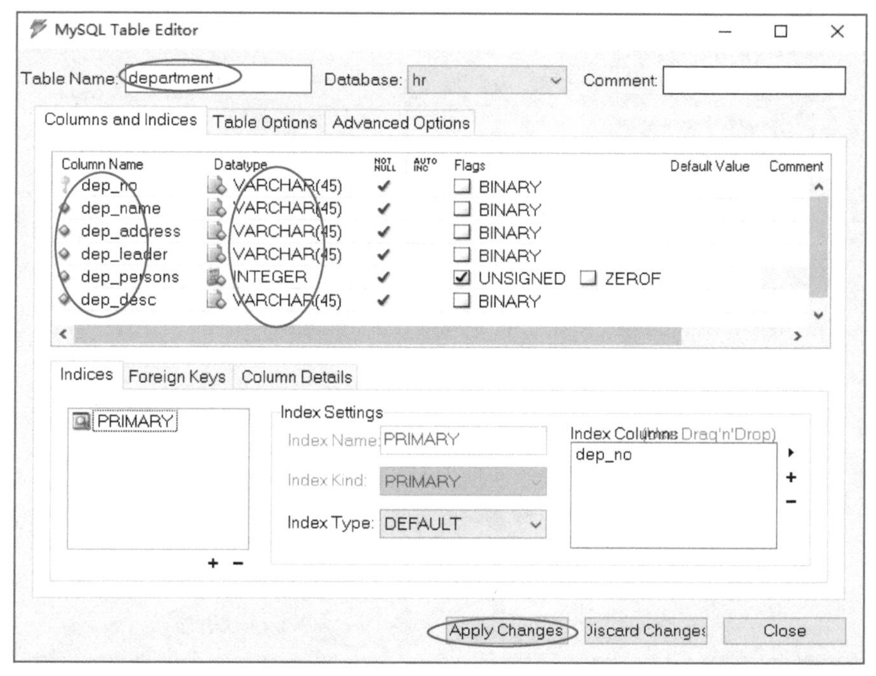

图 2-27　创建部门表

6）职员表字段定义好后，还需要给部门编号“dep_no”字段添加外键约束，使其与部门表中的“dep_no”字段建立引用关联关系。如图 2-29 所示。

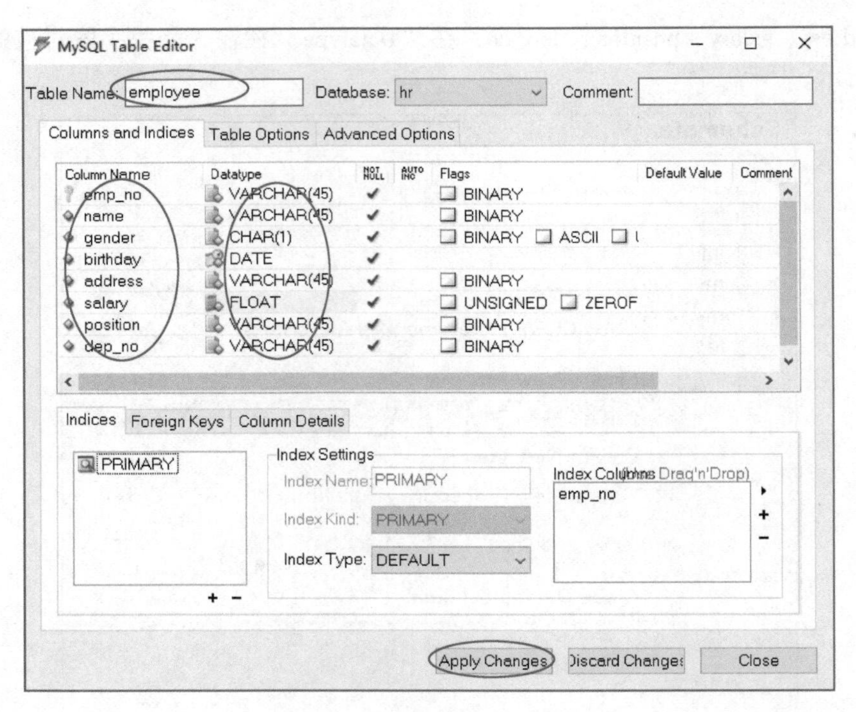

图 2-28　创建职员表

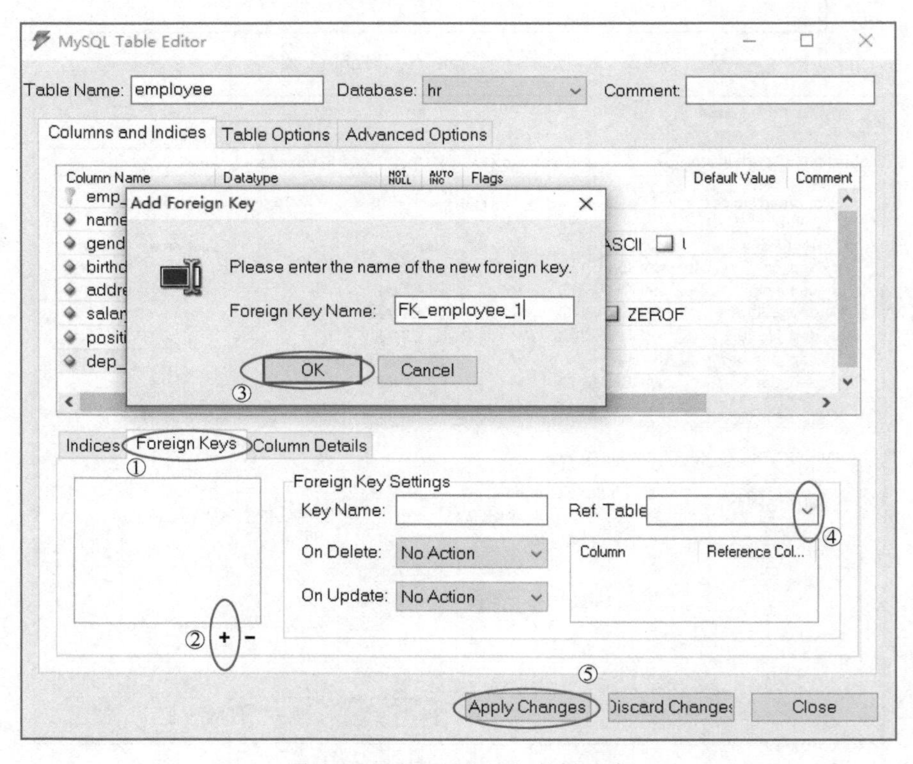

图 2-29　为职员表添加外键约束

在职员表的创建窗体选择“Foreign Keys”选项卡，单击“+”按钮，弹出“Add Foreign Key”窗体，直接单击“OK”按钮，然后单击“Ref. Table”输入栏右侧的下拉箭头，在弹出的下拉列表中选择“department”项，最后单击“Apply Changes”按钮，即可完成职员表的创建，并为其添加上外键引用关系。

至此，职员表与部门表在数据库环境中创建完成，两张数据表之间通过部门编号（dep_no）字段来建立引用关联关系，数据表创建完成后在“hr”库节点中，如图 2-30 所示。

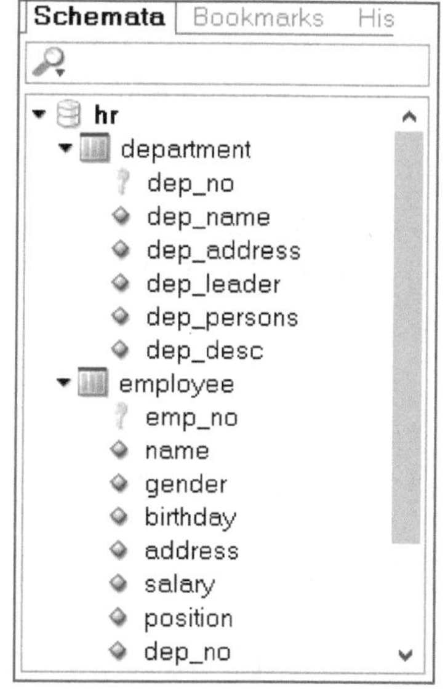

图 2-30　“hr”库节点数据表

（2）使用 SQL 命令脚本创建数据表

1）在 MySQL 数据库环境中先创建“hr”库节点，然后进入本库节点中，最后才能创建职员表与部门表。在创建“hr”库节点前，先检查数据库环境中“hr”库节点是否已经存在，如已经存在则可以先删除库节点。

检查并删除“hr”库节点语句为：

```
DROP DATABASE IF EXISTS HR;
```

创建“hr”库节点语句为：

```
CREATE DATABASE HR;
```

进入“hr”库节点语句为：

```
USE HR;
```

2）使用以下 SQL 语句创建部门表，在创建脚本中指定“dep_no”字段为本表的主键。在创建数据表前，同样先检查部门表是否已经存在，如存在则先删除该表。

```
DROP TABLE IF EXISTS hr. department;
CREATE TABLE  hr. department (
  dep_no varchar(45) NOT NULL,
  dep_name varchar(45) NOT NULL,
  dep_address varchar(45) NOT NULL,
  dep_leader varchar(45) NOT NULL,
  dep_persons int(10) unsigned NOT NULL,
  dep_desc varchar(45) NOT NULL,
  PRIMARY KEY  (dep_no)
);
```

3）使用以下 SQL 语句创建职员表，在创建脚本中指定“emp_no”字段为本表的主键，并指定“dep_no”字段以外键的形式去引用部门表的对应字段。在创建数据表前，先检查部门表是否已经存在，如存在则先删除该表。

```
DROP TABLE IF EXISTS hr. employee;
CREATE TABLE  hr. employee (
  emp_no varchar(45) NOT NULL,
  name varchar(45) NOT NULL,
  gender char(1) NOT NULL,
```

```
    birthday date NOT NULL,
    address varchar(45) NOT NULL,
    salary float NOT NULL,
    position varchar(45) NOT NULL,
    dep_no varchar(45) NOT NULL,
    PRIMARY KEY  (emp_no),
    KEY FK_employee_1 (dep_no),
    CONSTRAINT FK_employee_1 FOREIGN KEY (dep_no) REFERENCES department (dep_no)
);
```

至此，也实现了以 SQL 命令脚本的方式来构建职员表与部门表，其与通过 GUI 工具操作方式实现对数据表的创建与引用效果是相同的，但效率比通过 GUI 的方式效率更高，在多数情况下会选择以 SQL 命令脚本的方式来进行数据库环境初始化构建。

拓展阅读　表格的起源

表格在我们日常生活中的应用非常广泛，说到它的起源大概要从结绳记事、易货交易说起。那时候为了交易计算方便，人们用小木棍在地上画画写写，渐渐地开始有了统计表格的雏形。随着纸张的普及，表格也被广泛应用到各个领域，人们开始习惯于手写表格。

20 世纪 60 年代，随着计算机技术的发展和数据库软件系统的诞生，出现了数据二维表，真正的电子表格进入人类的视野。

1977 年，程序员布莱克林推出了第一款电子表格办公软件 VisiCalc。随着 VisiCalc 的出现，电子表格软件迅速流行起来，商业活动中不断新生的数据处理需求也成为他们持续改进的动力源泉。1983 年 1 月，Lotus 1-2-3 正式发布，并且凭借着它集表格、数据库、商业绘图于一身的强大功能很快获得了成功。

1985 年，第一款 Excel 诞生，并逐渐发展成今天人们常用的数据处理工具。如今，Excel 已经成为事实上的电子表格行业标准，无论是在科学研究、医疗教育、商业活动还是在家庭生活中，Excel 都能满足大多数人的数据处理需求。

电子表格越来越强大且智能，为了使用表格更加便利，又出现了在线表格。在线表格比起一般的电子表格有几大优势，一是可以多人在线同时编辑，二是共享表格实时内容无须打包转发，三是可以控制访问者的权限保护数据安全。

表格起源于人也服务于人，人性化发展是必然趋势，在线表格不会是表格发展的终点，未来它将会以更便捷高效的方式为人们服务。

（资料来源：https://baijiahao.baidu.com/s?id=1695739339464018936&wfr=spider&for=pc，https://baijiahao.baidu.com/s?id=1658949649806582118&wfr=spider&for=pc，有改动）

练习题

一、选择题

1. MySQL 数据库服务器安装好后（社区版 5.5 以上版本），默认建好以下（　　　　）数据库节点。[多选]

A. information_schema　　　　B. mysql

C. performance_schema　　D. test

2. 以下（　　）语句能正确创建一个名称为"DEMO"的数据库节点。[单选]

A. CREATE DEMO　　B. CREATE DATABASE DEMO

C. CREATE DEMO DATABASE　　D. CREATE DATA_BASE DEMO

3. 以下（　　）语句能正确查询出数据库中已经存在的数据库节点。[单选]

A. SHOW MYSQL　　B. SHOW DATABASE

C. SHOW DATABASES　　D. SHOW DATA_BASE

4. 以下（　　）语句能正确删除一个名称为"HELLO"的数据库节点。[单选]

A. DROP HELLO　　B. DROP DATABASE HELLO

C. DROP DATABASES HELLO　　D. DROP DATA_BASE HELLO

5. 以下（　　）语句能正确进入一个名称为"ABC"的数据库节点。[单选]

A. USE ABC　　B. USE DATABASE ABC

C. USE DATABASES ABC　　D. USE DATA_BASE ABC

6. 以下（　　）语句能正确执行在某个数据库节点中，查看包含有哪些数据表。[单选]

A. SHOW TABLE　　B. SHOW TABLES

C. QUERY TABLE　　D. QUERY TABLES

7. 以下（　　）语句能正确查询一个名称为"COURSE"的数据表的字段结构。[多选]

A. DESC COURSE　　B. DESCRIBE COURSE

C. SHOW COURSE　　D. QUERY COURSE

8. 以下（　　）语句能正确删除一个名称为"STUDENT"的数据表。[单选]

A. DROP STUDENT　　B. DROP TABLE STUDENT

C. DROP TABLES STUDENT　　D. REMOVE TABLE STUDENT

9. 以下关于主键（Primary Key）的说法正确的是（　　）。[多选]

A. 主键用于标识数据表中记录的唯一性

B. 主键字段只能数值类型，不能是其他类型

C. 主键可以由数据表中的某个字段承担

D. 主键不可以由数据表中的多个字段共同组成

10. 以下关于外键（Foreign Key）的说法正确的是（　　）。[多选]

A. 外键用于传递数据表之间的关联性

B. 一个数据表的业务字段关联另一个数据表的唯一性字段就构成主外键引用关系

C. 引用关联其他数据表的字段则声明为外键

D. 外键的作用是为了保证数据引用的完整性

11. 数据表中作为外键（Foreign Key）的字段要满足（　　）方面的要求。[多选]

A. 必须为 INT 类型

B. 必须保证外键在原表中的唯一性

C. 引用字段的值必须在被引用表的外键字段值中存在

D. 外键所在的表在引用关系中称为从表

12. MySQL 数据库支持的数据类型包含以下（　　）类型。[多选]

A. 整数类型　　B. 小数类型

C. 字符串类型　　D. 日期类型

13. 以下关于数据类型的说法正确的是（　　）。[多选]

A. INT 类型占 4 字节空间

B. DOUBLE 类型占 8 字节空间

C. CHAR 类型是动态字节空间

D. VARCHAR 类型为可变长度类型

14. 以下关于关系型数据库以及数据表的说法，正确的是（　　）。[多选]

A. 在 MySQL 数据库中，SQL 语句不区分大小写

B. SQL 语句的结尾一般用英文状态下的分号“;”表示语句的结束

C. 数据表的主键包含两种类型，分别是单字段主键与联合主键

D. 一张数据表中可以有多个外键，外键值不允许为空

15. 以下关于使用“ALTER”关键字修改数据表结构的语法描述正确的有（　　）。[多选]

A. 添加数据表字段格式：ALTER TABLE 数据表名称　ADD COLUMN　新字段　数据类型　AFTER　表中的某个字段

B. 修改数据表字段格式：ALTER TABLE 数据表名称　MODIFY　字段名称　新的数据类型或约束条件

C. 删除数据表字段格式：ALTER TABLE 数据表名称　DROP 字段名称

D. 修改数据表名称格式：ALTER TABLE 原数据表名称 RENAME TO 新数据表名称

16. 关系型数据库的数据约束包含以下（　　）类型。[多选]

A. 主键约束　　B. 外键约束

C. 非空约束　　D. 唯一性约束

17. 以下关于唯一性约束说法正确的是（　　）。[多选]

A. 一张数据表中可以为多个字段添加唯一性约束

B. 受唯一性约束的字段必定是主键

C. 受唯一性约束的字段的相关值可以为空，也可以重复

D. 唯一性约束需要使用“UNIQUE”关键字

18. 数据完整性约束是指（　　）。[多选]

A. 关系完整性　　B. 实体完整性

C. 参照完整性　　D. 用户自定义完整性

19. 在关系型数据库中，用于实现参照完整性的办法是（　　）。[单选]

A. 设置默认值　　B. 设置检查约束

C. 设置外键约束　　D. 设置主键约束

20. 以下方法中，用于实现用户自定义完整性的办法是（　　）。[单选]

A. 为字段设置数据类型　　B. 设置检查约束

C. 设置外键约束　　D. 设置主键约束

二、操作题

1. 在 MySQL 数据库系统中进入名称为“mysql”库节点，并使用命令查看有哪些数据表，最后使用命令查看“user”数据表的结构。

2. 在 MySQL 数据库中创建一个名称为“animal”的数据库节点，并在数据库节点中为 3 种动物猫、狗、羊创建 3 张名称分别为“cat”“dog”和“sheep”的数据表，表结构可自行定义。

3. 创建一张名称为“area”的地区数据表，表中包含主键字段、地区名、地区面积、人口数、地区 GDP 等字段，相关字段类型可自行定义，数据表创建完成后，修改表结构增加地区所在的省份字段。

第 3 章　数据检索操作

本章目标：

知识目标	能力目标	素质目标
① 了解 SQL 语句基础语法 ② 认识数据查询的条件过滤类型 ③ 熟悉数据表的多条件检索 ④ 熟悉子查询的类型及相关语法 ⑤ 掌握数据表的分组、排序语法 ⑥ 掌握数据表检索中聚合函数的应用 ⑦ 掌握多表连接查询操作	① 能够执行基本的查询检索操作 ② 能够为查询检索设置数据筛选条件 ③ 能够对查询检索进行数据分组操作 ④ 能够使用聚合函数进行汇总运算 ⑤ 能够对查询检索进行数据排序操作 ⑥ 能够使用子查询实现复杂的数据检索	① 具有良好的问题分析与解决能力 ② 具有严密的逻辑思维能力 ③ 具有一定的自我管理能力 ④ 遵循软件工程编码开发的基本原则 ⑤ 养成分析、归纳、总结的思维习惯

3.1　数据查询

数据查询检索操作是从数据库节点的特定数据表中按照一定的规则与条件，返回信息数据的操作过程，是数据库管理系统人机交互中最基本、最普通的业务操作。数据查询检索操作包括单表查询检索与多表连接查询检索，查询检索语句中包含检索字段、特定数据表等相关元素。

3.1.1　数据库操作语句

SQL 操作语句是用户对数据库管理系统发出的操作命令，关系数据库管理系统接收到 SQL 操作命令后，将分析 SQL 语句的类型，找出对应的数据表，统计出对应的检索字段的数据，然后返回到客户端，响应相关的数据请求。

3.1.1　数据库操作语句

在关系数据库环境下，SQL 语句从编写到最终的执行响应需要经过若干的处理环节，执行步骤及流转过程如图 3-1 所示，具体分析如下。

1）关系数据库用户通过客户端工具编写标准的 SQL 语句，并在客户端工具通过编译器语法检查。

2）把语法检查合格的 SQL 语句通过网络传输的方式发送到数据库服务器上，待下一步处理。

3）数据库服务器对接收到的 SQL 语句进行语言编译，得到数据库应用系统能够识别的操作命令。

4）数据库服务器对通过 SQL 语言编译的操作命令进行语义分析，得出数据库操作类型，如数据检索或数据变更操作（插入、更新、删除）。

5）数据库服务器调用命令执行器，准备对通过分析行为的 SQL 数据库命令调用执行。

6）根据关系数据库命令类型分别执行对应的关系数据集的数据汇总以及对存储介质中关系数据表上业务数据进行变更操作。

7）对关系数据集的汇总结果或关系表中数据变更的操作结果以实时响应的方式传输到客户端，响应客户请求，最终完成整个 SQL 命令语句的流转过程。

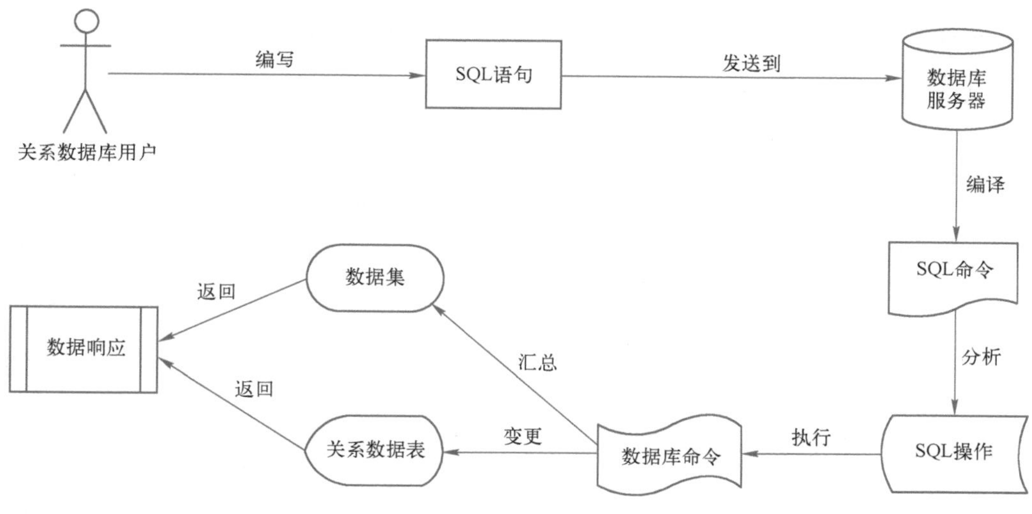

图 3-1　SQL 语句执行步骤及流转过程

3.1.2　查询检索语法

3.1.2　查询检索语法

SQL 语句的读操作关键字是“SELECT”，表示该语句执行一个查询检索操作，其在 SQL 语句的前半部分声明，SQL 语句的后半部分以关键字“FROM”声明要检索的数据表，以及通过其他关键字声明查询检索的相关数据条件。

SQL 语句基本语法：

```
SELECT 字段 1,字段 2,…,字段 n FROM 数据表　数据检索各类条件
```

关键字“SELECT”后面为所需要检索的表字段，可以根据实际情况设定，每个字段之间用英文状态下的逗号隔开。关键字“FROM”后面为检索的关系数据表，SQL 语句的最后可以设置各类检索条件，此部分为可选项，如不定义检索条件则表示检索整个数据表的所有业务数据。

（1）按字段检索数据

以下 SQL 语句表示从 USER 数据表中检索出 USER_ID、USER_NAME、USER_AGE 三个字段，USER 表中可能不止以上 3 个字段，没有列出的字段则不检索。

```
SELECT USER_ID,USER_NAME,USER_AGE FROM USER;
```

（2）给检索字段及数据表添加别名

在数据检索操作过程中，为了提升返回数据视图的可读性，可以使用关键字“AS”给每

个检索的字段添加别名，同时为了简化数据表的复杂度，也可以给关系数据表添加别名，添加别名后可直接使用别名来指代相应的字段或数据表。

以下 SQL 语句表示从 USER 数据表中检索出 USER_ID、USER_NAME、USER_AGE 三个字段，并通过关键字“AS”为对应的字段设定别名：ID、NAME、AGE，同时 USER 表也设定了别名 U。

```
SELECT USER_ID AS ID,USER_NAME AS NAME,USER_AGE AS AGE FROM USER AS U;
```

（3）全字段检索数据表

如果需要对关系数据表的所有字段进行相关检索，可以在 SQL 语句中将全部字段依次列出，也可以通过通配符的形式来实现。在查询检索的 SQL 语句中，可以使用星号“*”作为通配符，直接跟在关键字“SELECT”后面，代表数据表中的所有字段。

以下 SQL 语句以“*”来通配关系表的所有字段，表示从 USER 数据表中检索出数据表的全部字段。

```
SELECT * FROM USER;
```

3.1.3 案例：百货超市销售额度检索

查询检索（SELECT）是关系数据库各类型动作事务中最普遍的数据库操作，也是关系数据库最基本、最重要的功能。关系数据库系统对数据信息的管理是以查询检索为基石，缺少这一职能，关系数据库系统将失去信息管理的基本价值。

1. 功能需求描述

某地区有若干的百货超市，每个百货超市有固定的营业地址，每个百货超市有固定的员工数，每个百货超市有固定的负责人，上半年（1 月—6 月）每个百货超市均有相应零售销售额度，请按相关要求检索出业务销售数据。

1）百货超市数据表中有销售 ID、百货超市名称、百货超市地址、百货超市员工数、门店经理、月度销售额、销售月份字段，相关结构如表 3-1 所示。

表 3-1 百货超市（SUPERMARKET）表字段结构

序　号	字段逻辑名称	字段物理名称	数据类型	备　注
1	销售 ID	SALE_ID	INT	主键,自增
2	百货超市名称	SHOP_NAME	VARCHAR(45)	非空
3	百货超市地址	SHOP_ADDRESS	VARCHAR(45)	非空
4	百货超市员工数	SHOP_PERSONS	INT	非空
5	门店经理	SHOP_MANAGE	VARCHAR(45)	非空
6	月度销售额	SALE_MONTH_MONEY	INT	非空
7	销售月份	SALE_MONTH	INT	非空

2）通过如下的 SQL 脚本在数据库环境中创建数据表结构，以及为数据表进行业务数据初始化。在 SQL 初始化脚本中，类型为字符（CHAR）、字符串（VARCHAR）、文本（TEXT）

的所有值都必须用英文状态下的单引号引起来。

```
CREATE DATABASE IF NOT EXISTS shop;
USE shop;
DROP TABLE IF EXISTS supermarket;
CREATE TABLE supermarket (
  sale_id int(10) unsigned NOT NULL auto_increment,
  shop_name varchar(45) NOT NULL,
  shop_address varchar(45) NOT NULL,
  shop_persons int(10) unsigned NOT NULL,
  shop_manager varchar(45) NOT NULL,
  sale_month_money int(10) unsigned NOT NULL,
  sale_month int(10) NOT NULL,
  PRIMARY KEY  (sale_id)
);
INSERT INTO supermarket (sale_id,shop_name,shop_address,shop_persons,shop_manager,sale_month_
money,sale_month) VALUES
(1,'百佳','沿江路 32 号',300,'刘金华',600000,1),
(2,'万佳','建国路 78 号',250,'陈恩利',700000,1),
(3,'人人乐','越王路 20 号',280,'黄志军',540000,1),
(4,'新一佳','兴华路 15 号',230,'陈新丽',400000,1),
(5,'百佳','沿江路 32 号',300,'刘金华',650000,2),
(6,'万佳','建国路 78 号',250,'陈恩利',720000,2),
(7,'人人乐','越王路 20 号',280,'黄志军',520000,2),
(8,'新一佳','兴华路 15 号',230,'陈新丽',430000,2),
(9,'百佳','沿江路 32 号',300,'刘金华',630000,3),
(10,'万佳','建国路 78 号',250,'陈恩利',750000,3),
(11,'人人乐','越王路 20 号',280,'黄志军',500000,3),
(12,'新一佳','兴华路 15 号',230,'陈新丽',450000,3),
(13,'百佳','沿江路 32 号',300,'刘金华',610000,4),
(14,'万佳','建国路 78 号',250,'陈恩利',680000,4),
(15,'人人乐','越王路 20 号',280,'黄志军',550000,4),
(16,'新一佳','兴华路 15 号',230,'陈新丽',460000,4),
(17,'百佳','沿江路 32 号',300,'刘金华',580000,5),
(18,'万佳','建国路 78 号',250,'陈恩利',740000,5),
(19,'人人乐','越王路 20 号',280,'黄志军',490000,5),
(20,'新一佳','兴华路 15 号',230,'陈新丽',380000,5),
(21,'百佳','沿江路 32 号',300,'刘金华',620000,6),
(22,'万佳','建国路 78 号',250,'陈恩利',760000,6),
(23,'人人乐','越王路 20 号',280,'黄志军',560000,6),
(24,'新一佳','兴华路 15 号',230,'陈新丽',470000,6);
```

3）百货超市表创建完成后如图 3-2 所示，从图中可以看到表中包含 4 家百货超市：百佳、万佳、人人乐、新一佳，包含 1 月—6 月各百货超市的月度销售额，还包含各家门店的职工人数等业务数据。

sale_id	shop_name	shop_address	shop_persons	shop_manager	sale_month_money	sale_month
1	百佳	沿江路32号	300	刘金华	600000	1
2	万佳	建国路78号	250	陈恩利	700000	1
3	人人乐	越王路20号	280	黄志军	540000	1
4	新一佳	兴华路15号	230	陈新丽	400000	1
5	百佳	沿江路32号	300	刘金华	650000	2
6	万佳	建国路78号	250	陈恩利	720000	2
7	人人乐	越王路20号	280	黄志军	520000	2
8	新一佳	兴华路15号	230	陈新丽	430000	2
9	百佳	沿江路32号	300	刘金华	630000	3
10	万佳	建国路78号	250	陈恩利	750000	3
11	人人乐	越王路20号	280	黄志军	500000	3
12	新一佳	兴华路15号	230	陈新丽	450000	3
13	百佳	沿江路32号	300	刘金华	610000	4
14	万佳	建国路78号	250	陈恩利	680000	4
15	人人乐	越王路20号	280	黄志军	550000	4
16	新一佳	兴华路15号	230	陈新丽	460000	4
17	百佳	沿江路32号	300	刘金华	580000	5
18	万佳	建国路78号	250	陈恩利	740000	5
19	人人乐	越王路20号	280	黄志军	490000	5
20	新一佳	兴华路15号	230	陈新丽	380000	5
21	百佳	沿江路32号	300	刘金华	620000	6
22	万佳	建国路78号	250	陈恩利	760000	6
23	人人乐	越王路20号	280	黄志军	560000	6
24	新一佳	兴华路15号	230	陈新丽	470000	6

图 3-2　百货超市表

2. 功能操作实现

检索出各百货超市各个月份的销售额度。在数据表中只需要检索出：销售标识（SALE_ID）、百货超市名称（SHOP_NAME）、月度销售额（SALE_MONTH_MONEY）、销售月份（SALE_MONTH）4 个字段即可满足相关的业务需求。

SQL 语句 1：

```
SELECT sale_id,shop_name,sale_month_money,sale_month FROM supermarket;
```

执行以上 SQL 语句后的数据检索结果如图 3-3 所示。

SQL 语句 2：

```
SELECT sale_id AS id,shop_name AS name,sale_month_money AS money,sale_month AS month FROM
supermarket s;
```

以上 SQL 语句为每个检索字段及关系数据表添加了相应的别名，执行后的数据检索结果如图 3-4 所示，可以看到所检索出来的业务数据是一样的，但数据视图的表头是不相同的，存在别名时将以别名替代原有的字段名称。

sale_id	shop_name	sale_month_money	sale_month
1	百佳	600000	1
2	万佳	700000	1
3	人人乐	540000	1
4	新一佳	400000	1
5	百佳	650000	2
6	万佳	720000	2
7	人人乐	520000	2
8	新一佳	430000	2
9	百佳	630000	3
10	万佳	750000	3
11	人人乐	500000	3
12	新一佳	450000	3
13	百佳	610000	4
14	万佳	680000	4
15	人人乐	550000	4
16	新一佳	460000	4
17	百佳	580000	5
18	万佳	740000	5
19	人人乐	490000	5
20	新一佳	380000	5
21	百佳	620000	6
22	万佳	760000	6
23	人人乐	560000	6
24	新一佳	470000	6

图 3-3　百货超市月销售额度-直接检索

id	name	money	month
1	百佳	600000	1
2	万佳	700000	1
3	人人乐	540000	1
4	新一佳	400000	1
5	百佳	650000	2
6	万佳	720000	2
7	人人乐	520000	2
8	新一佳	430000	2
9	百佳	630000	3
10	万佳	750000	3
11	人人乐	500000	3
12	新一佳	450000	3
13	百佳	610000	4
14	万佳	680000	4
15	人人乐	550000	4
16	新一佳	460000	4
17	百佳	580000	5
18	万佳	740000	5
19	人人乐	490000	5
20	新一佳	380000	5
21	百佳	620000	6
22	万佳	760000	6
23	人人乐	560000	6
24	新一佳	470000	6

图 3-4　百货超市月销售额度-带别名检索

3.2 数据检索条件筛选

通过 SQL 语句在数据库服务器进行数据检索时，默认情况下是检索整个数据表的所有业务数据，但在很多情况下，只需要检索数据表中的部分数据，这个时候就可以设置数据检索条件，以达到过滤无关业务数据，减少返回的数据量，提高响应数据的精细化程度。

3.2.1 数据检索条件筛选语法

在关系数据库信息管理系统中，数据条件筛选有两种实现方式，分别是通过关键字“WHERE”与“HAVING”来实现。一般来说“WHERE”子句用在常规的条件数据筛选中，也是一般最普遍的数据筛选方式；“HAVING”子句则用于复杂的特殊场景下进行条件数据筛选。

1. WHERE 子句

3.2.1　数据检索条件筛选语法-WHERE子句

在 SQL 语句的后半的部分可以使用关键字“WHERE”来定义数据筛选的相关条件，可以同时定义多个数据过滤条件，每个数据条件之间可以通过关键字“AND”定义为“与”关系，也可以通过关键字“OR”定义为“或”关系。

WHERE 条件筛选语法：

```
SELECT 检索字段 FROM 数据表 WHERE 数据条件1 AND/OR 数据条件2 AND/OR 数据条件3 … 数据条件n
```

关键字“WHERE”后面可以设置多个数据筛选条件，每个条件之间如果通过关键字“AND”连接则表示所有条件必须同时成立才能满足数据筛选的条件，数据条件之间如果通过关键字“OR”连接则表示只要任一数据条件成立就能满足数据筛选的条件。

（1）“AND”连接数据条件

以下 SQL 语句表示从用户（USER）数据表中检索出同时满足用户角色为管理员（USER_ROLE='admin'），并且用户状态为有效（USER_STATUS='success'）的相关业务数据。

```
SELECT * FROM USER WHERE USER_ROLE='admin' AND USER_STATUS='success';
```

（2）“OR”连接数据条件

以下 SQL 语句表示从用户（USER）数据表中检索出用户角色为部门经理（USER_ROLE='manager'），或者用户等级为 vip（USER_RANK='vip'）的相关业务数据。在用户角色（USER_ROLE）与用户等级（USER_RANK）两项筛选条件中，只要有一项成立即符合数据检索条件。

```
SELECT * FROM USER WHERE USER_ROLE='manager' OR USER_RANK='vip';
```

（3）“AND”与“OR”同时连接数据条件

以下 SQL 语句的数据筛选条件中同时包含“AND”与“OR”两个关键字，USER_ROLE 与 USER_STATUS 两数据项通过“AND”相连，并且在 SQL 语句的第一个小括号以内，表示这两项必须同时满足。在 SQL 语句的第二个小括号以内有一个 USER_RANK 的数据项条件，第一个小括号与第二个小括号之间通过“OR”连接，表示这两个小括号之间是一种“或”关系，只要任意一个小括号内的条件能完全满足，即符合数据筛选的条件。

```
SELECT * FROM USER WHERE (USER_ROLE='admin' AND USER_STATUS='success') OR (USER_RANK='vip');
```

SQL 语句的数据检索语义为，从用户（USER）数据表中检索出用户角色为管理员（USER_ROLE='admin'）并且用户状态为有效（USER_STATUS='success'）的业务数据，或者用户等级为 VIP（USER_RANK='vip'）的业务数据也符合数据检索的要求。

2. HAVING 子句

3.2.1 数据检索条件筛选语法-HAVING子句

关键字“HAVING”是另外一种条件数据筛选方式，其同样出现在 SQL 语句的后半部分，同样可以设置多个筛选条件，也通过关键字“AND”和“OR”连接不同的数据筛选条件。

HAVING 条件筛选语法：

```
SELECT 数据项1,数据项2,… 数据项n  FROM  数据表  HAVING 数据条件1  AND/OR  数据条件2  AND/OR  数据条件3 … 数据条件n
```

关键字“HAVING”作条件数据筛选时，其不针对表中的字段，而是针对关键字“SELECT”后面所列出的数据项，如果数据项没有出现在“SELECT”关键字的后面，则不能作为筛选的条件数据项。

“HAVING”作为过滤条件筛选查询检索返回的数据集，其作用与“WHERE”类似，但也有非常大的区别，具体如下。

（1）针对目标对象不同

“WHERE”子句针对表中的列发挥作用，检索数据时，只能对数据表中的列设置筛选条件，而其他方面不能。“HAVING”子句则对查询结果中的数据项发挥作用，检索数据时，只能对查询结果的返回数据项设置筛选条件。

以下 SQL 语句表示从商品（goods）表中检索出商品名称（goods_name）、市场价（market_price）与本店价格（shop_price）的差价（market_price-shop_price），并将这个差价数据项命名为“dif_price”（别名），在“HAVING”子句中设置了“dif_price=20”这个数据筛选条件。特别注意，“dif_price”这个数据项不是商品（goods）表中的数据列，而是“SELECT”子句所检索数据项，此处只使用“HAVING”关键字，不能使用“WHERE”关键字。

```
SELECT goods_name,(market_price-shop_price) as dif_price FROM goods HAVING dif_price=20;
```

（2）对聚合函数适用性不同

“WHERE”子句中不能使用聚合函数，“HAVING”子句中可以使用聚合函数，因而其更灵活，功能也更强大，可以实现更复杂的检索。在检索语句中，若“HAVING”子句与“GROUP BY”子句同时期出现，则“HAVING”子句需位于“GROUP BY”子句的后面，否则不符合语法要求。

以下 SQL 语句对订单（order）表的每个用户（user_name）进行数据分组，从中检索出用户姓名（user_name）、用户等级（user_rank）、用户住址（user_address），并在“HAVING”子句中使用聚合函数设置了用户的总订单金额等于 1500（“SUM(order_money)= 1500”）这个数据筛选条件。

```
SELECT user_name,user_rank,user_address FROM order GROUP BY user_name HAVING SUM(order_
money)= 1500;
```

3.2.2　数据筛选规则定义

在 WHERE 从句中，数据筛选的规则非常丰富，可以根据实际情况灵活使用相关规则来服务用户数据检索的需求。一般来说，数据筛选规则大致可分为：等于、大于、大于或等于、小于、小于或等于、介于、指定、类似这几项，以下对相关规则作说明。

（1）等于

等于匹配规则是一种比较数值相等或字符内容相同的数据筛选规则，适用于数字类型或字符类型的数据项，是一种最普通的数据过滤方式。等于匹配规则使用符号“=”，左边为筛选的数据项，右边为所筛选的数字值或字符值。

规则格式：

```
数据项 = 筛选数值或字符
```

用法示例：

```
USER_AGE = 20
USER_ROLE='admin'
```

（2）大于、大于或等于

大于、大于或等于匹配规则是一种比较数据筛选方式，只适用于数值类型的数据项。大于匹配规则使用符号“>”，表示相关值要大于指定的数值才符合数据筛选条件。大于或等于匹配规则使用符号“>=”，表示相关值如果大于或等于指定的数值就符合数据筛选条件。同样，符号左边为筛选的数据项，右边为所筛选的数字值。

规则格式 1：

```
数据项 > 筛选数字值
```

用法示例：

```
EMPLOYEE_SALARY > 6000
```

规则格式 2：

```
数据项 >= 筛选数字值
```

用法示例：

```
ONLINE_HOURS >= 12
```

（3）小于、小于或等于

小于、小于或等于匹配规则也是一种比较数据筛选方式，同样只适用于数值类型的数据项。小于匹配规则使用符号“<”，表示相关值要小于指定的数值才符合数据筛选条件。小于或等于匹配规则使用符号“<=”，表示相关值如果小于或等于指定的数值就符合数据筛选条件。同样，符号左边为筛选的数据项，右边为所筛选的数字值。

规则格式 1：

```
数据项 < 筛选数字值
```

用法示例：

```
COURSE_SCORE < 90
```

规则格式 2：

```
数据项 <= 筛选数字值
```

用法示例：

```
STUDENT_PERSONS <= 40
```

（4）介于

介于匹配规则是一种在某个范围内进行筛选的数据过滤方式，只适用于类型为数字的数据项，表示数据要大于或等于某个边界数值，同时要小于或等于某个边界数值的数据才符合筛选条件，相当于数学的范围取值符号“[ ]”。介于匹配规则需要使用关键字“BETWEEN”与“AND”，第一个关键字“BETWEEN”后面跟数值较小的边界值，第二个关键字“AND”后面跟数值较大的边界值。

规则格式：

```
数据项 BETWEEN 数字值1 AND 数字值2
```

用法示例：

```
TV_PRICE BETWEEN 4500 AND 5000
MEMBER_AMOUNT BETWEEN 600 AND 800
```

（5）指定

指定匹配规则是一种让数据项与给定的数据元素列表相吻合的数据筛选方式，适用于数字类型或字符类型的数据项。当数据项值与给定的数据列表中某个元素相同，即符合数据筛选条件。指定匹配规则要使用关键字“IN”，关键字左边为筛选的数据项，右边为所给定的数据元素列表，数据元素在小括号内，各元素用英文状态下的逗号隔开。

规则格式：

```
数据项 IN (元素1,元素2,…,元素n)
```

用法示例：

```
USER_ID IN (10,16,20,25,29,32,40)
USER_NAME IN ('Kerry','Rose','Honey','Wendy','Tomy')
```

（6）类似

类似是一种模糊的字符配置规则，需要使用关键字“LIKE”，表示在数据筛选中要按照某种模糊的方式来匹配数据。模糊匹配要使用百分号“%”来通配相关字符内容，相关配置规则如下。

1）前模糊匹配。前模糊匹配是指前半部分使用模糊匹配符号“%”与指定字符相组合，组成一种通配数据筛选方式。通配符“%”表示任意字符，即前半部分的字符是任意的，只要能与后半部分的字符相匹配即符合数据筛选的条件，整个匹配表达式需用英文状态下的单引号引起来。

规则格式：

```
LIKE '%指定过滤字符'
```

用法示例：

```
LIKE '%BMW'          #只要以“BMW”结尾的数据项就符合筛选条件
LIKE '%Bus'          #只要以“Bus”结尾的数据项就符合筛选条件
```

2）后模糊匹配。后模糊匹配是指后半部分使用模糊匹配符号“%”与指定字符相组合，组成一种通配数据筛选方式。通配符“%”表示任意字符，即后半部分的字符是任意的，只要能与前半部分的字符相匹配即符合数据筛选的条件，整个匹配表达式需用英文状态下的单引号引起来。

规则格式：

```
LIKE  '指定过滤字符%'
```

用法示例：

```
LIKE  'Book%'         #只要以"Book"开头的数据项就符合筛选条件
LIKE  'Order%'        #只要以"Order"开头的数据项就符合筛选条件
```

3）全模糊匹配。全模糊匹配是将匹配的字符内容分成前半部分、中间部分、后半部分三块，前半部分内容与后半部分内容使用模糊匹配符号“%”，中间部分指定具体字符。整个匹配表达式的含义是，所筛选的数据项中，只要包含中间部分的字符，即符合数据筛选的条件，同样，整个匹配表达式需用英文状态下的单引号引起来。

规则格式：

```
LIKE  '%指定过滤字符%'
```

用法示例：

```
LIKE  '%VIP%'         #只要包含"VIP"字符的数据项就符合筛选条件
LIKE  '%OK%'          #只要包含"OK"字符的数据项就符合筛选条件
```

3.2.3　案例：条件筛选在销售额度检索的应用

条件筛选是关系数据库查询检索操作的重要组成部分，是实现精确查询的重要标尺。条件筛选设置的正确与否将直接影响数据检索的准确度与检索效率，在关系数据库的数据检索操作中具有举足轻重的作用。

1. 功能需求描述

某地区有若干的百货超市，每个百货超市有固定的营业地址，每个百货超市有固定的员工数，每个百货超市有固定的负责人，上半年（1 月—6 月）每个百货超市均有相应零售销售额度，请按相关要求检索出业务销售数据。

1）百货超市数据表结构（SUPERMARKET）参见 3.1.3 节的表 3-1。

2）数据库表环境的构建及业务数据初始化过程参见 3.1.3 节的数据库实施 SQL 脚本。

3）数据库建表 SQL 脚本执行完毕后，所创建的百货超市数据表（SUPERMARKET）参见 3.1.3 节的图 3-2。

2. 功能操作实现

1）检索出各百货超市 1 月份的销售额度。

只要在 SQL 检索语句中设置通过“WHERE”关键字设置销售月份数据项为 1 月（sale_month=1）即可满足相关业务检索需求。

SQL 语句 1：

```
SELECT
sale_id,shop_name,shop_address,shop_persons,shop_manager,sale_month_money,sale_month FROM supermarket WHERE sale_month=1;
```

SQL 语句 2：

```
SELECT * FROM supermarket WHERE sale_month = 1;
```

以上两条 SQL 语句的数据检索效果是相同的，均能满足业务需求，SQL 语句执行后的数据检索结果如图 3-5 所示。

sale_id	shop_name	shop_address	shop_persons	shop_manager	sale_month_money	sale_month
1	百佳	沿江路32号	300	刘金华	600000	1
2	万佳	建国路78号	250	陈恩利	700000	1
3	人人乐	越王路20号	280	黄志军	540000	1
4	新一佳	兴华路15号	230	陈新丽	400000	1

图 3-5 百货超市数据检索-单条件检索

2）检索出“万佳”百货超市 3 月份以及“人人乐”百货超市 5 月份的销售额度。

首先要检索出“万佳”百货超市 3 月份的销售额（shop_name = '万佳' AND sale_month = 3），然后再检索出“人人乐”百货超市 5 月份的销售额（shop_name = '人人乐' AND sale_month = 5），最后对两项条件用关键字“OR”进行连接。

```
SELECT * FROM supermarket WHERE (shop_name = '万佳' AND sale_month = 3) OR (shop_name = '人人乐' AND sale_month = 5);
```

SQL 语句执行后的数据检索结果如图 3-6 所示。

sale_id	shop_name	shop_address	shop_persons	shop_manager	sale_month_money	sale_month
10	万佳	建国路78号	250	陈恩利	750000	3
19	人人乐	越王路20号	280	黄志军	490000	5

图 3-6 百货超市数据检索-多条件检索

3）检索出百货超市名称（shop_name）中包含“佳”字符的相关数据信息。

要检索百货超市名称含有“佳”字符的相关信息数据，就可以考虑使用模糊查询方式实现，现对百货超市名称进行全模糊匹配（shop_name LIKE '%佳%'），编写出数据检索语句。

```
SELECT * FROM supermarket WHERE shop_name LIKE '%佳%';
```

SQL 语句执行后的数据检索结果如图 3-7 所示，可以看到在百货超市名称（shop_name）一栏中的所有百货超市名称：“百佳”“万佳”“新一佳”均含有“佳”字符。

4）检索出月销售额度为 600 000 ~ 700 000 元的百货超市的名称、月份、相关月销售额信息。

本查询检索只要求统计出百货超市的名称、月份、月销售额 3 大块信息，只需检索数据项 shop_name、sale_month_money、sale_month 即可。同时要求也统计的月销售额度为 600 000 ~ 700 000 元，考虑使用关键字“BETWEEN”和“AND”。

```
SELECT shop_name, sale_month_money, sale_month FROM supermarket WHERE sale_month_money BETWEEN 600000 AND 700000;
```

sale_id	shop_name	shop_address	shop_persons	shop_manager	sale_month_money	sale_month
1	百佳	沿江路32号	300	刘金华	600000	1
2	万佳	建国路78号	250	陈恩利	700000	1
4	新一佳	兴华路15号	230	陈新丽	400000	1
5	百佳	沿江路32号	300	刘金华	650000	2
6	万佳	建国路78号	250	陈恩利	720000	2
8	新一佳	兴华路15号	230	陈新丽	430000	2
9	百佳	沿江路32号	300	刘金华	630000	3
10	万佳	建国路78号	250	陈恩利	750000	3
12	新一佳	兴华路15号	230	陈新丽	450000	3
13	百佳	沿江路32号	300	刘金华	610000	4
14	万佳	建国路78号	250	陈恩利	680000	4
16	新一佳	兴华路15号	230	陈新丽	460000	4
17	百佳	沿江路32号	300	刘金华	580000	5
18	万佳	建国路78号	250	陈恩利	740000	5
20	新一佳	兴华路15号	230	陈新丽	380000	5
21	百佳	沿江路32号	300	刘金华	620000	6
22	万佳	建国路78号	250	陈恩利	760000	6
24	新一佳	兴华路15号	230	陈新丽	470000	6

图 3-7　百货超市数据检索-模糊条件检索

SQL 语句执行后的数据检索结果如图 3-8 所示，可以看到符合条件的每个百货超市的相关月度及月度销售额，月度销售额栏是包含了边界值 600 000 与 700 000，因为使用关键字“BETWEEN”和“AND”进行数据筛选时，是包括边界值在内的。

shop_name	sale_month_money	sale_month
百佳	600000	1
万佳	700000	1
百佳	650000	2
百佳	630000	3
百佳	610000	4
万佳	680000	4
百佳	620000	6

图 3-8　百货超市数据检索-介于条件检索

5）检索各百货超市 1—6 月份中，每月的最低销售额在 400 000 元以上的百货超市的名称、门店地址、员工数、门店主管相关信息。

本查询检索只要求统计出百货超市的名称、门店地址、员工数、门店主管四大块信息，只需检索数据项 shop_name，shop_address，shop_persons，shop_manager 即可。同时要求百货超市的 1-6 月份每月的最低销售额在 400 000 元以上，需要对各门店进行分组，并使用聚合函数 MIN()统计出各门店的最低月销售额，最后使用 HAVING 子句对聚合函数作的运算结果作条件过滤。

```
SELECT shop_name, shop_address, shop_persons, shop_manager FROM supermarket GROUP BY shop_
name HAVING MIN(sale_month_money)>400000;
```

SQL 语句执行后的数据检索结果如图 3-9 所示，可以看到符合条件的每个百货超市的名称、门店地址、员工数、门店主管。“新一佳”百货超市因 5 月份的销售额只有 380 000 元，不符合要求，因而被过滤掉。

shop_name	shop_address	shop_persons	shop_manager
万佳	建国路78号	250	陈恩利
人人乐	越王路20号	280	黄志军
百佳	沿江路32号	300	刘金华

图 3-9　百货超市数据检索-HAVING 条件检索

3.3 数据检索分组

数据检索分组是对同一系列的数据进行分类处理，以统计相关的汇总数据，如统计每一个班级的学生人数，统计每一门课程的平均分，统计每一个教师一个学年授课学时数，统计每一个社团组织的负责人等相关信息。

3.3.1 数据检索分组语法

数据分组操作要使用关键字“GROUP BY”，在关键字后面直接跟需要进行分组操作的数据项，可以对多个数据项进行分组操作，即可以从多个维度作精细化分类汇总处理。SQL 语句中若分组从句与条件过滤从句同时出现时，“GROUP BY”关键字需放置在“WHERE”关键字的后面。

3.3.1 数据检索分组语法

SQL 语句数据分组语法：

```
SELECT 检索字段 FROM 数据表 WHERE 数据条件 GROUP BY 分组数据项1,分组数据项2,…,分组数据项n
```

在 SQL 分组语句中，WHERE 条件从句为非必要选项，分组数据项可以多项，每项之间用英文状态下的逗号分隔开。当存在多个分组数据项时，以最后一个数据项作为最细粒度的分组单元。在众多的分组语句中以一维分组的方式最常见，即一个数据项的分组方式最普遍。

（1）单维度分组

以下 SQL 语句表示从订单（ORDER）数据表中按订单用户（USER_BUY）维度进行分组，检索出订单用户（USER_BUY）、总订单金额 SUM(ORDER_MONEY)、用户等级（USER_RANK）3 项信息。

```
SELECT USER_BUY,SUM(ORDER_MONEY),USER_RANK FROM ORDER GROUP BY USER_BUY;
```

（2）多维度分组

以下 SQL 语句表示从学校（UNIVERSITY_SCHOOL）数据表中按院系（COLLEGE）、专业（MAJOR）、班级（CLASS）3 个级别维度进行数据分组，最终检索出每个学院（COLLEGE）、每个专业（MAJOR）、每个班级（CLASS）的成绩平均分 AVG（SCORE）信息。

```
SELECT COLLEGE,MAJOR,CLASS,AVG(SCORE) FROM UNIVERSITY_SCHOOL GROUP BY COLLEGE,MAJOR,CLASS;
```

3.3.2 案例：数据检索分组在销售额度检索的应用

数据检索分组是 SQL 查询检索的重要组成部分，通过对数据表按维度分组，可统计出各类型复杂数据，适用于复杂场景下的数据汇总运算，一般用于求和、统计记录总数等查询检索操作中。

1. 功能需求描述

某地区有若干的百货超市，每个百货超市有固定的营业地址，每个百货超市有固定的员工数，每个百货超市有固定的负责人，上半年（1—6 月）每个百货超市均有相应零售销售额度，请按相关要求检索出业务销售数据。

1）百货超市数据表结构（SUPERMARKET）参见 3.1.3 节的表 3-1。

2）数据库表环境的构建及业务数据初始化过程参见 3.1.3 节的数据库实施 SQL 脚本。

3）数据库建表 SQL 脚本执行完毕后，所创建的百货超市数据表（SUPERMARKET）参见 3.1.3 节的图 3-2。

2. 功能操作实现

1）检索出各百货超市的名称、所在地、负责人、职工人数。

考虑按百货超市的名称进行数据分组，然后检索出各百货超市名称（SHOP_NAME）、所在地（SHOP_ADDERSS）、负责人（SHOP_MANAGER）、职工人数（SHOP_PERSONS）数据项。

```
SELECT shop_name, shop_address, shop_manager, shop_persons FROM supermarket GROUP BY shop_
name;
```

以上分组 SQL 语句执行后可以检索各百货超市的相关数据信息，结果如图 3-10 所示。

shop_name	shop_address	shop_manager	shop_persons
万佳	建国路78号	陈恩利	250
人人乐	越王路20号	黄志军	280
新一佳	兴华路15号	陈新丽	230
百佳	沿江路32号	刘金华	300

图 3-10　百货超市数据检索-单维度分组

2）检索出各百货超市 1—3 月份的销售额度。

考虑按百货超市的名称（shop_name）以及销售月份（sale_month）进行两级数据分组，然后对销售月份数据项设置过滤条件（sale_month<=3），最后检索出分组后的相关数据项。

```
SELECT shop_name, sale_month, sale_month_money FROM supermarket WHERE sale_month<=3 GROUP
BY shop_name, sale_month;
```

分组 SQL 语句执行后，检索出各百货超市 1—3 月的销售数据，如图 3-11 所示。

3）检索出各百货超市 1—6 月的销售总额。

要汇总各百货超市前 6 个月的销售总额，需考虑对百货超市名称（shop_name）进行数据分组，同时还要使用求和函数对销售金额数据项进行汇总 SUM(sale_month_money)，最后汇总出各百货超市的销售总额数据。

```
SELECT shop_name, SUM(sale_month_money) AS total_money FROM supermarket GROUP BY shop_
name;
```

SQL 语句执行后的数据检索结果如图 3-12 所示，可以非常清楚地看到各百货超市名称前 6 个月的销售总额。

shop_name	sale_month	sale_month_money
万佳	1	700000
万佳	2	720000
万佳	3	750000
人人乐	1	540000
人人乐	2	520000
人人乐	3	500000
新一佳	1	400000
新一佳	2	430000
新一佳	3	450000
百佳	1	600000
百佳	2	650000
百佳	3	630000

图 3-11　百货超市数据检索-多维度分组

shop_name	total_money
万佳	4350000
人人乐	3160000
新一佳	2590000
百佳	3690000

图 3-12　百货超市数据检索-分组并求和汇总

3.4 数据检索排序

查询检索所返回的数据集默认是按照数据库应用系统自己的机制进行数据排列，在很多的情况下，这种默认的排列机制是无法满足实际检索的需求。面对这种场景需求时，可以通过在 SQL 语句中指定排序数据项，来更好地满足数据检索需求。

3.4.1 数据检索排序语法

数据检索排序要使用关键字“ORDER BY”，在关键字后面直接跟检索排序的数据项。在一个 SQL 语句中可以指定多个排序的数据项，最前面的为第一排序数据项，依次为第二排序数据项、第三排序数据项等。数据检索排序以指定的第一排序数据项为排序的依据，当第一排序数据项无法确定数据集的先后顺序时，则以第二排序数据项作为排序的依据，当第二排序数据项仍无法确定数据集的先后顺序时，则以第三排序数据项作为排序的依据，如此类推。

3.4.1 数据检索排序语法

SQL 语句数据排序语法：

```
SELECT 检索字段 FROM 数据表 WHERE 数据条件 ORDER BY 排序数据项 1,排序数据项 2,…,排序数据项 n   ASC/DESC
```

在 SQL 排序语句中，WHERE 条件从句为非必要选项，排序数据项为多个数据项时，每项之间用英文状态下的逗号分隔开。在排序语句的最后需要声明排序的方式是升序（ASC）还是降序（DESC），如该部分省略则默认升序（ASC）的形式排列数据。升序（ASC）是按照排序数据项小到大的方式排序，降序（DESC）则是按照排序数据项大到小的方式排序。SQL 语句中若排序从句与条件过滤从句同时出现时，“ORDER BY”关键字需放置在“WHERE”关键字的后面。

（1）单数据项排序

以下 SQL 语句表示从班级（STUDENT_CLASS）数据表检索出所有的数据项，并指定以考试成绩（EXAM_SCORE）数据项作为排序字段，按照考试成绩从高到低（DESC）的方式进行数据排序。

```
SELECT * FROM STUDENT_CLASS ORDER BY EXAM_SCORE DESC;
```

（2）多数据项排序

以下 SQL 语句表示从学生（STUDENT）数据表中检索全部数据项，并以院系（COLLEGE）作为第一排序数据项，专业（MAJOR）作为第二排序数据项，班级（CLASS）作为第三排序数据项、姓名（NAME）作为第四排序数据项，以升序（ASC）的方式排列检索返回的数据。

```
SELECT * FROM STUDENT ORDER BY COLLEGE,MAJOR,CLASS,NAME ASC;
```

3.4.2 案例：数据检索排序在销售额度检索的应用

数据检索排序能让查询检索所返回的数据更加清晰、明了，对增强检索返回数据的可读性具有非常重要的意义，是查询检索操作的重要组成部分。可以设置多维度条件进行数据排序，另外数据排序不影响数据表中数据的存储方式。

1. 功能需求描述

某地区有若干的百货超市，每个百货超市有固定的营业地址，每个百货超市有固定的员工数，每个百货超市有固定的负责人，上半年（1—6 月）每个百货超市均有相应零售销售额度，请按相关要求检索出业务销售数据。

1）百货超市数据表结构（SUPERMARKET）参见 3.1.3 节的表 3-1。

2）数据库表环境的构建及业务数据初始化过程参见 3.1.3 节的数据库实施 SQL 脚本。

3）数据库建表 SQL 脚本执行完毕后，所创建的百货超市数据表（SUPERMARKET）参见 3.1.3 节的图 3-2。

2. 功能操作实现

1）检索出各百货超市 5 月份的销售数据，并按销售金额降序排序。

只检索 5 月份的销售数据，需要使用 WHERE 从句进行数据筛选，同时对检索出的数据按当月销售金额（sale_month_money）高到低（DESC）的方式排列。

```
SELECT * FROM supermarket WHERE sale_month=5 ORDER BY sale_month_money DESC;
```

以上分组 SQL 语句执行后检索结果如图 3-13 所示，可以看到数据集中按照当月销售金额（sale_money）字段以大到小（740000、580000、490000、380000）的方式排序数据。

sale_id	shop_name	shop_address	shop_persons	shop_manager	sale_month_money	sale_month
18	万佳	建国路78号	250	陈恩利	740000	5
17	百佳	沿江路32号	300	刘金华	580000	5
19	人人乐	越王路20号	280	黄志军	490000	5
20	新一佳	兴华路15号	230	陈新丽	380000	5

图 3-13 百货超市数据检索-单数据项排序

2）检索出全表所有数据信息，并按百货超市名称、营业地址、月销售额、销售月份 4 个数据项进行排序。

以百货超市名称（shop_name）为第一排序字段，营业地址（shop_address）为第二排序字段，月销售额（sale_month_money）为第三排序字段，销售月份（sale_month）为第四排序字段，编写 SQL 语句。

```
SELECT * FROM supermarket ORDER BY shop_name,shop_address,sale_month_money,sale_month;
```

SQL 检索语句执行后数据输出结果如图 3-14 所示。

sale_id	shop_name	shop_address	shop_persons	shop_manager	sale_month_money	sale_month
14	万佳	建国路78号	250	陈恩利	680000	4
2	万佳	建国路78号	250	陈恩利	700000	1
6	万佳	建国路78号	250	陈恩利	720000	2
18	万佳	建国路78号	250	陈恩利	740000	5
10	万佳	建国路78号	250	陈恩利	750000	3
22	万佳	建国路78号	250	陈恩利	760000	6
19	人人乐	越王路20号	280	黄志军	490000	5
11	人人乐	越王路20号	280	黄志军	500000	3
7	人人乐	越王路20号	280	黄志军	520000	2
3	人人乐	越王路20号	280	黄志军	540000	1
15	人人乐	越王路20号	280	黄志军	550000	4
23	人人乐	越王路20号	280	黄志军	560000	6
20	新一佳	兴华路15号	230	陈新丽	380000	5
4	新一佳	兴华路15号	230	陈新丽	400000	1
8	新一佳	兴华路15号	230	陈新丽	430000	2
12	新一佳	兴华路15号	230	陈新丽	450000	3
16	新一佳	兴华路15号	230	陈新丽	460000	4
24	新一佳	兴华路15号	230	陈新丽	470000	6
17	百佳	沿江路32号	300	刘金华	580000	5
1	百佳	沿江路32号	300	刘金华	600000	1
13	百佳	沿江路32号	300	刘金华	610000	4
21	百佳	沿江路32号	300	刘金华	620000	6
9	百佳	沿江路32号	300	刘金华	630000	3
5	百佳	沿江路32号	300	刘金华	650000	2

图 3-14　百货超市数据检索-多数据项排序

3.5 数据检索分页

数据查询检索默认情况下是返回所有符合条件的数据记录，当符合条件的数据集非常大的情况下，一次返回所有数据记录，不但会加重数据库服务器的负载，同时也会影响客户端工具的数据展现，在一些信息系统中还会影响 Web 前端页面的数据展现风格，在这种情况下可以考虑对符合条件的数据集进行分页返回并展现。

3.5.1 数据检索分页语法

查询检索中数据分页返回要使用关键字“LIMIT”，通过设置不同的数据参数，其可实现返回检索数据集中任一部分连续的数据记录，如返回第 51～60 条数据记录，或返回第 101～200 条数据记录等。

3.5.1 数据检索分页语法

SQL 分页语法 1：

```
SELECT 检索字段 FROM 数据表 LIMIT n
```

在 SQL 语句中，数据分页的关键字“LIMIT”必须放在所有其他关键字的最后面。关键字“LIMIT”后面的分页参数可有多种情况，当只有一个分页参数 n 时，表示返回查询检索数据集中排列在最前面的 n 条数据记录。

以下 SQL 语句表示从用户订单（user_order）数据表中检索出所有的数据项，并返回最前面的 50 条数据记录。当符合条件的数据记录不足 50 条时，则返回全部数据记录。

```
SELECT * FROM user_order LIMIT 50;
```

SQL 分页语法 2：

```
SELECT 检索字段 FROM 数据表 LIMIT n1,n2
```

当关键字“LIMIT”后面有两个分页参数时，第一个参数 n1，表示从 n1 条记录后面开始检索数据；第二个参数 n2，表示一共检索 n2 条数据，前后两个参数之间用英文状态下的逗号分隔开来。

以下 SQL 语句表示从用户订单（user_order）数据表中检索出所有的数据项，并从第 300 条数据记录后面开始返回数据，本次一共返回 100 条数据记录，即返回第 301~400 条数据记录。同样当本次检索符合条件的数据不足 100 条时，则返回全部相关数据记录。

```
SELECT * FROM user_order LIMIT 300,100;
```

3.5.2 案例：数据检索分页在销售额度检索的应用

在大数据表中，如果一次查询检索所得到的数据量非常大，数据分页是一个很好的数据处理方式，特别是在报表系统中，数据分页功能经常被使用，是一种重要的数据响应方式，有利于改善前端与服务器后台的数据交互，提升用户体验。

1. 功能需求描述

某地区有若干的百货超市，每个百货超市有固定的营业地址，每个百货超市有固定的员工数，每个百货超市有固定的负责人，上半年（1—6 月）每个百货超市均有相应零售销售额度，请按相关要求检索出业务销售数据。

1）百货超市数据表结构（SUPERMARKET）参见 3.1.3 节的表 3-1。

2）数据库表环境的构建及业务数据初始化过程参见 3.1.3 节的数据库实施 SQL 脚本。

3）数据库建表 SQL 脚本执行完毕后，所创建的百货超市数据表（SUPERMARKET）参见 3.1.3 节的图 3-2。

2. 功能操作实现

1）检索出各百货超市的全部销售数据，并做分页处理，返回最前面的 8 条数据记录。

对销售数据做分页处理，且返回最前面的 8 条数据记录，只需要通过“LIMIT n”的分页实现形式，其中 n 参数值设置为 8 即可。

```
SELECT * FROM supermarket LIMIT 8;
```

以上分页 SQL 语句执行后检索结果如图 3-15 所示，从主键销售标识（sale_id）字段上可以看到，所返回的数据即第 1~8 条数据记录。

2）检索出各百货超市的 1—5 月份的全部销售数据，按月销售额降序排列，并做分页处理，返回第 11~15 条数据记录。

sale_id	shop_name	shop_address	shop_persons	shop_manager	sale_month_money	sale_month
1	百佳	沿江路32号	300	刘金华	600000	1
2	万佳	建国路78号	250	陈恩利	700000	1
3	人人乐	越王路20号	280	黄志军	540000	1
4	新一佳	兴华路15号	230	陈新丽	400000	1
5	百佳	沿江路32号	300	刘金华	650000	2
6	万佳	建国路78号	250	陈恩利	720000	2
7	人人乐	越王路20号	280	黄志军	520000	2
8	新一佳	兴华路15号	230	陈新丽	430000	2

图 3-15　百货超市数据检索-分页（前面 8 条记录）

对销售数据做分页处理，且返回第 11~15 条数据记录，需要通过“LIMIT n1,n2”的分页实现形式，其中 n1 参数值设置为 10，n2 参数值设置为 5，并带上数据筛选条件，做降序排列即可。

```
SELECT * FROM supermarket WHERE sale_month<=5 ORDER BY sale_month_money DESC LIMIT
10,5;
```

以上分页 SQL 语句执行后检索结果如图 3-16 所示，可以看到数据集中按照当月销售金额（sale_money）字段排序数据，并只返回第 11~15 条数据记录，SQL 检索语句中关键字“LIMIT”位于所有其他关键字的最后面。

sale_id	shop_name	shop_address	shop_persons	shop_manager	sale_month_money	sale_month
15	人人乐	越王路20号	280	黄志军	550000	4
3	人人乐	越王路20号	280	黄志军	540000	1
7	人人乐	越王路20号	280	黄志军	520000	2
11	人人乐	越王路20号	280	黄志军	500000	3
19	人人乐	越王路20号	280	黄志军	490000	5

图 3-16　百货超市数据检索-分页（第 11~15 条记录）

3.6 聚合函数

在关系数据库应用系统中存在着众多的编程函数，这些函数在系统中已经定义好，在使用 SQL 语句进行数据统计时可以直接使用相关函数，以实现更加高效、快捷的数据汇总及运算检索。

3.6.1 常用的聚合函数

3.6.1 常用的聚合函数

MySQL 数据库系统的自带函数非常丰富，包括数值运算、字符处理、日期时间应用等领域。最常见的函数有求和、求平均值、求最大值、求最小值、统计记录数量、字符连接、字符替换、获取当前时间等。

（1）求和函数（SUM）

在 MySQL 数据库系统中可以使用 SUM 函数来对检索数据集进行求和运算，在 SUM 函数中传入需要求和的数据项，即可在 SQL 检索中汇总相关的数据值。SUM 函数只对类型为数值的数据项有效，对其他类型的数据项无效。

函数应用格式：

```
SUM(数据项)
```

用法示例：

```
SUM(SALARY)                #对工资(SALARY)数据项求和
SUM(MILE)                  #对里程(MILE)数据项求和
```

以下 SQL 语句表示在用户订单（USER_ORDER）数据表中，按用户名称（USER_NAME）数据项进行分组，然后用 SUM 函数对订单金额（ORDER_MONEY）数据项求和，统计出各用户的订单总金额。

```
SELECT USER_NAME,SUM(ORDER_MONEY) FROM USER_ORDER GROUP BY USER_NAME;
```

（2）平均值函数（AVG）

在 MySQL 数据库系统中可以使用 AVG 函数来对检索数据集进行求平均值运算，在 AVG 函数中传入需要求平均值的数据项，即可在 SQL 检索中统计出相关的数据值。AVG 函数只对类型为数值的数据项有效，对其他类型的数据项无效。

函数应用格式：

```
AVG(数据项)
```

用法示例：

```
AVG(SALARY)                #对工资(SALARY)数据项求平均值
AVG(SCORE)                 #对成绩(SCORE)数据项求平均值
```

以下 SQL 语句表示在职工（EMPLOYEE）表中，按职工部门（DEPARTMENT）数据项进行分组，然后用 AVG 函数对职工工资（SALARY）数据项求平均值，统计出本机构中各部门的职工平均工资水平。

```
SELECT DEPARTMENT,AVG(SALARY) FROM EMPLOYEE GROUP BY DEPARTMENT;
```

(3) 最大值函数（MAX）

在 MySQL 数据库系统中可以使用 MAX 函数来对检索数据集进行求最大值运算，在 MAX 函数中传入需要求最大值的数据项，即可在 SQL 检索中筛选出相关的数据值。MAX 函数只对类型为数值的数据项有效，对其他类型的数据项无效。

函数应用格式：

```
MAX(数据项)
```

用法示例：

```
MAX(SALARY)          #对工资(SALARY)数据项求最大值
MAX(SCORE)           #对成绩(SCORE)数据项求最大值
```

以下 SQL 语句表示在职工（EMPLOYEE）表中，按职工部门（DEPARTMENT）数据项进行分组，然后用 MAX 函数对职工工资（SALARY）数据项求最大值，统计出本机构中各部门职工的最高工资水平。

```
SELECT DEPARTMENT,MAX(SALARY) FROM EMPLOYEE GROUP BY DEPARTMENT;
```

(4) 最小值函数（MIN）

在 MySQL 数据库系统中可以使用 MIN 函数来对检索数据集进行求最小值运算，在 MIN 函数中传入需要求最小值的数据项，即可在 SQL 检索中筛选出相关的数据值。MIN 函数只对类型为数值的数据项有效，对其他类型的数据项无效。

函数应用格式：

```
MIN(数据项)
```

用法示例：

```
MIN(SALARY)          #对工资(SALARY)数据项求最小值
MIN(SCORE)           #对成绩(SCORE)数据项求最小值
```

以下 SQL 语句表示在职工（EMPLOYEE）数据表中，按职工部门（DEPARTMENT）数据项进行分组，然后用 MIN 函数对职工工资（SALARY）数据项求最小值，统计出本机构中各部门职工的最低工资数据。

```
SELECT DEPARTMENT,MIN(SALARY) FROM EMPLOYEE GROUP BY DEPARTMENT;
```

(5) 统计记录数量函数（COUNT）

在 MySQL 数据库系统中可以使用 COUNT 函数来对符合某种条件的数据集的数量进行统计运算，在 COUNT 函数中传入数据表中的某个数据项或符号“*”，即可对相关条件的记录数据量进行计算，即统计符合检索条件的数据量有多少条。在 COUNT 函数中传入数据项时表示统计此项不为空（NULL）的记录数量，在 COUNT 函数中传入符号“*”时表示所统计出来的记录数量包含空（NULL）记录数据在内。

函数应用格式：

```
COUNT(数据项)
```

用法示例：

```
COUNT(SALARY)        #统计(SALARY)数据项不为空的记录数
COUNT( * )           #统计的记录数量包含空记录
```

以下 SQL 语句表示在用户邮件（USER_EMALL）表中，使用 COUNT(*)函数统计出电子邮箱 ID 为“CS2023@ 163. com”用户的电子邮件记录数量。

```
SELECT COUNT( * ) FROM USER_EMALL WHERE MAIL_ID='CS2023@ 163. com';
```

（6）获取当前时间函数（NOW）

在 MySQL 数据库系统中可以使用 NOW 函数来获取数据库管理系统的当前时间，使用 NOW 函数时不需要传入任何参数，即可得到当前时间数据值，时间格式包含年、月、日、时、分、秒信息。

以下 SQL 语句通过 NOW 函数，即可取得系统的当前时间，如图 3-17 所示。

NOW()
2023-02-08 16:26:53

图 3-17　NOW 函数应用

```
SELECT NOW( );
```

3.6.2　案例：聚合函数在销售额度检索的应用

聚合函数是关系数据系统中内置的功能函数，其功能作用十分强大，在处理数据操作的各种场景下都有非常广泛的应用。一般来说在查询检索中常用的聚合函数有求和、求最大及最小值、统计记录数等，是查询检索操作的重要组成部分。

1. 功能需求描述

某地区有若干的百货超市，每个百货超市有固定的营业地址，每个百货超市有固定的员工数，每个百货超市有固定的负责人，上半年（1—6 月）每个百货超市均有相应零售销售额度，请按相关要求检索出业务销售数据。

1）百货超市数据表结构（SUPERMARKET）参见 3. 1. 3 节的表 3-1。

2）数据库表环境的构建及业务数据初始化过程参见 3. 1. 3 节的数据库实施 SQL 脚本。

3）数据库建表 SQL 脚本执行完毕后，所创建的百货超市数据表（SUPERMARKET）参见 3. 1. 3 节的图 3-2。

2. 功能操作实现

1）统计出各百货超市第二季度的销售总额。对数据表按百货超市名称（SHOP_NAME）进行分组，再使用求和函数对月销售额数据项汇总 SUM(SALE_MONTH_MONEY)，在 WHERE 从句筛选出第二季度数据，编写出检索 SQL 语句。

```
SELECT shop_name,SUM(sale_month_money) AS total_money FROM supermarket WHERE sale_month
BETWEEN 4 AND 6 GROUP BY shop_name;
```

以上 SQL 语句执行后检索结果如图 3-18 所示，可以清楚看到各百货超市第二季度的销售数据。

2）统计出各百货超市上半年的最高月销售额。对数据表按百货超市名称（SHOP_NAME）进行分组，再使用求最大值函数对月销售额数据项汇总 MAX(SALE_MONTH_MONEY)，编写出相关检索 SQL 语句。

```
SELECT shop_name, MAX(sale_month_money) AS max_money FROM supermarket GROUP BY shop_
name;
```

以上 SQL 语句执行后检索结果如图 3-19 所示，可以清楚看到各百货超市上半年的月最高销售额。

shop_name	total_money
万佳	2180000
人人乐	1600000
新一佳	1310000
百佳	1810000

图 3-18 百货超市数据检索-求和

shop_name	max_money
万佳	760000
人人乐	560000
新一佳	470000
百佳	650000

图 3-19 百货超市数据检索-求最大值

3）统计出各百货超市上半年的最低月销售额。对数据表按百货超市名称（SHOP_NAME）进行分组，再使用求最小值函数对月销售额数据项汇总 MIN(SALE_MONTH_MONEY)，编写出相关检索 SQL 语句。

```
SELECT shop_name, MIN(sale_month_money) AS min_money FROM supermarket GROUP BY shop_
name;
```

以上 SQL 语句执行后检索结果如图 3-20 所示，可以清楚看到各百货超市上半年的月最低销售额。

4）统计出各百货超市上半年的月平均销售额。对数据表按百货超市名称（SHOP_NAME）进行分组，再使用求平均值函数对月销售额数据项运算 AVG(SALE_MONTH_MONEY)，编写出相关检索 SQL 语句。

```
SELECT shop_name, AVG(sale_month_money) AS avg_money FROM supermarket GROUP BY shop_
name;
```

以上 SQL 语句执行后检索结果如图 3-21 所示，可以清楚看到各百货超市上半年的月平均销售额。

shop_name	min_money
万佳	680000
人人乐	490000
新一佳	380000
百佳	580000

图 3-20 百货超市数据检索-求最小值

shop_name	avg_money
万佳	725000.0000
人人乐	526666.6667
新一佳	431666.6667
百佳	615000.0000

图 3-21 百货超市数据检索-求平均值

5）统计出业务数据表中各百货超市的业务记录数量。对数据表按百货超市名称（shop_name）进行分组，再使用求记录数函数 COUNT 运算出各百货超市的记录数量，编写出相关 SQL 语句。

```
SELECT shop_name,COUNT( * ) FROM supermarket GROUP BY shop_name;
```

以上 SQL 语句执行后检索结果如图 3-22 所示，可以清楚看到各百货超市相关记录数量，每个百货超市均有 6 条记录数据。

shop_name	COUNT(*)
万佳	6
人人乐	6
新一佳	6
百佳	6

图 3-22　百货超市数据检索-求统计记录数量

3.7 多表连接操作

多表连接是针对业务数据分布在不同的数据表上，在进行数据查询检索时使用表连接的方式进行数据组合，最后检索出相关的业务数据。多表连接操作常见于两张数据表的连接，在一些比较特殊的场景下也会涉及三张数据表或更多数据表的连接。

3.7.1 多表连接操作的语法

3.7.1 多表连接操作的语法

多表连接操作最关键的一环是多表连接条件的设置，一般来说两个数据表之间如果需要进行连接操作，都会预先设定好关联字段。多表连接操作最典型的应用场景是主外键的关联操作。

如图 3-23 所示，在①银行账户表中（BANK_ACCOUNT），预留一个储户标识字段（USER_ID），在②银行储户表中（BANK_USER），有主键储户标识字段（USER_ID），银行账户表（BANK_ACCOUNT）通过储户标识（USER_ID）字段与储户表（BANK_USER）主键字段（USER_ID）进行等值连接（也称为内连接），即可得到③两表连接操作后返回的数据视图。

（1）双表连接操作

双表连接 SQL 语句语法：

```
SELECT 字段 1,字段 2,…,字段 n, FROM 数据表 1,数据表 2 WHERE 表 1 连接字 = 表 2 连接字段
```

FROM 从句后面的数据表之间用逗号（英文状态）分隔开，通过 WHERE 从句设置连接条件，以等值连接的方式，让两张数据表的关联字段使用“=”连接。如果两张数据表中的连接字段名称不相同，可以直接使用字段名称；如果两张数据表的连接字段名称相同，需通过表名来指定字段，也可以在 SQL 连接语句中通过给数据表设定别名，然后通过别名的方式指定数据表之间的连接字段。

连接字段的指定方式：

①银行账户表(BANK_ACCOUNT)

account	user_id	setup_time	money
2000000145	U1001	2016-08-02 13:46:30	2000
2000000238	U1002	2020-06-09 16:26:30	5000
2000000596	U1003	2022-02-04 15:21:30	8000
2000000783	U1004	2022-10-12 14:23:30	6000

②银行储户表(BANK_USER)

user_id	name	age	work	address
U1001	张志平	35	工程师	沿江路42号
U1002	李四华	30	记者	建设路33号
U1003	陈路清	28	教师	中山路15号
U1004	刘行文	32	医生	兴华路10号

连接字段：user_id —— 等值连接 —— 连接字段：user_id

account	user_id	setup_time	money	user_id	name	age	work	address
2000000145	U1001	2016-08-02 13:46:30	2000	U1001	张志平	35	工程师	沿江路42号
2000000238	U1002	2020-06-09 16:26:30	5000	U1002	李四华	30	记者	建设路33号
2000000596	U1003	2022-02-04 15:21:30	8000	U1003	陈路清	28	教师	中山路15号
2000000783	U1004	2022-10-12 14:23:30	6000	U1004	刘行文	32	医生	兴华路10号

③两表连接操作后返回的数据视图

图 3-23 多表连接操作

方式一：

```
数据表名称+英文状态下的点号+字段名称
```

方式二：

```
数据表别名+英文状态下的点号+字段名称
```

以下 SQL 语句 1 与 SQL 语句 2 均能实现两表连接的功能，两者的区别在于是否使用别名。SQL 语句 1 未使用别名，两张数据表的连接字段同名，只能通过数据表名称的形式来指定相关字段。SQL 语句 2 的 FROM 从句为两张数据表设定了别名“BA”与“BU”，在连接条件设置时通过别名“BA”与“BU”来指数据表的连接字段更加简洁。

SQL 语句 1：

```
SELECT * FROM BANK_ACCOUNT,BANK_USER WHERE BANK_ACCOUNT.USER_ID=BANK_USER.USER_ID;
```

SQL 语句 2：

```
SELECT * FROM BANK_ACCOUNT BA,BANK_USER BU WHERE BA.USER_ID=BU.USER_ID;
```

（2）三表或多表连接操作

多表连接 SQL 语句语法：

```
SELECT 字段 1,字段 2,…,字段 n, FROM 数据表 1,…,数据表 n WHERE 表 p 连接字 = 表 q 连接字段 AND … AND 表 y 连接字段 = 表 z 连接字段
```

三表以上连接操作同样采样等值连接（内连接）的方式，与双表连接最大不同的地方在于连接条件的设置，一般来说每个数据表都有一个连接字段，在特殊场景下还可能一张数据表有多个连接字段，连接条件若设置不当会导致数据重复出现。

以下 SQL 语句表示对 TAB1、TAB2、TAB3、TAB4 四张数据表进行连接操作，以各表的 UID 字段作为连接字段，在连接条件中通过别名的方式引用 UID 字段。

SQL 语句：

```
SELECT * FROM TAB1 T1,TAB2 T2,TAB3 T3,TAB4 T4 WHERE T1.UID=T2.UID AND T2.UID=
T3.UID AND T3.UID=T4.UID;
```

3.7.2 案例：多表连接在竞赛模块数据检索的应用

多表连接是一种复杂查询检索操作，相关信息数据存储在不同的数据表中，通过多表连接的方式进行数据组合。多表连接最常见的形式是等值连接，通过设置关联字段的相同值去匹配相关信息数据。多表连接广泛应用于各种场景的数据检索中，是查询操作的重要组成部分。

1. 功能需求描述

在学生第二课堂系统中有一个竞赛模块，该模块中有 3 张数据表，学生表（STUDENT）、院系表（COLLEGE）、获奖表（PRIZE），存储了学生参加各项竞赛的相关信息。获奖表与学生表之间可通过学号（SN）字段进行主外键关联，院系表与学生表之间通过专业标识（MAJOR_ID）字段进行业务关联，请按相关要求实现竞赛模块的业务数据检索。

1）学生表中学号、姓名、专业编号等字段，相关结构如表 3-2 所示。

表 3-2 学生表（STUDENT）字段结构

序 号	字段逻辑名称	字段物理名称	数据类型	备 注
1	学号	SN	VARCHAR(45)	主键
2	姓名	NAME	VARCHAR(45)	非空
3	专业编号	MAJOR_ID	VARCHAR(45)	非空

2）院系表中有院系编号、院系名称、专业编号、专业名称等字段，相关结构如表 3-3 所示。

表 3-3 院系表（COLLEGE）字段结构

序 号	字段逻辑名称	字段物理名称	数据类型	备 注
1	院系编号	COLLEGE_ID	VARCHAR(45)	主键
2	院系名称	COLLEGE_NAME	VARCHAR(45)	非空
3	专业编号	MAJOR_ID	VARCHAR(45)	非空
4	专业名称	MAJOR_NAME	VARCHAR(45)	非空

3）获奖表中有主键标识、学号、获奖项目、获奖等级等字段，相关结构如表 3-4 所示。

表 3-4 获奖表（PRIZE）字段结构

序 号	字段逻辑名称	字段物理名称	数据类型	备 注
1	主键标识	ID	INT	主键,自增
2	学号	SN	VARCHAR(45)	非空
3	获奖项目	PRIZE_NAME	VARCHAR(45)	非空
4	获奖等级	RANK	VARCHAR(45)	非空

4）通过以下的SQL脚本在数据库环境中创建数据表结构，以及为数据表进行业务数据初始化。在SQL初始化脚本中，类型为字符（CHAR）、字符串（VARCHAR）、文本（TEXT）的所有值都必须用英文状态下的单引号引起来。

```
CREATE DATABASE IF NOT EXISTS skill;
USE skill;
DROP TABLE IF EXISTS college;
CREATE TABLE college (
  id varchar(45) NOT NULL,
  college_name varchar(45) NOT NULL,
  major_id varchar(45) NOT NULL,
  major_name varchar(45) NOT NULL,
  PRIMARY KEY (id)
);
INSERT INTO college (id,college_name,major_id,major_name) VALUES
 ('1001','计算机学院','s_0001','应用电子'),
 ('1002','教育学院','t_0002','语文教育'),
 ('1003','工商管理学院','x_0005','应用会计'),
 ('1004','计算机学院','v_0003','网络技术'),
 ('1005','教育学院','u_0004','英语教育');
DROP TABLE IF EXISTS prize;
CREATE TABLE prize (
  id int(10) unsigned NOT NULL auto_increment,
  sn varchar(45) NOT NULL,
  prize_name varchar(45) NOT NULL,
  rank varchar(45) NOT NULL,
  PRIMARY KEY (id)
);
INSERT INTO prize (id,sn,prize_name,rank) VALUES
 (1,'201600000001','数学建模大赛','二等奖'),
 (2,'201600000003','软件设计大赛','一等奖'),
 (3,'201600000004','挑战杯网络攻防大赛','三等奖'),
 (4,'201600000006','百花争鸣文学大赛','二等奖'),
 (5,'201600000009','高校杯国防安全知识大赛','三等奖'),
 (6,'201600000010','新时空创业大赛','一等奖'),
 (7,'201600000011','唐宋诗词大赛','三等奖'),
 (8,'201600000012','大学生创意大赛','二等奖'),
 (9,'201600000014','全民健身运动大赛','三等奖'),
 (10,'201600000015','全国英语专业技能大赛','三等奖');
DROP TABLE IF EXISTS student;
CREATE TABLE student (
  sn varchar(45) NOT NULL,
  name varchar(45) NOT NULL,
```

```
    major_id varchar(45) NOT NULL,
    PRIMARY KEY  (sn)
  );
  INSERT INTO student (sn,name,major_id) VALUES
   ('201600000001','张小拴','s_0001'),
   ('201600000002','孙明活','t_0002'),
   ('201600000003','陈京楚','v_0003'),
   ('201600000004','王意昌','s_0001'),
   ('201600000005','刘太展','u_0004'),
   ('201600000006','何原凡','t_0002'),
   ('201600000007','王彬华','s_0001'),
   ('201600000008','伍鲸念','s_0001'),
   ('201600000009','陆顺引','x_0005'),
   ('201600000010','吴香桐','t_0002'),
   ('201600000011','钟钟英','t_0002'),
   ('201600000012','温季凤','v_0003'),
   ('201600000013','胡金称','s_0001'),
   ('201600000014','黄蕾莘','v_0003'),
   ('201600000015','苗千英','u_0004');
```

数据库环境创建及实施完毕后，数据表如图 3-24~图 3-26 所示。从图中可以看到学生表与院系表可通过（MAJOR_ID）字段连接，学生表与获奖表可通过（SN）字段连接。

sn	name	major_id
201600000001	张小拴	s_0001
201600000002	孙明活	t_0002
201600000003	陈京楚	v_0003
201600000004	王意昌	s_0001
201600000005	刘太展	u_0004
201600000006	何原凡	t_0002
201600000007	王彬华	s_0001
201600000008	伍鲸念	s_0001
201600000009	陆顺引	x_0005
201600000010	吴香桐	t_0002
201600000011	钟钟英	t_0002
201600000012	温季凤	v_0003
201600000013	胡金称	s_0001
201600000014	黄蕾莘	v_0003
201600000015	苗千英	u_0004

图 3-24　学生表（STUDENT）

id	college_name	major_id	major_name
1001	计算机学院	s_0001	应用电子
1002	教育学院	t_0002	语文教育
1003	工商管理学院	x_0005	应用会计
1004	计算机学院	v_0003	网络技术
1005	教育学院	u_0004	英语教育

图 3-25　院系表（COLLEGE）

id	sn	prize_name	rank
1	201600000001	数学建模大赛	二等奖
2	201600000003	软件设计大赛	一等奖
3	201600000004	挑战杯网络攻防大赛	三等奖
4	201600000006	百花争鸣文学大赛	二等奖
5	201600000009	高校杯国防安全知识大赛	三等奖
6	201600000010	新时空创业大赛	一等奖
7	201600000011	唐宋诗词大赛	三等奖
8	201600000012	大学生创意大赛	二等奖
9	201600000014	全民健身运动大赛	三等奖
10	201600000015	全国英语专业技能大赛	三等奖

图 3-26　获奖表（PRIZE）

2. 功能操作实现

（1）检索出各项获奖的学生信息

要检索出获奖的学生信息必须通过学生表与获奖表的连接操作才能取得，两表可通过学号字段进行关联，在 SELECT 子句后列出学号、姓名、获奖项目、获奖等级字段即可。

```
SELECT s.sn,s.name,p.prize_name,p.rank FROM student s,prize p WHERE s.sn=p.sn;
```

执行以上 SQL 连接语句后的数据检索结果如图 3-27 所示，可清晰看到各奖项对应的学生。

sn	name	prize_name	rank
201600000001	张小拴	数学建模大赛	二等奖
201600000003	陈京楚	软件设计大赛	一等奖
201600000004	王意昌	挑战杯网络攻防大赛	三等奖
201600000006	何原凡	百花争鸣文学大赛	二等奖
201600000009	陆顺引	高校杯国防安全知识大赛	三等奖
201600000010	吴香桐	新时空创业大赛	一等奖
201600000011	钟钟英	唐宋诗词大赛	三等奖
201600000012	温季凤	大学生创意大赛	二等奖
201600000014	黄蕃莘	全民健身运动大赛	三等奖
201600000015	苗千英	全国英语专业技能大赛	三等奖

图 3-27　获奖学生

（2）检索出所有学生的专业、院系信息

要检索出所有学生的专业、院系信息必须通过学生表与院系表的连接操作才能取得，两表可通过专业标识字段进行关联，在 SELECT 子句后列出学号、姓名、专业名称、学院名称字段即可。

```
SELECT s.sn,s.name,c.major_name,c.college_name FROM student s,college c WHERE s.major_id=
c.major_id;
```

执行以上 SQL 连接语句后的数据检索结果如图 3-28 所示，可清晰看到所有学生的专业及院系归属。

sn	name	major_name	college_name
201600000001	张小拴	应用电子	计算机学院
201600000002	孙明活	语文教育	教育学院
201600000003	陈京楚	网络技术	计算机学院
201600000004	王意昌	应用电子	计算机学院
201600000005	刘太展	英语教育	教育学院
201600000006	何原凡	语文教育	教育学院
201600000007	王彬华	应用电子	计算机学院
201600000008	伍鲸念	应用电子	计算机学院
201600000009	陆顺引	应用会计	工商管理学院
201600000010	吴香桐	语文教育	教育学院
201600000011	钟钟英	语文教育	教育学院
201600000012	温季凤	网络技术	计算机学院
201600000013	胡金称	应用电子	计算机学院
201600000014	黄蕾莘	网络技术	计算机学院
201600000015	苗千英	英语教育	教育学院

图 3-28　学生专业及院系归属

（3）检索出各学院的获奖学生信息

要检索出各学院的获奖学生信息必须通过学生表、院系表、获奖表 3 张表的连接操作才能取得，学生表与获奖表通过学号字段关联，学生表与院系表通过专业标识字段关联，在 SELECT 子句后列出学号、姓名、专业名称、院系名称、获奖项目、获奖等级字段即可，最后可以通过院系名称与专业名称字段进行数据排序，让返回数据更加直观、明了。

```
SELECT s.sn,s.name,c.major_name,c.college_name,p.prize_name,p.rank FROM student s,college c,
prize p WHERE s.major_id=c.major_id AND s.sn=p.sn ORDER BY c.college_name,c.major_name;
```

执行以上 SQL 连接语句后的数据检索结果如图 3-29 所示，可清晰看到各学院各专业的获奖学生。

sn	name	major_name	college_name	prize_name	rank
201600000009	陆顺引	应用会计	工商管理学院	高校杯国防安全知识大赛	三等奖
201600000015	苗千英	英语教育	教育学院	全国英语专业技能大赛	三等奖
201600000010	吴香桐	语文教育	教育学院	新时空创业大赛	一等奖
201600000011	钟钟英	语文教育	教育学院	唐宋诗词大赛	三等奖
201600000006	何原凡	语文教育	教育学院	百花争鸣文学大赛	二等奖
201600000001	张小拴	应用电子	计算机学院	数学建模大赛	二等奖
201600000004	王意昌	应用电子	计算机学院	挑战杯网络攻防大赛	三等奖
201600000014	黄蕾莘	网络技术	计算机学院	全民健身运动大赛	三等奖
201600000003	陈京楚	网络技术	计算机学院	软件设计大赛	一等奖
201600000012	温季凤	网络技术	计算机学院	大学生创意大赛	二等奖

图 3-29　各学院各专业的获奖学生

3.8 子查询

子查询是一种更加灵活、强大的数据检索功能，是一种进行查询语句嵌套的 SQL 语句类型。子查询包含内层查询与外层查询，适用于复杂的数据检索场景下使用。子查询从类型上来说可分为两种，分别是作为条件从句的 WHERE 类型子查询，以及作为临时数据的 FROM 类型子查询。

3.8.1 WHERE 类型子查询

WHERE 子查询是把内层查询的结果作为外层查询的数据筛选条件，以条件值的形式参与外层查询，实现比单一查询更强大的复合查询功能。

3.8.1 WHERE 类型子查询

WHERE 子查询语句格式：

```
SELECT 检索字段 FROM 数据表 WHERE 数据项 条件比较操作（SELECT 单字段 FROM 数据表
WHERE 数据检索条件)
```

小括号内为内层查询，小括号外的为外层查询，作为一个条件值，内层查询的结果以某个数据的形式参与外层查询的数据条件筛选。

以下 SQL 语句就是一个标准的 WHERE 类型子查询，其功能是从学生课程（STUDENT_COURSE）数据表中检索出数学成绩（MATH_SCORE）高于数学成绩平均分的学生的相关数据信息。

```
SELECT * FROM STUDENT_COURSE WHERE MATH_SCORE > (SELECT AVG(MATH_SCORE)
FROM STUDENT_COURSE WHERE COURSE='MATH');
```

SQL 语句小括号内部分的语句即为一个子查询，此子查询检索出数学科目的成绩平均分。

```
SELECT AVG(MATH_SCORE) FROM STUDENT_COURSE WHERE COURSE='MATH'
```

子查询中检索出数学成绩平均分后，将参与外层的查询的数据筛选条件设置。假如本次查询检索出数学成绩平均分为 80，则外部查询语句如下：

```
SELECT * FROM STUDENT_COURSE WHERE MATH_SCORE > 80
```

外部查询执行后，将得到整个 SQL 语句的完整的查询结果。

子查询可以存在多层嵌套，在存在子查询的检索语句中，将优先执行最内层子查询，依次执行次外层子查询，直到所有子查询执行完毕，最后执行外层的父查询，得到整个查询结果。

3.8.2 FROM 类型子查询

FROM 子查询是把内层子查询的结果作为一个虚表，外层查询再从这个虚表中检索相关数据，或虚表再与外层查询的主表或其他数据表作连接，得到相关业务数据，实现比单一查询更强大的复合查询功能。

FROM 子查询语句格式：

```
SELECT 检索字段 FROM (SELECT 检索字段 FROM 数据表) AS 子查询别名
```

小括号内为内层查询，内层查询的结果是一系列的数据集，形式上类似一个数据表，但实际上不存在这样的表，因而称之为虚表。小括号外部为外层查询，外层查询再从这个虚表中检索出需要的数据集。FROM 类型的子查询中，必须为内层子查询定义别名，定义别名使用关键字“AS”，在外层查询中可以直接使用别名来表示子查询数据集，即用别名的形式表示子查询检索出的虚表。

以下 SQL 语句就是一个标准的 FROM 类型子查询，其功能是从学生课程表（STUDENT_COURSE）中检索出六年级学生（GRADE ='六年级'）中，数学成绩 60 分以上（MATH_SCORE>60）的学生的相关数据信息。

```
SELECT * FROM
(SELECT * FROM STUDENT_COURSE WHERE GRADE='六年级') AS SON
WHERE SON.MATH_SCORE>60;
```

SQL 语句中第二行即为一个子查询，小括号内部分为子查询检索语句，外部则为此子查询的别名，此子查询将检索出六年级学生的数据集。

```
(SELECT * FROM STUDENT_COURSE WHERE GRADE='六年级') AS SON
```

子查询中检索出六年级学生的数据集后，外层查询将再从此数据集（虚表）中检索出数学成绩 60 分以上学生的相关信息。

3.8.3 案例：子查询在会员模块数据检索的应用

子查询是为实现复杂的数据检索业务而使用的一种嵌套查询语句，以数据集或结果值的形式参与外层检索，在多表连接、单表连接等检索操作中有非常广泛的用途，能解决多种复杂的检索业务需求。

1. 功能需求描述

在一个汽车俱乐部管理系统中有一个会员模块，该模块中要有一张数据表专门记录会员的车辆和相关信息，以方便日后对会员车辆的管理，请按相关要求用子查询实现相关的业务数据检索。

1）汽车俱乐部表（CAR_CLUB）中有车辆编号、车辆品牌、入会日期、车辆价格、出厂日期、行驶里程等字段，相关结构如表 3-5 所示。

表 3-5　汽车俱乐部表（CAR_CLUB）字段结构

序　号	字段逻辑名称	字段物理名称	数 据 类 型	备　注
1	车辆编号	CAR_NO	VARCHAR(45)	主键
2	车辆品牌	CAR_BRAND	VARCHAR(45)	非空
3	入会日期	ENTER_DATE	DATE	非空
4	车辆价格	CAR_PRICE	INT	非空
5	出厂日期	PRODUCT_DATE	DATE	非空
6	行驶里程	DRIVE_MILE	INT	非空

2）通过以下的 SQL 脚本在数据库环境中创建数据表结构，同时为数据表进行业务数据初始化。在 SQL 初始化脚本中，类型为字符（CHAR）、字符串（VARCHAR）、文本（TEXT）的所有值都必须用英文状态下的单引号引起来。

```
CREATE DATABASE IF NOT EXISTS club;
USE club;
DROP TABLE IF EXISTS car_club;
CREATE TABLE car_club (
  car_no varchar(45) NOT NULL,
  car_brand varchar(45) NOT NULL,
  enter_date date NOT NULL,
  car_price int(10) unsigned NOT NULL,
  product_date date NOT NULL,
  drive_mile int(10) unsigned NOT NULL,
  PRIMARY KEY (car_no)
);
INSERT INTO car_club (car_no,car_brand,enter_date,car_price,product_date,drive_mile) VALUES
 ('C101','Hondal','2021-06-05',150000,'2020-05-01',100000),
 ('C102','BMW','2022-08-05',500000,'2020-05-01',60000),
 ('C103','BenZ','2021-05-10',300000,'2020-05-01',110000),
 ('C104','Hondal','2022-04-12',200000,'2020-05-01',50000),
 ('C105','BMW','2023-02-02',400000,'2020-05-01',4000),
 ('C106','BenZ','2023-01-05',420000,'2020-05-01',5000),
 ('C107','BMW','2022-02-03',450000,'2020-05-01',55000),
 ('C108','Hondal','2021-10-04',180000,'2020-05-01',90000),
 ('C109','BenZ','2022-07-01',290000,'2020-05-01',30000),
 ('C110','Hondal','2021-09-18',220000,'2020-05-01',85000),
 ('C111','BenZ','2022-04-01',380000,'2020-05-01',40000),
 ('C112','BMW','2023-02-01',600000,'2020-05-01',10000),
 ('C113','BenZ','2022-03-15',350000,'2020-05-01',70000),
 ('C114','Hondal','2022-06-26',140000,'2020-05-01',20000),
 ('C115','BMW','2023-02-20',550000,'2020-05-01',9000);
```

3）数据库环境创建及实施完毕后，数据表如图 3-30 所示，从图中可以看到相关会员车辆的品牌、里程等相关信息。

2. 功能操作实现

1）用 WHERE 子查询检索出车辆里程数在所有车辆平均里程数之下的相关车辆信息。

要检索出在所有车辆平均里程数之下的车辆的相关信息，可先以 WHERE 子查询检索出表中车辆的平均里程数，再以平均里程数值作为数据筛选条件参与外层车辆信息的查询检索。

SQL 语句：

```
SELECT * FROM CAR_CLUB WHERE DRIVE_MILE<(SELECT AVG(DRIVE_MILE) FROM CAR_CLUB);
```

car_no	car_brand	enter_date	car_price	product_date	drive_mile
C101	Hondal	2021-06-05	150000	2020-05-01	100000
C102	BMW	2022-08-05	500000	2020-05-01	60000
C103	BenZ	2021-05-10	300000	2020-05-01	110000
C104	Hondal	2022-04-12	200000	2020-05-01	50000
C105	BMW	2023-02-02	400000	2020-05-01	4000
C106	BenZ	2023-01-05	420000	2020-05-01	5000
C107	BMW	2022-02-03	450000	2020-05-01	55000
C108	Hondal	2021-10-04	180000	2020-05-01	90000
C109	BenZ	2022-07-01	290000	2020-05-01	30000
C110	Hondal	2021-09-18	220000	2020-05-01	85000
C111	BenZ	2022-04-01	380000	2020-05-01	40000
C112	BMW	2023-02-01	600000	2020-05-01	10000
C113	BenZ	2022-03-15	350000	2020-05-01	70000
C114	Hondal	2022-06-26	140000	2020-05-01	20000
C115	BMW	2023-02-20	550000	2020-05-01	9000

图 3-30 汽车俱乐部表（CAR_CLUB）

执行以上 SQL 连接语句后的数据检索结果如图 3-31 所示，可清楚看到里程低于表中平均里程的车辆信息。

car_no	car_brand	enter_date	car_price	product_date	drive_mile
C105	BMW	2023-02-02	400000	2020-05-01	4000
C106	BenZ	2023-01-05	420000	2020-05-01	5000
C109	BenZ	2022-07-01	290000	2020-05-01	30000
C111	BenZ	2022-04-01	380000	2020-05-01	40000
C112	BMW	2023-02-01	600000	2020-05-01	10000
C114	Hondal	2022-06-26	140000	2020-05-01	20000
C115	BMW	2023-02-20	550000	2020-05-01	9000

图 3-31 里程数在平均里程之下的车辆检索-WHERE 子查询

2）用 FROM 子查询检索出价格在 36 万元以下，品牌为“BenZ”的相关车辆信息。

要检索出在价格在 36 万元以下，品牌为“BenZ”的相关车辆信息，可先以 FROM 子查询检索出数据表中品牌为“BenZ”的车辆数据集，然后再以此数据集作为虚表进行二次检索，并设置数据筛选条件价格低于 36 万元。

SQL 语句：

```
SELECT * FROM
(SELECT * FROM CAR_CLUB WHERE CAR_BRAND='BenZ') AS S
WHERE S.CAR_PRICE<360000;
```

执行以上 SQL 连接语句后的数据检索结果如图 3-32 所示，可清楚看到品牌为“BenZ”且价格低于 36 万元的车辆信息。

car_no	car_brand	enter_date	car_price	product_date	drive_mile
C103	BenZ	2021-05-10	300000	2020-05-01	110000
C109	BenZ	2022-07-01	290000	2020-05-01	30000
C113	BenZ	2022-03-15	350000	2020-05-01	70000

图 3-32　“BenZ”车辆检索- FROM 子查询

3）用 FROM 子查询检索出各品牌中，车辆价格在品牌内平均价格之上的相关车辆信息。

要检索出各品牌中，车辆价格在品牌内平均价格之上的相关车辆信息，可先以 FROM 子查询检索出数据表中各品牌车辆的平均价格数据集，然后再以此数据集与原主表进行连接操作并设置相关数据过滤条件，最终检索出相关数据。

SQL 语句：

```
SELECT * FROM CAR_CLUB CC,
(SELECT CAR_BRAND,AVG(CAR_PRICE) AS AVG_PRICE FROM CAR_CLUB GROUP BY CAR_
BRAND) AS S
WHERE CC. CAR_BRAND=S. CAR_BRAND AND CC. CAR_PRICE>S. AVG_PRICE;
```

执行以上 SQL 连接语句后的数据检索结果如图 3-33 所示，图中最右边两列为子查询返回的数据集，其最右边一边为各品牌车辆的平均价格，最左边六列为主表的数据集。可以看到，在检索返回数据中所有车辆的价格均高于各自品牌的平均价格。

主表的数据集　　车辆品牌　　平均价格

car_no	car_brand	enter_date	car_price	product_date	drive_mile	CAR_BRAND	AVG_PRICE
C104	Hondal	2022-04-12	200000	2020-05-01	50000	Hondal	178000.0000
C106	BenZ	2023-01-05	420000	2020-05-01	5000	BenZ	348000.0000
C108	Hondal	2021-10-04	180000	2020-05-01	90000	Hondal	178000.0000
C110	Hondal	2021-09-18	220000	2020-05-01	85000	Hondal	178000.0000
C111	BenZ	2022-04-01	380000	2020-05-01	40000	BenZ	348000.0000
C112	BMW	2023-02-01	600000	2020-05-01	10000	BMW	500000.0000
C113	BenZ	2022-03-15	350000	2020-05-01	70000	BenZ	348000.0000
C115	BMW	2023-02-20	550000	2020-05-01	9000	BMW	500000.0000

图 3-33　价格在平均价格之上的车辆检索-FROM 子查询

拓展阅读　数据检索技术的发展

数据检索也称为信息检索，起源于 19 世纪前期，随着近代科学团体的涌现，研究效率的提高，文献逐渐增多，导致了一种社会分工的出现，即对重要的信息、数据、文献等方面及时地进行收集、加工和整理，并提供一定的手段，方便人们查找文献，数据检索工作便由此产生，并经历了手工检索、脱机检索、联机检索和网络化联机检索几大发展过程。

（1）手工检索阶段（1876—1954 年）

手工检索是人们在长期的信息检索实践中沿用的传统方法，是人们直接凭头脑进行判断，借助简单的机械工具对记录在普通载体上的资料进行检索的各种方法的通称，是由检索者通过书本式目录、卡片式目录以及后来出现的穿孔卡片目录等检索工具查找数据线索的过程。

（2）脱机检索阶段（1954—1965 年）

自 1946 年世界上第一台电子计算机问世以来，人们一直设想利用计算机查找重要领域的数据、信息。进入 20 世纪 50 年代后，在计算机应用领域“穿孔卡片”和“穿孔纸带”数据录入技术及设备相继出现，用它们作为存储数据、信息、文摘的存储介质，使得计算机开始在数据检索领域中得到了应用。

（3）联机检索阶段（1965—1991 年）

联机检索就是用户使用终端设备，通过通信线路直接与计算机对话进行检索，结果由终端输出。20 世纪 70 年代，卫星通信技术、微型计算机以及数据库生产的同步发展，使用户打破时间和空间的障碍，实现了国际联机检索。计算机检索技术从脱机检索阶段进入联机检索阶段。

（4）网络化联机检索阶段（1991 年至现在）

从 20 世纪 70 年代到现在，由于电话网、电传网、公共数据通信网都可为信息检索传输数据，特别是卫星通信技术的应用，使通信网络更加现代化，也使信息检索系统更加国际化，用户可借助国际通信网络直接与检索系统联机，从而实现不受地域限制的国际联机信息检索。

世界各大检索系统纷纷进入各种通信网络，每个系统的计算机成为网络上的节点，每个节点连接多个检索终端，各节点之间以通信线路彼此相连，网络上的任何一个终端都可联机检索数据库的数据。这种联机信息系统网络的实现，使用户可以在很短的时间内查询世界各地的信息资料，使信息资源共享成为可能。

（资料来源：https://zhuanlan.zhihu.com/p/620864773，有改动）

练习题

一、选择题

1. 关于查询检索 SQL 语句的说法正确的有（　　）。[多选]

A. SQL 查询检索语句是读操作语句，其关键字是“SELECT”

B. SQL 查询检索语句中关键字“SELECT”后面为所需要检索的表字段，可以根据实际情况任意设定，每个字段之间用英文状态下的逗号隔开

C. SQL 查询检索语句中关键字“FROM”后面为所检索的关系数据表

D. SQL 查询检索语句的条件从句为可选项，可以设置各类检索条件，如不定义检索条件则表示检索整个数据表的所有业务数据

2. 以下关于查询检索的 SQL 语句中别名及通配符的说法正确的有（　　）。[多选]

A. 为了提升所返回数据视图的可读性，可以使用关键字“AS”给每个所检索的字段添加别名

B. 为了简化数据表的复杂度，也可以给关系数据表添加别名

C. 添加别名后可直接使用别名来表示相应的字段或数据表

D. 可以使用星号“*”作为通配符，直接跟在关键字“SELECT”后面，代表数据表中的所有字段

3. 以下关于查询检索的 SQL 语句中关于数据过滤条件的说法正确的有（　　）。[多选]

A. 通过关键字“WHERE”来实现对业务数据的条件筛选

B. 每个数据条件之间通过关键字“AND”定义为“与”关系

C. 每个数据条件之间通过关键字“OR”定义为“或”关系

D. 关键字“AND”与“OR”不能同时出现

4. 在数据过滤条件中，常见的数据筛选规则包含以下（　　）。[多选]

A. 等于　　B. 大于、大于或等于

C. 小于、小于或等于　　D. 介于

E. 指定　　F. 类似

5. 在数据过滤条件中，关于“等于”数据筛选规则的说法，以下正确的是（　　）。[多选]

A. 等于匹配规则是一种比较数值相等或字符内容相同的数据筛选规则

B. 等于匹配规则适用于数字类型或字符类型的数据项，是一种最普通的数据过滤方式

C. 等于匹配规则只能适用于比较数值，使用符号“!=”

D. 等于匹配规则使用符号“=”，左边为筛选的数据项，右边为筛选的数字值或字符值

6. 在数据过滤条件中，关于“大于”“大于或等于”数据筛选规则的说法，以下正确的是（　　）。[多选]

A. 大于、大于或等于匹配规则是一种比较数据筛选方式，只适用于数值类型的数据项进行数据过滤

B. 大于匹配规则使用符号“>”，表示相关值要大于指定的数值才符合数据筛选条件

C. 大于或等于匹配规则使用符号“>=”，表示相关值如果大于或等于指定的数值就符合数据筛选条件

D. 符号左边为筛选的数据项，右边为所筛选的数字值

7. 在数据过滤条件中，关于“小于”“小于或等于”数据筛选规则的说法，以下正确的是（　　）。[多选]

A. 小于、小于或等于匹配规则也是一种比较数据筛选方式，同样只适用于数值类型的数据项进行数据过滤

B. 小于匹配规则使用符号“<”，表示相关值要小于指定的数值才符合数据筛选条件

C. 小于或等于匹配规则使用符号“<=”，表示相关值如果小于或等于指定的数值就符合数据筛选条件

D. 小于匹配规则使用符号“<>”，小于或等于匹配规则使用符号“<>=”

8. 在数据过滤条件中，关于“介于”数据筛选规则的说法，以下正确的是（　　）。[多选]

A. 介于匹配规则等价于小于匹配规则、大于匹配规则两者的组合

B. 介于匹配规则是一种在某个范围内进行筛选的数据过滤方式，只适用于类型为数字的数据项

C. 介于匹配规则表示数据要大于或等于某个边界数值，同时要小于或等于某个边界数值的数据才符合筛选条件，相当于数学中的范围取值符号“[ ]”

D. 介于匹配规则需要使用关键字“BETWEEN”与“AND”，关键字“BETWEEN”后面跟数值较小的边界值，关键字“AND”后面跟数值较大的边界值

9. 在数据过滤条件中，关于“指定”数据筛选规则的说法，以下正确的是（　　）。[多选]

A. 指定匹配规则是一种让数据项与给定的数据元素列表相吻合的数据筛选方式，适用于数字类型或字符类型的数据项

B. 指定匹配规则的数据项值命中了给定的数据列表中某个元素，即符合数据筛选条件

C. 指定匹配规则要使用关键字“IN”，关键字左边为筛选的数据项，右边为所给定的数据元素列表，数据元素在小括号内，各元素用英文状态下的逗号隔开

D. 指定匹配规则数据元素列表中的数据元素应置于大括号“{}”内

10. 在数据过滤条件中，关于“类似”数据筛选规则的说法，以下正确的是（　　）。[多选]

A. 类似匹配规则是一种模糊的字符配置规则，需要使用关键字“LIKE”

B. 类似匹配规则需要使用关键字“HAVING”

C. 类似匹配规则的模糊匹配要使用百分号“%”来通配相关字符内容

D. 类似匹配规则需要使用美元符“$”来通配相关字符内容

11. 在数据过滤条件中，“类似”数据筛选规则包含以下（　　）配置规则。[多选]

A. 前模糊匹配　　B. 中模糊匹配

C. 后模糊匹配　　D. 全模糊匹配

12. 关于 SQL 语句查询检索的数据分组操作，以下说法正确的是（　　）。[多选]

A. 数据检索分组是对同一系列的数据做分类处理，以统计相关的汇总数据

B. 数据分组操作要使用关键字“GROUP BY”，在关键字后面直接跟需要进行分组操作的数据项

C. 数据分组可以对多个数据项进行分组操作，即可以从多个维度作精细化分类汇总处理

D. 若分组从句与条件过滤从句同时出现时，“GROUP BY”关键字需放置在“WHERE”关键字的后面

13. 关于 SQL 语句查询检索的数据排序操作，以下说法正确的是（　　）。[多选]

A. 数据检索操作要使用关键字“ORDER BY”，在关键字后面直接跟检索排序的数据项

B. SQL 语句中可以指定多个排序的数据项，最前面的为第一排序数据项，依次为第二排序数据项、第三排序数据项

C. 在数据检索操作中若没有指定数据排序方式，默认的排序方式是降序

D. ASC 是按升序方式排序数据，DESC 是按降序方式排序数据

14. 关于 SQL 语句中聚合函数的应用，以下说法正确的是（　　）。[多选]

A. SUM 函数可以实现求和功能

B. AVG 函数可以实现求平均值功能

C. MAX、MIN 函数可以分别实现求最大值、最小值功能

D. COUNT 函数可以统计数据表中符合某种条件的记录数有多少

15. 关于聚合函数 NOW，以下说法正确的是（　　）。[多选]

A. 在 MySQL 数据库系统中可以使用 NOW 函数来获取数据库管理系统的当前时间

B. 使用 NOW 函数时不需要传入任何参数，即可得到当前时间数据值

C. 使用 NOW 函数获得的时间格式包含年、月、日、时、分、秒信息

D. 使用 NOW 函数获得的时间格式不包含年、月、日信息

16. 关于子查询的说法以下正确的是（　　）。[多选]

A. 子查询降低了 SQL 语句的灵活性，无法适应复杂的数据检索场景

B. 子查询从类型上来说可分为两种：WHERE 类型子查询、FROM 类型子查询

C. 可以存在三层及三层以上的子查询嵌套

D. 在多层嵌套的 SQL 语句中，将优先执行最内层子查询

17. 关于 WHERE 及 FROM 类型子查询的说法，以下正确的是（　　　　）。[多选]

A. WHERE 子查询是把内层查询的结果作为外层查询的数据筛选条件，以条件值的形式参与外层查询

B. WHERE 子查询的结果值只能是单个算术数值，不能是字符或其他类型

C. FROM 子查询是把内层子查询的结果作为一个虚表，外层查询再从这个虚表中检索相关数据，或虚表再与外层查询的主表或其他数据表作连接

D. FROM 类型子查询必须声明别名，通过别名表示所返回的数据集

二、操作题

1. 在 3.1.3 节的图 3-2 百货超市表中，检索出“百佳”超市 4 月份以及“万佳”百货 6 月份的销售额度。

2. 在 3.1.3 节的图 3-2 百货超市表中，检索出月销售额度在 500 000~700 000 的相关销售数据，并按百货超市及销售月份排序。

3. 在 3.1.3 节的图 3-2 百货超市表中，统计出各个月份所有百货超市汇总相加后的销售总额。

4. 在 3.7.2 节的图 3-24~图 3-26 学生表、院系表、获奖表 3 张表中，统计出各专业的获奖学生人数。

5. 在 3.8.3 节的图 3-30 汽车俱乐部表中，统计汽车价格在平均价格之上，并且行驶里程数在平均里程数之上的汽车信息。

第4章 数据插入、更新和删除操作

本章目标：

知识目标	能力目标	素质目标
① 认识数据写操作的类型 ② 了解 TRUNCATE 操作 ③ 理解高效清理表数据的实现方式 ④ 掌握数据表中插入数据语法 ⑤ 掌握数据表中更新数据语法 ⑥ 掌握数据表中删除数据语法	① 能够为数据表进行基本的数据插入操作 ② 能够进行非全字段的数据插入操作 ③ 能够根据数据条件更新数据表记录 ④ 能够以表连接的方式连环更新数据表 ⑤ 能够使用 DELETE 设置条件，删除数据表中数据 ⑥ 能够使用 TRUNCATE 进行高效数据删除	① 具有良好的对应用程序的配置管理能力 ② 具有良好的对应用系统排错能力 ③ 培养对业务模型分析与设计能力 ④ 具有良好的承受挫折韧性与抗压能力 ⑤ 养成精益求精、追求极致的职业品质

4.1 数据插入操作

数据插入操作是把数据库应用管理系统外的信息数据按照一定的格式与规范，通过 SQL 语句写入到数据表中。数据插入操作是 SQL 语句 4 种基本操作类型之一，属于 SQL 操作中的写操作类型。区别于读操作类型，写操作会影响、改变数据库环境中的数据信息。

4.1.1 数据插入语法

SQL 语句的数据插入操作要使用关键字“INSERT”“INTO”“VALUES”，可以往数据表中插入一行或若干行数据，可以对数据表中所有字段插入数据，也可以只对数据表中的部分字段插入数据，未插入数据字段的相应值置为空。

4.1.1 数据插入语法

插入语句语法格式：

```
INSERT INTO 数据表(字段 1,字段 2,…,字段 n) VALUES(插入值 1,插入值 2,…,插入值 n)
```

关键字“INSERT”与“INTO”后面为所要插入的关系数据表，紧跟着为需要插入数据的表字段，可以根据实际情况从数据表中任意选择，每个字段之间用英文状态下的逗号隔开，并置于小括号内。关键字“VALUES”后面为所要插入数据表中的数据值，所有数据值项需置于小括号内，并且各项之间用英文状态下的逗号分隔开。关键字“VALUES”后的数据值项与关键字“INSERT”后面数据表字段一一对应，如无法对应则会提示 SQL 语法错误。

（1）部分表字段插入数据

部分表字段插入数据是针对数据表中部分可以为空的字段，或有其他默认值的字段，以及有其他机制赋值的字段，在数据插入操作时可以不给相关字段赋值。对不允许为空的字段，在数据插入操作时必须赋予相关数据值，否则 SQL 语句无法正常执行。

以下 SQL 语句表示往学生表（STUDENT）中部分字段插入数据，五个数据插入字段：学号（SN）、姓名（STUDENT_NAME）、专业（STUDENT_MAJOR）、班级（STUDENT_CLASS）、入学年份（ENTER_YEAR）对应的数值为：('20000123','张小明','信息技术',3,2022)，前 3 个字段为字符串类型，相关值使用单引号引住，后两个字段类型为数值，直接给出，不需要使用引号。

```
INSERT INTO STUDENT(SN,STUDENT_NAME,STUDENT_MAJOR,STUDENT_CLASS,ENTER_YEAR)VALUES('20000123','张小明','信息技术',3,2022);
```

（2）全表字段插入数据

全表字段插入数据就是数据插入操作时，对全表中的所有字段均赋予相关值。全表字段插入数据操作，需要在关键字“INSERT”与“INTO”后面列出所有的数据表字段，或不列出任何表字段（默认为全表字段），直接紧跟关键字“VALUES”的赋值语句也可实现为全表字段插入数据。

以下 SQL 插入语句“INSERT”与“INTO”关键字后面没有列出相关字段，表示需要对全表的所有字段进行赋值，在“VALUES”关键字后需要列出表中新插入数据的每一个字段值('20000123','张小明','信息技术',3,2022,'刘志军',560,'是')。

```
INSERT INTO STUDENT VALUES('20000123','张小明','信息技术',3,2022,'刘志军',560,'是');
```

4.1.2　案例：在图书信息模块插入数据

数据插入是一种写操作行为，其目的是往数据表中添加业务数据，外部数据进入数据表必须经过数据插入环节。数据插入使用“INSERT”关键字，数据表中插入操作以一条记录为最小单元。

1. 功能需求描述

在校园信息系统中有一个图书模块，该模块中有一张图书信息表，表中存储了图书的基础数据信息：书名、出版日期、出版社、ISBN 等，以及基础业务信息：入库时间、借出时间等，现需要通过 SQL 语句手动操作数据表中的相关数据。

1）图书信息表中有主键标识、图书名称、出版日期、出版社、ISBN、图书价格、存放区域、入库时间、借出时间等字段，相关结构如表 4-1 所示。

表 4-1　图书信息表（BOOK）字段结构

序　号	字段逻辑名称	字段物理名称	数据类型	备　注
1	主键标识	ID	INT	主键，自增
2	图书名称	BOOK_NAME	VARCHAR(45)	非空
3	出版日期	PUBLISH_DATE	DATE	默认：2023-01-01

（续）

序　号	字段逻辑名称	字段物理名称	数 据 类 型	备　注
4	出版社	PUBLISH_FACTORY	VARCHAR(45)	非空
5	ISBN	BOOK_ISBN	VARCHAR(45)	非空
6	图书价格	BOOK_PRICE	FLOAT	非空
7	存放区域	BOOK_AREA	VARCHAR(45)	非空
8	入库时间	ENTER_TIME	TIMESTAMP	默认:当前时间
9	借出时间	BORROW_TIME	DATETIME	空

2）通过如下的 SQL 脚本在数据库环境中创建数据表结构，在建表语句中通过 NOW 函数为入库时间（ENTER_TIME）字段设置默认值数据库系统的当前时间。

```
CREATE DATABASE IF NOT EXISTS campus;
USE campus;
DROP TABLE IF EXISTS book;
CREATE TABLE book (
  id int NOT NULL AUTO_INCREMENT,
  book_name varchar(45) NOT NULL,
  publish_date date NOT NULL DEFAULT '2023-01-01',
  publish_factory varchar(45) NOT NULL,
  book_isbn varchar(45) NOT NULL,
  book_price float NOT NULL,
  book_area varchar(45),
  enter_time timestamp   NOT NULL DEFAULT now(),
  borrow_time datetime,
  PRIMARY KEY (id)
);
```

建表 SQL 脚本执行完毕后，所创建图书信息表（BOOK）结构如图 4-1 所示，从图中可以看到，表中主键字段（ID）为整型类型可以自增，图书存在区域（BOOK_AREA）与图书出借时间（BORROW_TIME）两个字段可以允许空值（NULL）存在，图书出版日期（PUBLISH_DATE）与图书入库时间（ENTER_TIME）两个字段设置有默认值。

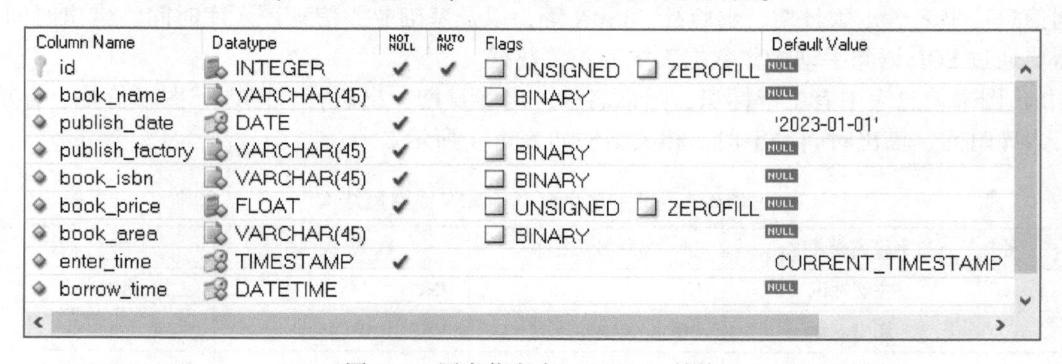

图 4-1　图书信息表（BOOK）结构

2. 功能操作实现

1）请按表 4-2 所示的初始图书数据清单，把相关业务数据插入到图书信息表中。

表 4-2　初始图书数据清单

图书名称	ISBN	价格	出版社	出版日期	区域	入库时间	借出时间
UML 系统建模基础教程（第 3 版）	9787302560128	59.00	清华大学出版社	2021-01-01	F3	2023-03-02 14:38:10	2023-03-05 11:45:30
基于 SSM 框架的互联网应用开发技术	9787030698162	138.00	科学出版社	2020-03-01	A2	2023-03-02 14:38:10	2023-03-06 13:35:30
Java 程序设计基础教程	9787121439391	69.00	电子工业出版社	2022-07-01	D4	2023-03-02 14:38:10	2023-03-08 15:22:30
网站设计与 Web 应用开发技术（第三版）	9787302549246	76.00	清华大学出版社	2020-04-01	C3	2023-03-02 14:38:10	2023-03-09 16:15:30
数据库原理与应用实验教程（第 3 版）	9787302548034	29.00	清华大学出版社	2020-03-01	E1	2023-03-02 14:38:10	2023-03-10 17:07:30

表 4-2 的初始图书数据清单中包含 5 种图书信息，可通过 5 条 SQL 插入语句实现，图书信息表（book）表中的每个字段均给出了具体值，要使用全表字段插入的方式实现，编写出相应的 SQL 语句。

SQL 语句 1：插入《UML 系统建模基础教程（第 3 版）》图书数据。

```
INSERT INTO book(id,book_name,publish_date,publish_factory,book_isbn,book_price,book_area,enter_time,borrow_time) VALUES(1,'UML 系统建模基础教程(第 3 版)','2021-01-01','清华大学出版社','9787302560128',59,'F3','2023-03-02 14:38:10','2023-03-05 11:45:30');
```

SQL 语句 2：插入《基于 SSM 框架的互联网应用开发技术》图书数据。

```
INSERT INTO book(id,book_name,publish_date,publish_factory,book_isbn,book_price,book_area,enter_time,borrow_time) VALUES(2,'基于 SSM 框架的互联网应用开发技术','2020-03-01','科学出版社','9787030698162',138,'A2','2023-03-02 14:38:10','2023-03-06 13:35:30');
```

SQL 语句 3：插入《Java 程序设计基础教程》图书数据。

```
INSERT INTO book(id,book_name,publish_date,publish_factory,book_isbn,book_price,book_area,enter_time,borrow_time) VALUES(3,'Java 程序设计基础教程','2022-07-01','电子工业出版社','9787121439391',69,'D4','2023-03-02 14:38:10','2023-03-08 15:22:30');
```

SQL 语句 4：插入《网站设计与 Web 应用开发技术（第三版）》图书数据。

```
INSERT INTO book(id,book_name,publish_date,publish_factory,book_isbn,book_price,book_area,enter_time,borrow_time) VALUES(4,'网站设计与 Web 应用开发技术(第三版)','2020-04-01','清华大学出版社','9787302549246',76,'C3','2023-03-02 14:38:10','2023-03-09 16:15:30');
```

SQL 语句 5：插入《数据库原理与应用实验教程（第 3 版）》图书数据。

```
INSERT INTO book(id,book_name,publish_date,publish_factory,book_isbn,book_price,book_area,enter_time,borrow_time) VALUES(5,'数据库原理与应用实验教程(第 3 版)','2020-03-01','清华大学出版社','9787302548034',29,'E1','2023-03-02 14:38:10','2023-03-10 17:07:30');
```

执行以上 5 条 SQL 语句后，对图书信息表（BOOK）进行数据检索，得到如图 4-2 所示的数据结果，与表 4-2 的图书数据清单一致。

id	book_name	publish_date	publish_factory	book_isbn	book_price	book_area	enter_time	borrow_time
1	UML系统建模基础教程（第3版）	2021-01-01	清华大学出版社	9787302560128	59	F3	2023-03-02 14:38:10	2023-03-05 11:45:30
2	基于SSM框架的互联网应用开发技术	2020-03-01	科学出版社	9787030698162	138	A2	2023-03-02 14:38:10	2023-03-06 13:35:30
3	Java程序设计基础教程	2022-07-01	电子工业出版社	9787121439391	69	D4	2023-03-02 14:38:10	2023-03-08 15:22:30
4	网站设计与Web应用开发技术（第三版）	2020-04-01	清华大学出版社	9787302549246	76	C3	2023-03-02 14:38:10	2023-03-09 16:15:30
5	数据库原理与应用实验教程（第3版）	2020-03-01	清华大学出版社	9787302548034	29	E1	2023-03-02 14:38:10	2023-03-10 17:07:30

图 4-2　图书信息表数据-初始图书

2）按表 4-3 所示的新购入图书数据清单，把相关业务数据插入到图书信息表中。

表 4-3　新购入图书数据清单

图书名称	ISBN	价格	出版社	出版日期	区域	入库时间	借出时间
信息系统分析与设计	9787305247095	58.00	南京大学出版社	—	—	—	—
软件工程（第 4 版）	9787115589798	59.80	人民邮电出版社	—	—	—	—
计算机应用基础（第 6 版）	9787040591798	59.00	高等教育出版社	—	—	—	—

表 4-3 的新购入图书数据清单中包含 3 种图书信息，可通过 3 条 SQL 插入语句实现，图书信息表（BOOK）表中对应的：出版日期、区域、入库时间、借出时间，在表 4-3 所示数据清单中均没有给出具体值，结合图书信息数据表（BOOK）实际情况，可以考虑在插入数据时不对以上字段进行赋值操作，让其以空值（NULL）或默认值的形式加入到数据行中。

SQL 语句 1：插入《信息系统分析与设计》图书数据。

```
INSERT INTO book(book_name,publish_factory,book_isbn,book_price) VALUES('信息系统分析与设计','南京大学出版社','9787305247095',58);
```

SQL 语句 2：插入《软件工程（第 4 版）》图书数据。

```
INSERT INTO book(book_name,publish_factory,book_isbn,book_price) VALUES('软件工程(第 4 版)','人民邮电出版社','9787115589798',59.8);
```

SQL 语句 3：插入《计算机应用基础（第 6 版）》图书数据。

```
INSERT INTO book(book_name,publish_factory,book_isbn,book_price) VALUES('计算机应用基础(第 6 版)','高等教育出版社','9787040591798',59);
```

执行以上 3 条 SQL 语句后，对图书信息表（BOOK）进行数据检索，得到如图 4-3 所示的数据结果。可以看到新增 3 种图书的主键标识（BOOK_ID）字段为：6、7、8，在 SQL 语句中并没有为该字段赋值，其值为数据表中通过自增机制实现赋值。同样出版日期（PUBLISH_DATE）字段，在 SQL 语句中没有为该字段赋值，是其通过数据表中该字段定义的默认值“2023-01-01”自动赋值。所在区域（BOOK_AREA）字段，在 SQL 语句中没有为该字段赋值，但该字段是允许存在空值（NULL）的，所以其值为 NULL；同理，借出时间（BORROW_TIME）字段最终值也为 NULL。入库时间（ENTER_TIME）字段，在 SQL 语句中同样没有为该字段赋值，但该字段默认值为系统当前时间，所以其统一取得操作时的系统时间“2023-07-28 21:58:37”。

id	book_name	publish_date	publish_factory	book_isbn	book_price	book_area	enter_time	borrow_time
1	UML系统建模基础教程（第3版）	2021-01-01	清华大学出版社	9787302560128	59	F3	2023-03-02 14:38:10	2023-03-05 11:45:30
2	基于SSM框架的互联网应用开发技术	2020-03-01	科学出版社	9787030698162	138	A2	2023-03-02 14:38:10	2023-03-06 13:35:30
3	Java程序设计基础教程	2022-07-01	电子工业出版社	9787121439391	69	D4	2023-03-02 14:38:10	2023-03-08 15:22:30
4	网站设计与Web应用开发技术（第三版）	2020-04-01	清华大学出版社	9787302549246	76	C3	2023-03-02 14:38:10	2023-03-09 16:15:30
5	数据库原理与应用实验教程（第3版）	2020-03-01	清华大学出版社	9787302548034	29	E1	2023-03-02 14:38:10	2023-03-10 17:07:30
6	信息系统分析与设计	2023-01-01	南京大学出版社	9787305247095	58	NULL	2023-07-28 21:58:35	NULL
7	软件工程（第4版）	2023-01-01	人民邮电出版社	9787115589798	59.8	NULL	2023-07-28 21:58:36	NULL
8	计算机应用基础（第6版）	2023-01-01	高等教育出版社	9787040591798	59	NULL	2023-07-28 21:58:37	NULL

图 4-3　图书信息表数据-新购入图书

4.2 数据更新操作

数据更新操作是把数据库应用管理系统内部的信息数据按照最新业务需求及数据变动情况，通过 SQL 语句实时更新数据表中的相关数据。数据更新操作同样是 SQL 语句四种基本操作类型之一，属于 SQL 操作中的写操作类型，数据更新操作会影响、改变数据库环境中的数据信息。

4.2.1 数据更新语法

SQL 语句的数据更新操作要使用关键字“UPDATE”和“SET”，可以修改数据表中一行或若干行数据，也可以修改数据表中所有数据项，还可以只修改数据表中的部分数据项，未修改的数据项将保持原来的数值。

4.2.1　数据更新语法

更新语句语法格式：

```
UPDATE 数据表 SET 字段 1 = 新值 1,字段 2 = 新值 2,…,字段 n=新值 n WHERE 更新条件从句
```

关键字“UPDATE”后面为所要更新的关系数据表，关键字“SET”后面为需要更新的数据项及新赋予的数据值，格式为 KEY=VALUE 形式，每个更新数据项键值对之间用英文状态下的逗号隔开。SQL 语句的最后通过关键字“WHERE”设置更新操作的数据条件，如不设置更新条件，将对整张数据表的所有数据执行更新操作。

以下 SQL 语句表示从学生表（STUDENT）中，修改学号为“2000004239”的学生（SN='2000004239'）的相关数据信息，把专业更新为“应用电子技术”（STUDENT_MAJOR='应用电子技术'），把已修学分更新为 80（LEARN_SCORE=80），把入学年份更新为 2023（ENTER_YEAR=2023）。

```
UPDATE STUDENT SET STUDENT_MAJOR='应用电子技术',
LEARN_SCORE=80,ENTER_YEAR=2023 WHERE SN='2000004239';
```

4.2.2 案例：在图书信息模块更新数据

数据更新操作同为写操作，是对数据表中已经存在的数据作数据变更、修改。更新操作需要使用 SQL 语句的“UPDATE”关键字来实现，在日常运维中，更新操作是一种常见的数据操作行为。

1. 功能需求描述

在校园信息系统中有一个图书模块，该模块中有一张图书信息表，表中存储了图书的基础数据信息：书名、出版日期、出版社、ISBN 号等，以及基础业务信息：入库时间、借出时间等，现需要通过 SQL 语句手动操作数据表中的相关数据。

1）图书信息表结构（BOOK）参见 4.1.2 节的表 4-1。

2）数据库表环境的构建及业务数据初始化过程参见 4.1.2 节的数据库实施 SQL 脚本。

3）数据库环境中经过数据插入操作后的图书信息表（BOOK）参见 4.1.2 节的图 4-3。

2. 功能操作实现

1）按表 4-4 所示的图书数据更新清单，把相关图书的数据从图书信息表中修改过来。

表 4-4 图书数据更新清单

图书名称	ISBN	价格	出版社	出版日期	区域	入库时间	借出时间
信息系统分析与设计	9787305247095	58.00	南京大学出版社	2021-09-01	A3	2023-01-05 15:38:10	2023-02-02 16:18:00
软件工程（第 4 版）	9787115589798	59.80	人民邮电出版社	2023-01-01	B1	2023-01-09 08:18:10	2023-02-10 15:30:10
计算机应用基础（第 6 版）	9787040591798	59.00	高等教育出版社	2023-07-01	E3	2023-01-12 17:30:20	2023-02-12 10:38:30

表 4-4 为原新购入图书数据清单中缺失的“出版日期”“区域”“入库时间”和“借出时间”4 项的补充数据，现考虑通过 3 条 SQL 更新语句把原缺失信息补充完整。

SQL 语句 1：补充《信息系统分析与设计》图书数据。

```
UPDATE book SET publish_date='2021-09-01',book_area='A3',enter_time='2023-01-05 15:38:10',
borrow_time='2023-02-02 16:18:00' WHERE book_isbn='9787305247095';
```

SQL 语句 2：补充《软件工程（第 4 版）》图书数据。

```
UPDATE book SET publish_date='2023-01-01',book_area='B1',enter_time='2023-01-09 08:18:10',
borrow_time='2023-02-10 15:30:10' WHERE book_isbn='9787115589798';
```

SQL 语句 3：补充《计算机应用基础（第 6 版）》图书数据。

```
UPDATE book SET publish_date='2023-07-01',book_area='E3',enter_time='2023-01-12 17:30:20',
borrow_time='2023-02-12 10:38:30' WHERE book_isbn='9787040591798';
```

执行以上 3 条 SQL 语句后，对图书信息表（BOOK）进行数据检索，得到如图 4-4 所示的数据结果。可以看到最后 3 条数据信息中，出版日期（PUBLISH_DATE）、区域（BOOK_AREA）、入库时间（ENTER_TIME）、借出时间（BORROW_TIME）四项的数据均已按表 4-4 的数据补充完整。

2）把图书信息表中主键标识为（1，2，3，4，5）的图书的价格全部减少 5 元。

修改主键标识为（1，2，3，4，5）的图书信息的价格统一减少 5 元，无须分别对每条数据进行单独修改，直接通过数据项自减的方式来更新即可。

id	book_name	publish_date	publish_factory	book_isbn	book_price	book_area	enter_time	borrow_time
1	UML系统建模基础教程（第3版）	2021-01-01	清华大学出版社	9787302560128	59	F3	2023-03-02 14:38:10	2023-03-05 11:45:30
2	基于SSM框架的互联网应用开发技术	2020-03-01	科学出版社	9787030698162	138	A2	2023-03-02 14:38:10	2023-03-06 13:35:30
3	Java程序设计基础教程	2022-07-01	电子工业出版社	9787121439391	69	D4	2023-03-02 14:38:10	2023-03-08 15:22:30
4	网站设计与Web应用开发技术（第三版）	2020-04-01	清华大学出版社	9787302549246	76	C3	2023-03-02 14:38:10	2023-03-09 16:15:30
5	数据库原理与应用实验教程（第3版）	2020-03-01	清华大学出版社	9787302548034	29	E1	2023-03-02 14:38:10	2023-03-10 17:07:30
6	信息系统分析与设计	2021-09-01	南京大学出版社	9787305247095	58	A3	2023-01-05 15:38:10	2023-02-02 16:18:00
7	软件工程（第4版）	2023-01-01	人民邮电出版社	9787115589798	59.8	B1	2023-01-09 08:18:10	2023-02-10 15:30:10
8	计算机应用基础（第6版）	2023-07-01	高等教育出版社	9787040591798	59	E3	2023-01-12 17:30:20	2023-02-12 10:38:30

图 4-4　图书信息表数据-补充信息

SQL 语句：

```
UPDATE book SET book_price=book_price-5 WHERE id in (1,2,3,4,5);
```

执行以上 SQL 语句后，对图书信息表（book）进行数据检索，得到如图 4-5 所示的数据结果。可以看到主键标识为（1，2，3，4，5）的前面 5 部图书已经从原价格（59，138，69，76，29）更新为（54，133，64，71，24），整体减价 5 元。

id	book_name	publish_date	publish_factory	book_isbn	book_price	book_area	enter_time	borrow_time
1	UML系统建模基础教程（第3版）	2021-01-01	清华大学出版社	9787302560128	54	F3	2023-03-02 14:38:10	2023-03-05 11:45:30
2	基于SSM框架的互联网应用开发技术	2020-03-01	科学出版社	9787030698162	133	A2	2023-03-02 14:38:10	2023-03-06 13:35:30
3	Java程序设计基础教程	2022-07-01	电子工业出版社	9787121439391	64	D4	2023-03-02 14:38:10	2023-03-08 15:22:30
4	网站设计与Web应用开发技术（第三版）	2020-04-01	清华大学出版社	9787302549246	71	C3	2023-03-02 14:38:10	2023-03-09 16:15:30
5	数据库原理与应用实验教程（第3版）	2020-03-01	清华大学出版社	9787302548034	24	E1	2023-03-02 14:38:10	2023-03-10 17:07:30
6	信息系统分析与设计	2021-09-01	南京大学出版社	9787305247095	58	A3	2023-01-05 15:38:10	2023-02-02 16:18:00
7	软件工程（第4版）	2023-01-01	人民邮电出版社	9787115589798	59.8	B1	2023-01-09 08:18:10	2023-02-10 15:30:10
8	计算机应用基础（第6版）	2023-07-01	高等教育出版社	9787040591798	59	E3	2023-01-12 17:30:20	2023-02-12 10:38:30

图 4-5　图书信息表数据-更新价格

4.3 数据删除操作

数据删除操作是把数据库应用管理系统内部的信息数据按照实际业务需求，通过 SQL 语句实时删除数据表中的相关数据。数据删除操作也是 SQL 语句四种基本操作类型之一，属于 SQL 操作中的写操作类型，数据删除操作会影响、改变数据库环境中的数据信息。

4.3.1 数据删除语法

SQL 语句的数据删除操作要使用关键字“DELETE”或“TRUNCATE”，删除操作可以删除数据表中一行或若干行数据，甚至可以删除整个数据表数据。SQL 语句中“DELETE”与“TRUNCATE”是两种不同的数据删除操作方式，“DELETE”是数据操作语言（DML）中的数据删除方式，“TRUNCATE”是数据定义语言（DDL）中的数据删除方式，两种方式有非常大的区别。

4.3.1　数据删除语法

（1）DELETE 删除方式

DELETE 删除方式是一种最常见、最普通的数据删除方式，也是一种最灵活的数据删除方式，所以应用最为广泛。但 DELETE 删除方式也存在不足的地方，如执行效率较低，删除操作执行后会产生碎片，数据删除后不会回收数据表空间。尽管如此，DELETE 删除方式能够适应各种复杂场景下的数据操作需求，是一种极其灵活、高级的数据删除方式。

DELETE 语句语法格式：

```
DELETE FROM 数据表 WHERE 数据删除条件
```

关键字“DELETE”“FROM”后面为所要删除的关系数据表，关键字“WHERE”后面为设置删除操作的数据条件，即设置哪些数据将被操作删除。特别注意，如不设置数据删除条件，将删除整张数据表的所有数据。

以下 SQL 语句 1 与 SQL 语句 2 都表示从用户订单表（USER_ORDER）删除数据，其中 SQL 语句 1 设置了数据删除条件，只删除订单标识（ORDER_ID）为（'T203265','T203266','T203267'）的 3 行数据，而 SQL 语句 2 没有设置任何数据删除条件，该 SQL 语句执行后将删除整张数据表的全部数据。

SQL 语句 1：

```
DELETE FROM USER_ORDER WHERE ORDER_ID IN ('T203265','T203266','T203267');
```

SQL 语句 2：

```
DELETE FROM USER_ORDER;
```

（2）TRUNCATE 删除方式

TRUNCATE 相比于 DELETE 删除方式，更加简单高效，特别是在表数据很大的情况下，TRUNCATE 方式删除数据的速度非常快。TRUNCATE 操作会对整张数据表进行重置，相当于把原来的数据表销毁，再重建表结构，因而 TRUNCATE 操作会删除整张表中全部数据，不能部分删除，而且删除操作是不可逆的，无法进行事务的回滚操作。

TRUNCATE 语句语法格式：

```
TRUNCATE TABLE 数据表
```

关键字“TRUNCATE”“TABLE”后面直接跟所要删除的关系数据表，除此之外 SQL 语句中没有其他多余的从句，非常简单，但灵活性也非常低下，只能适应清空数据表的场景。

以下 SQL 语句表示从用户订单表（USER_ORDER）中删除全部数据，相当于重置整张用户订单表（USER_ORDER），之前该表所有的数据记录痕迹将被抹除。

SQL 语句：

```
TRUNCATE TABLE USER_ORDER;
```

4.3.2 案例：在图书信息模块删除数据

数据删除操作是一种写操作，是对数据表中已经存在的数据作删除、清理操作。删除操作需要使用 SQL 语句的“DELETE”关键字来实现，在日常运维中，删除操作与插入操作、更新操作相并列，也是一种基本的数据操作行为。

1. 功能需求描述

在校园信息系统中有一个图书模块，该模块中有一张图书信息数据表，表中存储了图书的基础数据信息：书名、出版日期、出版社、ISBN 等，以及基础业务信息：入库时间、借出时间等，现需要通过 SQL 语句手动操作数据表中的相关数据。

1）图书信息表（BOOK）结构参见 4.1.2 节的表 4-1。

2）数据库表环境的构建及业务数据初始化过程参见 4.1.2 节的数据库实施 SQL 脚本。

3）数据库环境中经过数据插入、更新操作后的图书信息表（BOOK）参见 4.2.2 节的图 4-5。

2. 功能操作实现

1）请删除 ISBN 号为“9787305247095”、“9787115589798”、“9787040591798”的 3 种图书记录信息。

部分删除数据表中的数据考虑使用 DELETE 删除方式，在 SQL 语句中设置好数据删除条件即可一次完成数据删除操作。

SQL 语句：

```
DELETE FROM book WHERE book_isbn IN
('9787305247095','9787115589798','9787040591798');
```

执行以上 SQL 删除语句后，对图书信息表（BOOK）进行数据检索，得到如图 4-6 所示的数据结果。可以看到原来主键标识为 6、7、8，对应 ISBN 为“9787305247095”“9787115589798”“9787040591798”的 3 条图书记录数据已经被删除。

id	book_name	publish_date	publish_factory	book_isbn	book_price	book_area	enter_time	borrow_time
1	UML系统建模基础教程（第3版）	2021-01-01	清华大学出版社	9787302560128	54	F3	2023-03-02 14:38:10	2023-03-05 11:45:30
2	基于SSM框架的互联网应用开发技术	2020-03-01	科学出版社	9787030698162	133	A2	2023-03-02 14:38:10	2023-03-06 13:35:30
3	Java程序设计基础教程	2022-07-01	电子工业出版社	9787121439391	64	D4	2023-03-02 14:38:10	2023-03-08 15:22:30
4	网站设计与Web应用开发技术（第三版）	2020-04-01	清华大学出版社	9787302549246	71	C3	2023-03-02 14:38:10	2023-03-09 16:15:30
5	数据库原理与应用实验教程（第3版）	2020-03-01	清华大学出版社	9787302548034	24	E1	2023-03-02 14:38:10	2023-03-10 17:07:30

图 4-6　图书信息表数据-部分删除数据

2）以最快速度清空整张图书信息表的所有数据。

清空整张数据表的数据既可通过 DELETE 方式也可以使用 TRUNCATE 方式实现，但要求以最快的速度清空整张数据表只能选择通过 TRUNCATE 操作方式。

SQL 语句：

```
TRUNCATE TABLE book;
```

执行以上 SQL 删除语句后，重新对图书信息表（BOOK）进行数据检索，得到如图 4-7 所示的数据结果。可以看到整张数据表已经被清空，所有使用痕迹都被抹除，只保留了数据表结构，相当于重建了图书信息表（BOOK）。

id	book_name	publish_date	publish_factory	book_isbn	book_price	book_area	enter_time	borrow_time

图 4-7　图书信息表数据-清空数据表

拓展阅读　从数据库到数据仓库

数据处理大致分为两类：一类是操作型处理，也称为联机事务处理，它是针对具体业务在数据库联机的日常操作，通常对少数记录进行查询、修改，该类即为传统数据库的应用；另一类是分析型处理，一般针对某些主题的历史数据进行分析，支持管理决策，此类即为数据仓库的应用。

两类的数据处理行为具有不同的特征，传统数据库的日常业务涉及频繁、简单的数据存取，对操作处理的性能要求是极高的，需要数据库能够在很短时间内做出反应。而数据仓库涉及的数据极为分散，主要为信息分析检索，对请求的实时性要求较低，允许延迟响应，但对数据的准确度有较高的要求。

传统的数据库操作型处理主要由原子事务组成，数据更新频繁，需要并行控制和恢复机制。数据仓库则是不可更新的，数据仓库主要是为决策分析提供数据，所涉及的操作主要是数据的查询。

数据仓库是在数据库已经大量存在的情况下，为了进一步挖掘数据资源、为了决策需要而产生的，它并不是所谓的“大型数据库”。数据仓库中的数据是在对原有分散的数据库数据抽取、清理的基础上经过系统加工、汇总和整理得到的，必须消除源数据中的不一致性，以保证数据仓库内的信息是一致的全局信息。

数据仓库中的数据通常包含历史信息，系统记录了从过去某一时点到当前的各个阶段的信息，通过这些信息，可以对发展历程和未来趋势做出定量分析和预测。数据仓库是随时间而变化的，传统的关系数据库系统比较适合处理格式化的数据，能够较好地满足商业商务处理的需求，而数据仓库的数据以只读格式保存，且不随时间改变。

数据仓库以前端查询和分析作为基础，由于有较大的数据冗余，所以需要的存储空间也较大。数据仓库往往有如下几个特点。

（1）效率足够高

数据仓库的分析数据一般分为日、周、月、季、年等，可以看出，以日为周期的数据要求的效率最高，用户能看到 24 小时内的数据分析。

（2）数据准确

数据仓库所提供的各种信息必须是准确的数据。由于数据仓库流程通常分为多个步骤，包括数据清洗、装载、查询、展现等，复杂的架构会有更多层次，由于数据源有脏数据或者代码不严谨，都可以导致数据失真，用户看到错误的信息可能导致错误的决策，造成损失，是要极力避免的。

（3）扩展性好

大型数据仓库系统架构设计之所以复杂，是因为考虑到了未来 3~5 年的扩展性。扩展性主要体现在数据建模的合理性，数据仓库方案中多出一些中间层，使海量数据流有足够的缓冲，不至于数据量大很多，就不能运行。

（资料来源：https://baike.baidu.com/item/数据仓库/381916？fr=ge_ala，有改动）

练习题

一、选择题

1. SQL 写操作包含以下（　　　　）操作类型。[多选]

A. 查询检索操作（SELECT）　　B. 插入数据操作（INSERT）

C. 更新数据操作（UPDATE）　　D. 删除数据操作（DELETE）

2. 关于 SQL 语句的插入数据操作，以下说法正确的是（　　　　）。[多选]

A. 数据插入操作要使用关键字“INSERT”“INTO”“VALUES”

B. 可以往数据表中插入一行或若干行数据，可以对数据表中所有字段插入数据，也可以只对数据表中的部分字段插入数据，未插入数据字段的相应值置为空

C. 关键字“VALUES”后的数据值项与关键字“INSERT”后面数据表字段必须一一对应，如无法对应则会出现 SQL 语法错误

D. 关键字“INSERT”与“INTO”后面若没有列出相关字段，表示需要对全表的所有字段进行赋值，在“VALUES”关键字后需要列出数据表中的每一个字段值

3. 关于 SQL 语句的更新数据操作，以下说法正确的是（　　　　）。[多选]

A. 数据更新操作要使用关键字“UPDATE”“SET”

B. 数据更新操作可以修改数据表中一行或若干行数据，可以修改数据表中所有数据项，也可以只修改数据表中的部分数据项，未修改的数据项将保持原来的数值

C. 关键字“UPDATE”后面为所要更新的关系数据表，关键字“SET”后面为需要更新的数据项及新赋予的数据值

D. 数据更新操作中，如不设置更新条件，将对整张数据表的所有数据执行更新操作

4. 关于 SQL 语句的删除数据操作，以下说法正确的是（　　　　）。[多选]

A. 数据删除操作要使用关键字“DELETE”或“TRUNCATE”

B. 删除操作可以删除数据表中一行或若干行数据，甚至可以删除整个数据表的数据

C. DELETE 方式是数据操作语言（DML）中的数据删除方式

D. TRUNCATE 方式是数据定义语言（DDL）中的数据删除方式

5. 关于 DELETE 数据删除方式，以下说法正确的是（　　　　）。[多选]

A. DELETE 删除方式不支持设置数据条件，不能只删除部分数据

B. DELETE 删除方式执行效率较低

C. DELETE 删除方式会产生磁盘碎片

D. DELETE 删除方式不会回收数据表空间

6. 关于 TRUNCATE 数据删除方式，以下说法正确的是（　　　　）。[多选]

A. TRUNCATE 删除操作在数据表的数据量很大的情况下，速度非常快

B. TRUNCATE 删除操作会对整张数据表进行重置，相当于把原来的数据表销毁，再重建表结构

C. TRUNCATE 删除操作可以设置数据条件，只删除部分数据

D. TRUNCATE 删除操作是不可逆的，无法进行事务的回滚操作

7. 假如存在 STUDENT 数据表，并且以下各 SQL 语句中的数据项类型与数据相匹配，现在要插入一条数据，以下 SQL 语句正确的是（　　　　）。[单选]

A. INSERT STUDENT(SN,STUDENT_NAME,STUDENT_MAJOR,STUDENT_CLASS,ENTER_YEAR)VALUES('20000123','张小明','信息技术',3,2022);

B. INSERT INTO STUDENT(SN,STUDENT_NAME,STUDENT_MAJOR,STUDENT_CLASS,ENTER_YEAR)VALUES('20000123','张小明','信息技术',3,2022);

C. INSERT INTO STUDENT(SN,STUDENT_NAME)VALUES('20000123','张小明','信息技术',3,2022);

D. INTO STUDENT(SN,STUDENT_NAME,STUDENT_MAJOR,STUDENT_CLASS,ENTER_

YEAR) VALUES('20000123','张小明','信息技术',3,2022);

8. 假如存在 STUDENT 数据表，并且以下各 SQL 语句中的数据项类型与数据相匹配，现需要把 STUDENT 数据表中 SN 字段为“2000004239”的记录的 STUDENT_MAJOR、LEARN_SCORE、ENTER_YEAR 三个字段分别更新为“应用电子技术”、80、2023，以下 SQL 语句正确的是（　　）。[单选]

A. UPDATE STUDENT SET STUDENT_MAJOR='应用电子技术',LEARN_SCORE=80, ENTER_YEAR=2023;

B. UPDATE STUDENT SET STUDENT_MAJOR='应用电子技术',LEARN_SCORE=80, ENTER_YEAR=2023 WHERE SN='2000004239';

C. UPDATE STUDENT STUDENT_MAJOR='应用电子技术',LEARN_SCORE=80,ENTER_YEAR=2023 WHERE SN='2000004239';

D. UPDATE STUDENT SET STUDENT_MAJOR='应用电子技术' WHERE SN='2000004239';

9. 假如存在 USER_ORDER 数据表，并且以下各 SQL 语句中的数据项类型与数据相匹配，以下 SQL 语句能够准确删除 USER_ORDER 表中 ORDER_ID 字段值为“T203265”“T203266”“T203267”数据记录的是（　　）。[多选]

A. DELETE FROM USER_ORDER;

B. DELETE FROM USER_ORDER WHERE ORDER_ID='T203265' OR ORDER_ID='T203266' OR ORDER_ID='T203267';

C. DELETE FROM USER_ORDER WHERE ORDER_ID='T203265' AND ORDER_ID='T203266' AND ORDER_ID='T203267';

D. DELETE FROM USER_ORDER WHERE ORDER_ID IN ('T203265','T203266','T203267');

10. 假如存在 SHOP 数据表，并且以下各 SQL 语句中的数据项类型与数据相匹配，现要为字段 PRICE 小于 50 的所有数据的 PRICE 值在原来基础上增加 10，以下 SQL 语句正确的是（　　）。[单选]

A. UPDATE SHOP SET PRICE=10;

B. UPDATE SHOP SET PRICE=10 WHERE PRICE<50;

C. UPDATE SHOP SET PRICE=PRICE+10;

D. UPDATE SHOP SET PRICE=PRICE+10 WHERE PRICE<50;

二、操作题

1. 在 4.1.2 节的图 4-2 图书信息表中，使用 SQL 语句在命令行客户端插入 5 条图书信息记录。

2. 在 4.1.2 节的图 4-2 图书信息表中，更新所有记录的入库时间（ENTER_TIME）字段为当前系统时间。

3. 在 4.1.2 节的图 4-2 图书信息表中，删除《Java 程序设计基础教程》与《UML 系统建模基础教程（第 3 版）》两种图书的数据信息。

第 5 章 视图与索引

本章目标：

知识目标	能力目标	素质目标
① 认识视图 ② 了解数据表索引的概念 ③ 理解索引的实现原理 ④ 掌握视图的创建语法 ⑤ 掌握索引的创建语法 ⑥ 掌握使用索引提升检索速度	① 能够为数据表创建视图 ② 能够针对业务创建特定视图 ③ 能够修改或删除数据表中的视图 ④ 能够为数据表创建单列及混合索引 ⑤ 能够删除数据表中的索引 ⑥ 能够使用索引提升数据查询检索速度	① 具有良好的技能知识拓展能力 ② 具有良好的刻苦钻研求知精神 ③ 具有专业的程序分析与设计、编码能力 ④ 养成严谨求实、专注执着的职业态度 ⑤ 养成敬业爱岗、无私奉献的职业精神

5.1 视图

关系数据库的真实数据都存储在关系数据表中，关系数据表反映的是现实世界的实体关系，但是为所有实体关系创建数据表是不现实也是不可行的，视图就是为解决这一问题而提出的，利用更灵活的策略来反映实体关系，对已经存在的数据通过一定的运算规则获得新的数据集合。视图以物理数据为基础，使得数据库用户可以更加灵活地自定义数据集合，同时为数据安全性提供了一种控制策略。

5.1.1 认识视图

视图是原始数据库中数据的一种变换，是查看数据表中数据的另外一种方式。视图虽然看上去非常像数据库的物理表，但实际上在数据库的数据字典中仅存放了视图的定义，不存放视图对应的数据。一般来说视图提供查询、检索操作，即支持读操作，有特殊权限的视图还可以进行写操作。

5.1.1 认识视图

视图的内容由 SQL 查询语句定义，视图包含一系列带有名称的列和行数据，视图的行和列数据来自视图的查询所引用的基表，并且在检索视图时动态生成。数据视图的主要功能是引用表单数据，进行二次数据处理，如拼接、合并、筛选、汇总、计算、排序等操作，并最终生成一份虚拟数据。

（1） 视图可以简化数据操作

视图不仅可以简化用户对数据的理解，也可以简化对数据的操作。经常使用的查询可以定义为视图，从而使得用户不必为以后的操作每次指定全部的条件。

（2）视图可以提高数据的安全性

通过视图，用户只能查询和修改他们所能见到的数据。数据库中的其他数据则既看不见也取不到。数据库授权命令可以使每个用户对数据库的检索限制到特定的数据库对象上，但不能授权到数据库特定行和特定的列上。通过视图，用户可以被限制在数据的不同子集上。

（3）视图可增强数据的逻辑独立性

视图可以使应用程序和数据库表在一定程度上独立。如果没有视图，应用一定是建立在表上的。有了视图之后，程序可以建立在视图之上，从而使程序与数据库表被视图分割开来。

（4）视图可以为用户提供不同视觉窗口

视图就像一个窗口，从中只能看到允许查询的数据列，视图机制能使不同的用户以不同的方式使用同一数据，当许多不同种类的用户共享同一个数据库时，视图机制就非常必要。

5.1.2 视图管理

视图可以从一个或多个实际数据表中获得，用于产生视图的数据表叫作该视图的基表。如图 5-1 所示，视图 US_View 由数据表 User 与 Sale 共同构建，US_View 视图中的数据由 User 与 Sale 两数据表通过连接来提供。

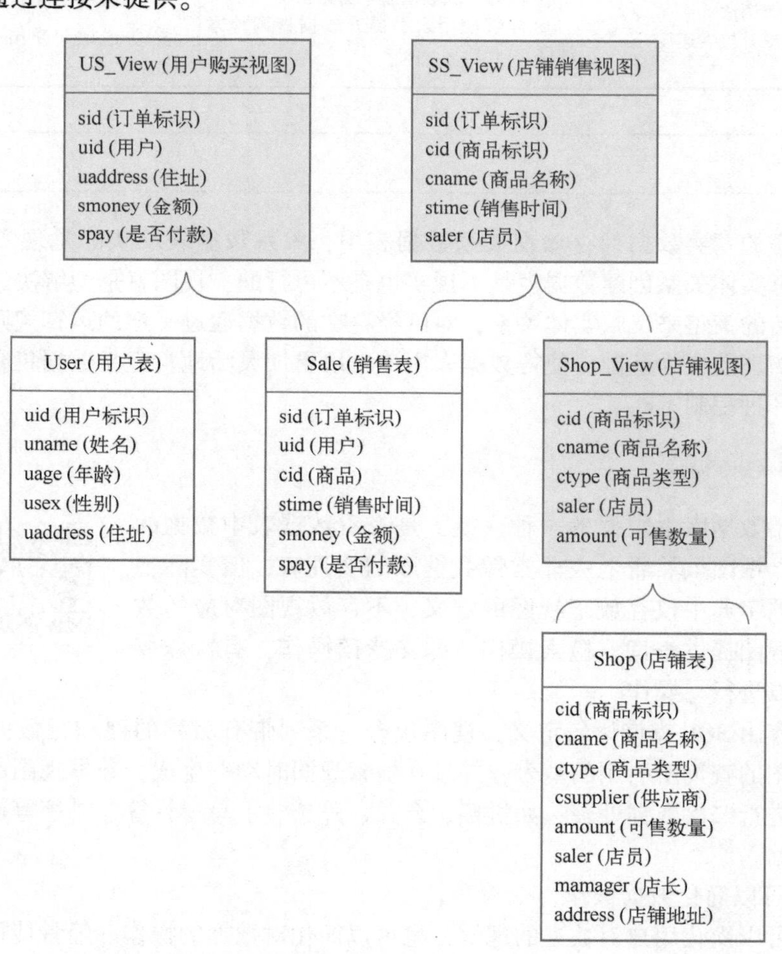

图 5-1 视图构建

除此之外，视图可以从其他视图产生，也可以从视图与数据表共同产生。在图5-1中，SS_View视图由数据表Sale与视图Shop_View共同构建，其中，Shop_View视图从数据表Shop中产生，SS_View中的数据由数据表Sale与视图Shop_View通过连接提供。

（1）视图创建

视图的创建类似数据表的创建，需要先指定视图数据列，然后再指定视图的数据集来源。视图的数据集来源通过SQL语句检索得到，检索的顺序与视图列的定义顺序相对应。一般来说，视图的列有很明确的指向性，专门针对特定的业务项而指定。

视图创建语法：

```
CREATE VIEW 视图名（列名1,列名2,列名3,…）AS 子查询
```

用法示例：

```
CREATE VIEW first_view(aa,bb,cc) AS SELECT a,b,c FROM abc
```

从视图创建语句中可以看出，视图创建语法有如下几大特征：

- CREATE VIEW为创建视图的关键字，与创建数据表的语句非常类似。
- CREATE VIEW后面为视图的名称，视图名称在同一库节点内必须唯一。
- 视图名称后面为视图的列，可根据实际灵活定义，需用小括号括起来。
- 列名后面跟关键字AS，与数据表中定义别名的关键字相同。
- AS关键字后面为数据的检索子查询，即视图的数据来源。

（2）视图数据检索

视图中数据集的检索语法与数据表的查询检索语法极为类似，通过SELECT关键字来实现。可以在SELECT子句中逐项列出所要检索的视图数据列，也可以通过通配符的方式，使用星号“*”来通配所有的数据列。

视图数据检索语法：

```
SELECT 列名1,列名2,列名3  FROM  视图名
```

用法示例：

```
SELECT aa,bb,cc  FROM  first_view
SELECT * FROM first_view
```

（3）视图删除

视图创建好后也可以将其删除，操作过程与删除数据表结构类似，使用关键字DROP来实现。删除视图本质上只是把创建视图的SQL语句删除，视图被删除后不影响数据库环境中任何数据的存在与数据组织。

视图删除语法：

```
DROP VIEW 视图名
```

用法示例：

```
DROP VIEW first_view
```

（4）视图结构修改

视图创建好后可以修改视图的结构，修改视图结构本质上只是对视图的数据列进行增加或减少操作。视图数据列的类型在视图无法指定，其直接与数据集的来源相关，由关系数据表中的数据项决定。

视图结构修改语法：

```
ALTER VIEW 视图名 （列名1,列名2,列名3,…）AS 子查询
```

用法示例：

```
ALTER VIEW first_view(ee,ff,gg)  AS SELECT e,f,g FROM abc
```

5.1.3 案例：创建储户模块业务视图

视图本质上是一种虚表，是从其他数据表中检索出来的数据集，其作用是提供一种从用户视角来观察数据的方式，可以让复杂业务的数据检索变得更加简洁、高效。视图能在一定程度上提高数据表的安全性，同时让数据检索与业务需求更加紧密地结合在一起。

1. 功能需求描述

在一个银行信息系统的储户模块中有支行、储户两张数据表，为了满足模块中特定业务的数据检索需求，需从已有数据表的基础上开发若干的视图，请按相关要求完成相关视图的创建。

1）支行表中有支行 ID、支行名称、支行地址、支行经理、支行电话等字段，相关结构如表 5-1 所示。

表 5-1 支行表（BANK）字段结构

序号	字段逻辑名称	字段物理名称	数据类型	备注
1	支行 ID	BANK_ID	VARCHAR(45)	主键
2	支行名称	BANK_NAME	VARCHAR(45)	非空
3	支行地址	BANK_ADDRESS	VARCHAR(45)	非空
4	支行经理	BANK_LEADER	VARCHAR(45)	非空
5	支行电话	BANK_TELEPHONE	VARCHAR(45)	非空

2）储户表中有储户 ID、储户姓名、储户类型、储户账号、储户余额、支行 ID 等字段，相关结构如表 5-2 所示。

表 5-2 储户表（USER）字段结构

序号	字段逻辑名称	字段物理名称	数据类型	备注
1	储户 ID	USER_ID	VARCHAR(45)	主键
2	储户姓名	USER_NAME	VARCHAR(45)	非空
3	储户类型	USER_TYPE	VARCHAR(45)	非空
4	储户账号	USER_ACCOUNT	VARCHAR(45)	非空
5	储户余额	USER_AMOUNT	INT	非空
6	支行 ID	BANK_ID	VARCHAR(45)	非空

3）现在针对储户账户业务需要创建储户账户视图，该视图包含储户姓名、储户类型、储户账号、储户余额等字段，相关结构如表 5-3 所示。

表 5-3　储户账户视图（USER_ACCOUNT_VIEW）结构

序　号	字段逻辑名称	字段物理名称	字段别名	字段来源
1	储户姓名	USER_NAME	NAME	USER 数据表
2	储户类型	USER_TYPE	TYPE	USER 数据表
3	储户账号	USER_ACCOUNT	ACCOUNT	USER 数据表
4	储户余额	USER_AMOUNT	AMOUNT	USER 数据表

4）现在针对储户支行业务需要创建储户支行视图，该视图包含储户姓名、储户账号、储户余额、支行名称等字段，相关结构如表 5-4 所示。

表 5-4　储户支行视图（USER_BANK_VIEW）结构

序　号	字段逻辑名称	字段物理名称	字段别名	字段来源
1	储户姓名	USER_NAME	NAME	USER 数据表
2	储户账号	USER_ACCOUNT	ACCOUNT	USER 数据表
3	储户余额	USER_AMOUNT	AMOUNT	USER 数据表
4	支行名称	BANK_NAME	BANK	BANK 数据表
5	支行地址	BANK_ADDRESS	ADDRESS	BANK 数据表
6	支行电话	BANK_TELEPHONE	TELEPHONE	BANK 数据表

5）现在针对支行账户余额业务需要创建储户支行账户余额视图，该视图包含支行名称、储户姓名、储户余额、支行经理等字段，相关结构如表 5-5 所示。

表 5-5　储户支行账户余额视图（BANK_AMOUNT_VIEW）结构

序　号	字段逻辑名称	字段物理名称	字段别名	字段来源
1	支行名称	BANK	BANK	USER_BANK 视图
2	储户姓名	NAME	NAME	USER_BANK 视图
3	储户余额	AMOUNT	AMOUNT	USER_BANK 视图
4	支行经理	BANK_LEADER	LEADER	BANK 数据表

2. 功能操作实现

1）通过以下 SQL 脚本语句，在数据库环境中创建“VIEW_DB”库节点，并在库节点内创建“BANK”“USER”数据表，并对表若干业务初始数据赋值。

```
CREATE DATABASE IF NOT EXISTS view_db;
USE view_db;
DROP TABLE IF EXISTS bank;
CREATE TABLE bank (
  bank_id varchar(45) NOT NULL,
  bank_name varchar(45) NOT NULL,
  bank_address varchar(45) NOT NULL,
  bank_leader varchar(45) NOT NULL,
```

```
    bank_telephone varchar(45) NOT NULL,
    PRIMARY KEY (bank_id)
  );
  INSERT INTO bank (bank_id,bank_name,bank_address,bank_leader,bank_telephone) VALUES
   ('C1001','中山支行','中山大道 18 号','陈丽花','32578968'),
   ('C1002','茶山支行','茶山路 32 号','徐春霞','32578479'),
   ('C1003','开发支行','开发大道 25 号','罗阳浩','32578031'),
   ('C1004','大兴支行','大兴路 45 号','张路辉','32578680'),
   ('C1005','天府支行','天府路 56 号','赖明军','32578001');
  DROP TABLE IF EXISTS user;
  CREATE TABLE user (
    user_id varchar(45) NOT NULL,
    user_name varchar(45) NOT NULL,
    user_type varchar(45) NOT NULL,
    user_account varchar(45) NOT NULL,
    user_amount int(10) unsigned NOT NULL,
    bank_id varchar(45) NOT NULL,
    PRIMARY KEY (user_id)
  );
  INSERT INTO user (user_id,user_name,user_type,user_account,user_amount,bank_id) VALUES
   ('U2001','刘朝军','普通储户','345677902356',6000,'C1001'),
   ('U2002','许智明','星级储户','345677902280',11000,'C1002'),
   ('U2003','郭小平','VIP 储户','345677902367',23000,'C1001'),
   ('U2004','何青秀','星级储户','345677902590',16000,'C1004'),
   ('U2005','张秀芳','VIP 储户','345677902179',25000,'C1003'),
   ('U2006','李少华','星级储户','345677902234',13000,'C1005'),
   ('U2007','谢长江','普通储户','345677902609',8000,'C1002'),
   ('U2008','练开明','VIP 储户','345677902379',20000,'C1001'),
   ('U2009','谭步青','星级储户','345677902205',10000,'C1004'),
   ('U2010','卢佳华','VIP 储户','345677902331',30000,'C1003');
```

数据库环境构建完毕，将创建出支行表和储户表，执行相关 SQL 检索语句，可检索出两张数据表，分别如图 5-2 和图 5-3 所示。

bank_id	bank_name	bank_address	bank_leader	bank_telephone
C1001	中山支行	中山大道18号	陈丽花	32578968
C1002	茶山支行	茶山路32号	徐春霞	32578479
C1003	开发支行	开发大道25号	罗阳浩	32578031
C1004	大兴支行	大兴路45号	张路辉	32578680
C1005	天府支行	天府路56号	赖明军	32578001

图 5-2　支行表

2）储户账户视图（USER_ACCOUNT_VIEW）为单表视图，该视图的所有字段均来源于储户表（USER），根据需求分析中相关视图设计，该视图的数据集从储户数据表直接检索。

user_id	user_name	user_type	user_account	user_amount	bank_id
U2001	刘朝军	普通储户	345677902356	6000	C1001
U2002	许智明	星级储户	345677902280	11000	C1002
U2003	郭小平	VIP储户	345677902367	23000	C1001
U2004	何青秀	星级储户	345677902590	16000	C1004
U2005	张秀芳	VIP储户	345677902179	25000	C1003
U2006	李少华	星级储户	345677902234	13000	C1005
U2007	谢长江	普通储户	345677902609	8000	C1002
U2008	练开明	VIP储户	345677902379	20000	C1001
U2009	谭步青	星级储户	345677902205	10000	C1004
U2010	卢佳华	VIP储户	345677902331	30000	C1003

图 5-3 储户表

储户账户视图（USER_ACCOUNT_VIEW）创建语句：

```
CREATE VIEW user_account_view(name,type,account,amount)
AS SELECT user_name,user_type,user_account,user_amount FROM user;
```

视图创建完毕后，直接执行相关检索语句，可检索到 USER_ACCOUNT_VIEW 视图的相关数据，如图 5-4 所示。

name	type	account	amount
刘朝军	普通储户	345677902356	6000
许智明	星级储户	345677902280	11000
郭小平	VIP储户	345677902367	23000
何青秀	星级储户	345677902590	16000
张秀芳	VIP储户	345677902179	25000
李少华	星级储户	345677902234	13000
谢长江	普通储户	345677902609	8000
练开明	VIP储户	345677902379	20000
谭步青	星级储户	345677902205	10000
卢佳华	VIP储户	345677902331	30000

图 5-4 储户账户视图

储户账户视图检索语句：

```
SELECT name,type,account,amount FROM user_account_view;
```

3）储户支行视图（USER_BANK_VIEW）为双表视图，即该视图的数据集需要通过双表的连接操作取得，该视图的字段均来源于储户（USER）、支行（BANK）两张数据表，根据需求分析相关视图设计，创建出相关的视图。

储户支行视图（USER_BANK_VIEW）创建语句：

```
CREATE VIEW user_bank_view(name,account,amount,bank,address,telephone)
AS SELECT user_name,user_account,user_amount,bank_name,bank_address,bank_telephone FROM user
u,bank b WHERE u.bank_id=b.bank_id;
```

视图创建完毕后，直接执行相关检索语句，可检索到 USER_BANK_VIEW 视图的相关数据，如图 5-5 所示。

name	account	amount	bank	address	telephone
刘朝军	345677902356	6000	中山支行	中山大道18号	32578968
郭小平	345677902367	23000	中山支行	中山大道18号	32578968
练开明	345677902379	20000	中山支行	中山大道18号	32578968
许智明	345677902280	11000	茶山支行	茶山路32号	32578479
谢长江	345677902609	8000	茶山支行	茶山路32号	32578479
张秀芳	345677902179	25000	开发支行	开发大道25号	32578031
卢佳华	345677902331	30000	开发支行	开发大道25号	32578031
何青秀	345677902590	16000	大兴支行	大兴路45号	32578680
谭步青	345677902205	10000	大兴支行	大兴路45号	32578680
李少华	345677902234	13000	天府支行	天府路56号	32578001

图 5-5　储户支行视图

储户支行视图检索语句：

```
SELECT name,account,amount,bank,address,telephone FROM user_bank_view;
```

4）储户支行账户余额视图（BANK_AMOUNT_VIEW）为数据表与视图相混合连接视图，该视图的数据集通过 USER_BANK 视图与 BANK 数据表的连接操作取得，根据需求分析相关视图设计，创建出相关的视图。

储户支行账户余额视图（BANK_AMOUNT_VIEW）创建语句：

```
CREATE VIEW bank_amount_view(bank,name,amount,leader)
AS SELECT bank,name,amount,bank_leader FROM bank b,user_bank_view v where b.bank_name=
v.bank;
```

视图创建完毕后，直接执行相关检索语句，可检索到 BANK_AMOUNT_VIEW 视图的相关数据，如图 5-6 所示。

bank	leader	name	amount
中山支行	陈丽花	练开明	20000
中山支行	陈丽花	刘朝军	6000
中山支行	陈丽花	郭小平	23000
大兴支行	张路辉	何青秀	16000
大兴支行	张路辉	谭步青	10000
天府支行	赖明军	李少华	13000
开发支行	罗阳浩	张秀芳	25000
开发支行	罗阳浩	卢佳华	30000
茶山支行	徐春霞	许智明	11000
茶山支行	徐春霞	谢长江	8000

图 5-6　储户支行账户余额视图

储户支行账户余额视图检索语句：

```
SELECT bank,leader,name,amount FROM bank_amount_view ORDER BY bank;
```

5.2 索引

索引是对数据库表中一列或多列的值进行排序的一种结构，使用索引可快速访问数据库表中的特定信息。索引的作用相当于图书的目录，可以根据目录中的页码快速找到所需的内容。当表中有大量记录时，若要对表进行查询，有两种方式可实现。第一种是全表搜索，并将所有记录一一取出，和查询条件进行一一对比，然后返回满足条件的记录，这种方式会消耗大量数据库系统时间，并造成大量磁盘 I/O 操作。第二种就是在表中建立索引，然后在索引中找到符合查询条件的索引值，最后通过保存在索引中的 ROWID 快速找到表中对应的记录。

5.2.1 认识索引

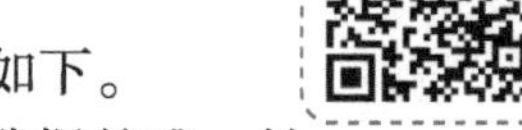

1. 索引的优缺点

（1）索引的优点

创建索引可以大大提高系统的性能，索引的优点具体如下。

- 通过创建唯一性索引，可以保证数据库表中每一行数据的唯一性。
- 可以大大加快数据的检索速度，这也是创建索引的最主要的目的。
- 可以加速表和表之间的连接，特别是在实现数据的参考完整性方面特别有意义。
- 在使用分组和排序子句进行数据检索时，可以显著减少查询中分组和排序的时间。
- 通过使用索引，可以在查询的过程中，使用优化隐藏器，提高系统的性能。

（2）索引的缺点

建立索引的目的是加快对表中记录查找或排序的速度，但是增加索引也有许多不利的方面，具体如下。

- 创建索引和维护索引要耗费时间，这种时间随着数据量的增加而增加。
- 索引需要占物理空间，除了数据表占数据空间之外，每一个索引还要占一定的物理空间，如果要建立聚簇索引，那么需要的空间就会更大。
- 当对表中的数据进行增加、删除和修改的时候，这些数据表上会重建相关索引，这样就降低了数据写操作的速度。

2. 索引常见问题

设计好数据库的索引可以大大地提高数据查询检索的响应效率，但设计索引的时候也应注意以下几个问题。

（1）过度索引问题

对于查询占主要的应用来说，索引显得尤为重要。很多时候很简单的性能问题，就是因为忘记添加索引而造成的。如果不加索引的话，那么查找任何一条特定的数据都会进行一次全表扫描，如果一张表的数据量很大而符合条件的结果又很少，那么不加索引会引起性能的急速下降。但是也不是所有场景下都要建索引，比如像性别这样的字段可能就只有两个值，建索引不仅没有优势，还会影响到更新速度，这被称为过度索引。

（2）含有 NULL 值的列上索引失效问题

只要列中包含有 NULL 值就不会加入到索引中，复合索引中只要有一列含有 NULL 值，那么这一列对于此复合索引就是无效的。所以我们在数据库设计时不要让字段的默认值为 NULL。

(3) 排序的索引问题

MySQL 数据库查询检索时只使用一个索引，因此 WHERE 子句中如果已经使用了索引的话，那么 ORDER BY 中的列就不会再使用索引。因此数据库默认排序符合要求的情况下，不要使用排序操作，尽量不要包含多个列的排序，如果需要最好给这些列创建复合索引。

3. 索引设计原则

索引的建立必须慎重，对每个索引的必要性都应该经过仔细分析，要有建立的依据，在数据表上建立索引有如下 7 大原则。

1) 表的主键、外键必须有索引。

2) 经常与其他表进行连接的表，在连接字段上应该建立索引。

3) 经常出现在 WHERE 子句中的字段，特别是大表的字段，应该建立索引。

4) 索引应创建在选择性高的字段上。

5) 索引应创建在小字段上，对于大的文本字段甚至超长字段，不要建索引。

6) 频繁进行写操作的数据表，不要建立太多的索引。

7) 删除无用的索引，避免对执行计划造成负面影响。

以上是一些普遍的建立索引时的判断依据，过多的索引以及不充分、不正确的索引对性能都毫无益处。在表上建立的每个索引都会增加存储开销，索引对于插入、删除、更新操作也会增加处理上的开销。

总的来说，小型表不需要建索引，对于大型表特别是记录数量达到上百万条，索引的效果就非常明显，一些特殊字段的数据库，比如 BLOB、CLOB 类型字段则不适合创建索引。

5.2.2 索引管理

(1) 创建单列索引

5.2.2 索引管理

语法格式：

```
ALTER TABLE + 表名 + ADD INDEX +  索引名 + (索引列)
```

下面语句表示为一个用户订单表（user_order）的 goods_id 字段添加名为 goods_id_index 的单列索引。

```
ALTER TABLE user_order ADD INDEX goods_id_index (goods_id);
```

(2) 创建混合索引

语法格式：

```
ALTER TABLE + 表名 + ADD INDEX + 索引名 + (列 1,列 2,列 3)
```

下面语句表示为一个用户订单表（user_order）的 price 和 order_time 字段添加名为 ordertime_price_index 的混合索引。

```
ALTER TABLE user_order ADD INDEX ordertime_price_index (price,
order_time);
```

（3）查询索引

语法格式：

```
SHOW INDEX FROM + 表名
```

下面语句表示查询用户订单表（user_order）上的相关索引信息。

```
SHOW INDEX FROM user_order;
```

（4）删除索引

语法格式：

方式一：

```
DROP INDEX + 索引名 + ON + 表名
```

方式二：

```
ALTER TABLE + 表名 + DROP INDEX + 索引名
```

以上两种命令格式均可删除相应表中的索引，在实际使用中选其中一种即可中。下面两条 SQL 语句的任何一条均可删除在用户订单表（user_order）上所创建的 ordertime_price_index 索引。

删除索引语句 1：

```
DROP INDEX ordertime_price_index ON myorder;
```

删除索引语句 2：

```
ALTER TABLE myorder DROP INDEX ordertime_price_index;
```

如果从表中删除某列，则该列上的单列索引也会被删除；对于多列混合的索引，如果删除其中的某列，则该列也会从索引中删除；如果删除组成索引的所有列，则整个索引将被删除。

5.2.3 案例：创建销售商品表索引

索引最主要的功能作用是加快查询检索的速度，但索引会占据比较大的存储空间，是一种以空间换时间的数据检索优化方式，索引的设计要根据实际场景需求，不能随意增加。

1. 功能需求描述

在一个商城销售系统的销售模块中有销售商品数据表，假设销售商品数据表的数据量非常大，需要对其进行数据检索优化，现考虑对销售时间字段创建单列索引，对销售商品与销售人员两个字段创建一个混合索引，请按相关要求完成相关操作。

1）销售商品表中有销售 ID、销售商品、销售金额、销售人员、销售时间、付款方式等字段，相关结构如表 5-6 所示。

表 5-6 销售商品表（SALE_GOODS）字段结构

序　号	字段逻辑名称	字段物理名称	数据类型	备　注
1	销售 ID	SALE_ID	INT	主键,自增
2	销售商品	SALE_GOODS	VARCHAR(45)	非空
3	销售金额	SALE_MONEY	FLOAT	非空
4	销售人员	SALER	VARCHAR(45)	非空
5	销售时间	SALE_TIME	DATETIME	非空
6	付款方式	PAY_TYPE	CHAR(1)	非空

2）为用户订单表中常用的条件检索字段“SALE_TIME”“SALE_GOODS”和“SALER”添加单字段索引或混合索引，相关索引设计如表 5-7 所示。

表 5-7 用户订单表（USER_ORER）索引设计

序　号	索引字段	索引类型	备　注
1	SALE_TIME	单字段索引	WHERE 子句中检索字段
2	SALE_GOODS、SALER	混合索引	WHERE 子句中组合检索字段

2. 功能操作实现

1）通过以下 SQL 脚本语句，在数据库环境中创建“INDEX_DB”库节点，并在库点内创建“SALE_GOODS”数据表，并对表若干业务初始数据赋值。

```
CREATE DATABASE IF NOT EXISTS index_db;
USE index_db;
DROP TABLE IF EXISTS sale_goods;
CREATE TABLE sale_goods(
  sale_id int NOT NULL auto_increment,
  sale_goods varchar(45) NOT NULL,
  sale_money float NOT NULL,
  saler varchar(45) NOT NULL,
  sale_time datetime NOT NULL,
  pay_type char(1) NOT NULL,
  PRIMARY KEY  (sale_id)
);
INSERT INTO sale_goods(sale_id,sale_goods,sale_money,saler,sale_time,pay_type) VALUES
 (1,'平板计算机',2500,'刘志平','2022-10-15 10:12:30','1'),
 (2,'液晶显示器',2000,'刘小路','2022-12-18 12:30:20','0'),
 (3,'华为手机',3000,'赵丽芬','2023-01-05 14:20:10','3'),
 (4,'变频空调',3500,'伍素华','2023-02-15 15:40:35','2'),
 (5,'等离子电视',5000,'王天明','2023-03-22 11:25:15','1');
```

数据库环境构建完毕，将创建出销售商品表，执行相关 SQL 检索语句，可检索出该数据表的相关业务数据，如图 5-7 所示。

sale_id	sale_goods	sale_money	saler	sale_time	pay_type
1	平板电脑	2500	刘志平	2022-10-15 10:12:30	1
2	液晶显示器	2000	刘小路	2022-12-18 12:30:20	0
3	华为手机	3000	赵丽芬	2023-01-05 14:20:10	3
4	变频空调	3500	伍素华	2023-02-15 15:40:35	2
5	等离子电视	5000	王天明	2023-03-22 11:25:15	1

图 5-7　销售商品表

2）为 WHERE 子句中频繁使用的条件检索字段订单时间（SALE_TIME）添加单列索引。创建单列索引语句为：

```
ALTER TABLE sale_goods ADD INDEX sale_time_index (sale_time);
```

3）为 WHERE 子句频繁使用的条件检索组合字段销售商品（SALE_ GOODS）与销售人员（SALER）添加一个混合索引。创建混合索引语句为：

```
ALTER TABLE sale_goods ADD INDEX sale_goods_saler_index (sale_goods,saler);
```

4）商品销售表中的单列索引与混合索引创建完成后，执行相关索引查询语句，可得到如图 5-8 所示的结果，其中字段“SALE_ID”对应用的索引为主键索引，是每个数据表中自动创建的默认索引。数据表索引查询语句为：

```
SHOW INDEX FROM sale_goods;
```

Table	Non_unique	Key_name	Seq_in_index	Column_name
sale_goods	0	PRIMARY	1	sale_id
sale_goods	1	sale_time_index	1	sale_time
sale_goods	1	sale_goods_saler_index	1	sale_goods
sale_goods	1	sale_goods_saler_index	2	saler

图 5-8　销售商品表索引

拓展阅读　内存数据库

内存数据库，顾名思义就是将数据放在内存中直接操作的数据库。相对于磁盘数据，内存数据的读写速度要高出几个数量级，将数据保存在内存中相比从磁盘上访问能够极大地提高应用的性能。同时，内存数据库抛弃了磁盘数据管理的传统方式，全部数据都在内存中重新设计了体系结构，并且在数据缓存、快速算法、并行操作方面也进行了相应的改进，所以数据处理速度比传统数据库的处理速度要快很多，一般都在 10 倍以上。内存数据库的最大特点是其“主拷贝”或“工作版本”常驻内存，即活动事务只与实时内存数据库的内存拷贝打交道。

内存数据库与传统数据库有什么异同呢？传统的数据库系统是关系型数据库，开发这种数据库的目的是处理永久、稳定的数据。关系数据库强调维护数据的完整性、一致性，但很难顾及有关数据及其处理的定时限制，不能满足工业生产管理实时应用的需要，因为实时事务要求系统能较准确地预报事务的运行时间。

对磁盘数据库而言，由于磁盘存取、内外存的数据传递、缓冲区管理、排队等待及延迟等使得事务实际平均执行时间与估算的最坏情况执行时间相差很大，如果将整个数据库或其主要的“工作”部分放入内存，则为系统较准确估算和安排事务的运行时间，使之具有较好的动态可预报性提供了有力的支持，同时也为实现事务的定时限制打下了基础，这就是内存数据库出现的主要原因。

内存数据库所处理的数据通常是“短暂”的，即有一定的有效时间，过时则有新的数据产生，而当前的决策推导变成无效。所以，实际应用中采用内存数据库来处理实时性强的业务逻辑处理数据。而传统数据库旨在处理永久、稳定的数据，其性能目标是高的系统吞吐量和低的代价，处理数据的实时性就要考虑得相对少一些，利用传统数据库这一特性存放相对实时性要求不高的数据。在实际应用中这两种数据库通常是结合使用的，而不是以内存数据库替代传统数据库。

（资料来源：https://developer. aliyun. com/article/56334，有改动）

练习题

一、选择题

1. 关于视图描述不正确的是（　　　　）。[单选]

A. 视图不但可以基于一个表或多个表，也可以基于一个或多个视图

B. 视图一般用作查询使用，有特殊权限的视图可以修改视图中的数据

C. 视图和数据表一样，是数据库中数据存储的物理单元

D. 视图的结构和数据是建立在对表查询的基础上

2. 删除视图用下面（　　　　）语句。[单选]

A. DROP VIEW　　　　B. DELETE VIEW

C. REMOVE VIEW　　　　D. RM VIEW

3. 对所有的视图都可以进行（　　　　）操作。[单选]

A. 插入数据　　B. 检索数据　　C. 更新数据　　D. 删除数据

4. 在视图的定义语句中，只能包含下列（　　　　）语句。[单选]

A. 数据查询语句　　　　B. 数据增、删、改语句

C. 创建表的语句　　　　D. 全部都可以

5. 在数据库环境中创建视图的主要作用是（　　　　）。[单选]

A. 提高数据查询响应速度

B. 维护数据的完整性约束

C. 维护数据的一致性

D. 提供用户视角的数据

6. 设有学生表（学号，姓名，所在系），下列建立统计每个系的学生人数的视图语句中，正确的是（　　　　）。[单选]

A. CREATE VIEW　AS SELECT 所在系，COUNT(＊) FROM 学生表 GROUP BY 所在系

B. CREATE VIEW　AS SELECT 所在系，SUM(＊) FROM 学生表 GROUP BY 所在系

C. CREATE VIEW v1(系名,人数) AS SELECT 所在系，SUM(＊) FROM 学生表 GROUP

BY 所在系

D. CREATE VIEW v1(系名,人数) AS SELECT 所在系, COUNT(*) FROM 学生表 GROUP BY 所在系

7. 索引可以提高（　　）操作的效率。[单选]

A. INSERT　　B. UPDATE　　C. DELETE　　D. SELECT

8. 有关数据库索引，说法正确的是（　　）。[多选]

A. 可以为一个数据表创建多个索引

B. 建立索引以后，原来的数据表文件中记录的物理顺序将被改变

C. 索引与数据表的数据存储在一个文件中

D. 多余的索引字段会降低性能

9. 建立索引的作用之一是（　　）。[单选]

A. 节省存储空间　　B. 便于管理

C. 提高查询速度　　D. 提高查询和更新的速度

10. 下列（　　）情况不适合创建索引。[单选]

A. 表中的主键列

B. 数据量极少，只有两个或若干个值的列

C. 需要强制实施唯一性的列

D. 连接中频繁使用的列

二、操作题

1. 设计一个手机数据表，表结构包含手机编号、品牌、型号、价格、出厂日期、颜色、重量等字段。再设计一个订单数据表，表结构包含订单日期、订单商品、订单金额、是否付款、购买用户等字段。最后设计一个手机订单视图，视图结构包含手机品牌、手机型号、手机价格、订单日期、购买用户等字段。

2. 设计一个销售人员数据表，表结构包含工号、姓名、年龄、销售月份、销售额度、所在门店等字段。现假设销售额度字段为常用的条件检索字段，请为该字段创建单列索引。

第 6 章　关系数据库设计范式

本章目标：

知识目标	能力目标	素质目标
① 了解数据库范式的作用 ② 全面认识数据库范式的概念和分类 ③ 理解第一范式设计原则 ④ 理解第二范式设计原则 ⑤ 理解第三范式设计原则	① 能够判断数据表是否符合三大范式设计原则 ② 能够根据三大范式原则修正数据表 ③ 能够消除数据表中传递依赖 ④ 能够使联合主键的数据表符合三大范式原则 ⑤ 能够创建满足三大范式的数据库表	① 具有良好的自主学习能力与刻苦钻研的求知精神 ② 热爱团队集体，具有大局观、全局观 ③ 具有良好面对挫折的抗压能力 ④ 具有良好的表达能力及与人沟通的能力 ⑤ 养成敬岗爱业，有责任、有担当的良好职业素养

6.1 数据库范式概述

范式是符合某一种级别的关系模式的集合，关系数据库中的关系必须满足一定的要求，满足不同程度要求的为不同范式。简言之，范式是为了消除重复数据、减少冗余数据，从而让数据库内的数据更好组织，让磁盘空间得到更有效利用的一种标准化准则。

数据库设计对数据的存储性能，还有开发人员对数据的操作都有莫大的关系，所以建立科学的、规范的、满足相关规范准则的数据库是至关重要的。设计关系数据库时，要遵从不同的规范要求，这些不同的规范要求被称为不同的范式，各种范式呈递次规范，越高范式的数据库冗余越小，满足高等级范式的先决条件是首先要满足低等级范式。

应用数据库范式可以带来许多好处，但是最重要的好处归结为三点：①可以减少数据冗余，这是最主要的好处，其他好处都是由此而附带的；②可以消除异常，如：插入异常，更新异常，删除异常等；③可以让数据组织的更加和谐、合理、高效。

满足设计范式规范的数据库是简洁的、结构明晰的，同时，不会发生插入（insert）、删除（delete）和更新（update）操作异常。反之则是不规范的，不仅给用户带来麻烦，而且可能存储了大量的冗余信息。

6.2 数据库三大范式

目前关系数据库有 6 种范式：第一范式（1NF）、第二范式（2NF）、第三范式（3NF）、巴斯-科德范式（BCNF）、第四范式（4NF）和第五范式（5NF，又称完美范式）。满足最低要求的范式是第一范式（1NF）。在第一范式的基础上进一步满足更多规范要求的称为第二范式（2NF），其余范式以此类推。一般说来，数据库只需满足第三范式（3NF）就行了。

6.2.1　第一范式（1NF）

6.2.1　第一范式（1NF）

所谓第一范式（1NF）是指在关系模型中，对域添加的一个规范要求，所有的域都应该是原子性的，即数据库表的每一列都是不可分割的原子数据项，而不能是集合、数组、记录等非原子数据项。即实体中的某个属性有多个值时，必须拆分为不同的属性。在符合第一范式（1NF）表中的每个域值只能是实体的一个属性或一个属性的一部分。

简而言之，第一范式是最基本的范式，如果数据库表中的所有字段值都是不可分解的原子值，就说明该数据库表满足了第一范式。在任何一个关系数据库中，第一范式（1NF）是对关系模式的设计基本要求，所有设计的数据模型都必须满足第一范式（1NF）。

从上面的定义和描述中，可以归纳出第一范式（1NF）具有如下的几个显著特点：

- 数据库表中的字段都是单一属性：字段不可再分，同一列中不能有多个值。
- 单一属性由基本类型构成，包括整型、实数、字符型、逻辑型、日期型、其他类型。

满足以上两大特征的表就是符合第一范式（1NF）的表，反之不满足以上任何一特征的表都不符合第一范式（1NF）要求。

例如，在图 6-1 所示的示例结构中，“工资”字段可以再分成“基本工资”与“生活补贴”字段，不满足字段不可再分的要求，因此不符合第一范式（1NF）要求。

在图 6-2 所示的示例数据集中，第三条记录的“姓名”字段包含有“刘芳”与“李艳”两个值，不能满足同一列不能有多个值的要求，因此也不符合第一范式（1NF）要求。

“工资”可以进一步拆分成其他字段

姓名	工资		岗位	入职时间
	基本工资	生活补贴		
张小明	5000	2000	技术员	2021-03-06
罗大军	6000	2500	管理人员	2020-09-06
孙进华	6500	2500	管理人员	2021-07-08

图 6-1　字段可再分示例

单一记录的同一列有多个数值

学号	姓名	年龄	专业	院系
S001	何红珍	20	小学教育	师范学院
S002	廖丽芬	19	市场营销	经管学院
S003	刘芳、李艳	18	软件工程	计算机学院

图 6-2　非单一数值示例

6.2.2　第二范式（2NF）

6.2.2　第二范式（2NF）-1

第二范式（2NF）是在第一范式（1NF）的基础上建立起来的，即满足第二范式（2NF）必须先满足第一范式（1NF）。第二范式（2NF）要求数据库表中的每个实例或记录必须可以被唯一地区分。选取一个能区分每个实体的属性或属性组，作为实体的唯一标识。例

如在员工表中的身份证号码即可实现每个一员工的区分，该身份证号码即为候选键，任何一个候选键都可以被选作主键。在找不到候选键时，可额外增加属性以实现区分，如果在员工关系中，没有对其身份证号进行存储，而姓名可能会在数据库运行时重复，无法区分出实体时，设计如 ID 等不重复的编号以实现区分，被添加的编号或 ID 选作主键（该主键是在 ER 设计时添加的，不是建库时随意添加的）。

第二范式（2NF）要求实体的属性完全依赖主关键字。所谓完全依赖是指不能存在仅依赖主关键字一部分的属性，如果存在，那么这个属性和主关键字的这一部分应该分离出来形成一个新的实体，新实体与原实体之间是一对多的关系。为实现区分通常需要为表加上一个列，以存储各个实例的唯一标识。

简而言之，第二范式在第一范式的基础之上更进一层。第二范式需要确保数据库表中的每一列都和主键相关，而不能只与主键的某一部分相关（主要针对联合主键而言）。也就是说在一个数据表中，一个表中只能保存一种数据，不可以把多种数据保存在同一张数据表中。

所谓联合主键是指：由两个或两个以上的字段共同组成数据表的主键。如图 6-3 所示的示例结构中，单凭“客户”字段无法确定表中唯一记录，单凭“开户银行”字段也无法确定表中唯一记录。由“客户”与“开户银行”两个字段相组合则可以共同确定表中唯一记录，则“客户”与“开户银行”一起组成数据表的联合主键。

“客户”与“开户银行”双字段组成联合主键

客户（pk）	开户银行（pk）	客户电话	开户行地址	存款金额
刘生明	工商银行	13825346789	河源市沿江一路102号	2000
刘生明	建设银行	13825346789	河源市建设大道101号	1500
张大军	工商银行	13736771457	河源市沿江一路102号	3000
张大军	中国银行	13736771457	河源市宾江大道506号	2000
陈思华	中国银行	13658908921	河源市宾江大道506号	4000
陈思华	建设银行	13658908921	河源市建设大道101号	3000

图 6-3　联合主键示例

从上面的定义和描述中，可以归纳出第二范式（2NF）具有如下的几个显著特点。

- 数据表要满足第一范式的要求，只有在满足 1NF 的基础上才有可能满足 2NF。
- 要求数据表有主键。这包含两层含义，如果主键是单字段主键，那可以直接判定数据表符合第二范式要求。如果主键为联合主键，则要求不能存在单个主键字段决定非主键字段的情况。

假如，在一个数据表中有 A、B、C、D、E 五个字段，且字段 A 与字段 B 为数据表的联合主键(A,B)，如存在字段 A 决定字段 C 的情况（即 A→C），则该数据表不符合第二范式（2NF）要求。

在图 6-4 所示的示例结构中，所有字段均不可再拆分，因而满足 1NF 的要求，但表中没有任何一个字段可以确定表中的唯一记录，即表中没有主键，因此其不满足数据库中每张表均有主键的要求，因此不符合第二范式（2NF）要求。

在图 6-5 所示的示例结构中，满足 1NF 的要求，并且在原来的基础上增加了“ID”字段，作为表的主键，因此其是符合第二范式（2NF）要求的数据表。

姓名	就职单位	单位属地	入职年份	工资
李小兵	新华国际	深圳	2019	7000
李小兵	南方通讯	广州	2020	8000
李小兵	时代贸易	深圳	2022	8500
杨向明	兴华科技	惠州	2020	9000
杨向明	德赛集团	惠州	2019	8000
罗进辉	中信实业	广州	2022	7500

图 6-4　无主键示例

ID	姓名	就职单位	单位属地	入职年份	工资
1	李小兵	新华国际	深圳	2019	7000
2	李小兵	南方通讯	广州	2020	8000
3	李小兵	时代贸易	深圳	2022	8500
4	杨向明	兴华科技	惠州	2020	9000
5	杨向明	德赛集团	惠州	2019	8000
6	罗进辉	中信实业	广州	2022	7500

图 6-5　增加主键数据列示例

重新分析图 6-3 所示的示例，此示例中的表结构符合第一范式（1NF）：字段不可再拆分的要求，并且有“客户”与“开户银行”两个字段作为表的联合主键（客户，开户银行），但其是否就是一个符合第二范式（2NF）的表呢？

进一步分析就可以发现：“客户电话”字段由“客户”字段决定，“开户行地址”字段由“开户银行”字段决定；即存在如下依赖关系：

(客户→客户电话)、(开户银行→开户行地址)

(客户,开户银行)为主键字段，(客户电话,开户行地址)为非主键字段；因此，其不符合联合主键中不能存在单个主键字段决定非主键字段的情况，所以可以认定其并不是符合第二范式（2NF）的数据表。

6.2.3　第三范式（3NF）

6.2.3　第三范式（3NF）

第三范式（3NF）是第二范式（2NF）的一个子集，即满足第三范式（3NF）必须满足第二范式（2NF）。第三范式（3NF）要求一个关系中不包含已在其他关系已包含的非主关键字信息。

第三范式就是属性不依赖于其他非主属性，也就是在满足 2NF 的基础上，任何非主属性不得传递依赖于主属性。第三范式需要确保数据表中的每一列数据都和主键直接相关，而不能间接相关。数据不能存在传递关系，即每个属性都跟主键有直接关系而不是间接关系。像 a→b→c 属性之间含有这样的关系，是不符合第三范式的。

当数据表不符合第三范式（3NF）时，会有大量的冗余数据，还会存在插入异常、删除异常、数据冗余度大、修改复杂等问题。

从上面的定义和描述中，可以归纳出第三范式（3NF）具有如下的几个显著特点。

- 数据表要满足第二范式的要求，只有在满足 2NF 的基础上才有可能满足 3NF。
- 要求数据表的非主键字段不存在传递依赖关系，即非主键字段之间不以存在相互决定。

假如，在一个数据表中有 A、B、C、D、E 五个字段，且字段 A 为主键，其他字段为非主键字段，如存在字段 C 决定字段 D 的情况（即 C→D），则该数据表不符合第三范式（3NF）要求。

在图 6-6 所示的示例结构中，有主键（工号），因而满足 2NF 的要求；但表中非主键字段间存在传递依赖关系：非主键字段“部门”决定非主键字段“部门电话”和“部门主管”（部门→部门电话，部门→部门主管），因此不符合第三范式（3NF）要求。

部门 → 部门电话　　部门 → 部门主管

工号（pk）	姓名	部门	部门电话	部门主管
1001	张会军	人事部	83946890	李晴晴
1002	陈德科	人事部	83946890	李晴晴
1003	李子河	综合部	82575235	唐琳
1004	黄素珍	综合部	82575235	唐琳
1005	刘明平	技术部	86902038	刘家科
1006	许军才	技术部	86902038	刘家科

图 6-6　非主键字段传递依赖示例

6.3 案例：用户登录模块数据表范式设计

三大范式是数据库设计中最基本设计原则与要求，只有满足三大范式的数据表才能避免数据冗余、数据插入异常等问题，才能让数据组织得更加和谐、合理、高效，让数据表变得更加科学、合理。

1. 功能需求描述

在一个会员管理系统的用户登录模块要求能够满足以下 3 大信息功能，请按相关要求设计出能满足需求的模块，且符合三大范式设计原则的数据表。

（1）模块能够存储用户的基本信息

在登录模块能实现用户注册功能，能够为用户生成登录账号，并为用户提供初始的登录密码，且能为用户账号分配角色权限，并把相关信息记录到数据表。

（2）模块能够存储用户登录相关信息

用户登录时需要核对账号及密码，需要记录最近一次的登录时间、登录 IP，并且需要验证用户所具有的角色权限与模块权限。

（3）模块能够存储账户角色相关信息

在登录模块能够实现创建不同类型的账户角色，并为账户角色配置不同类型的数据权限及模块权限，最后需要把相关信息保存到数据表。

2. 功能操作实现

从登录模块的需求分析描述中，初步判断需要 3 张数据表才能满足相关的业务功能需求，分别为用户信息表、用户角色表、用户登录表，以下为具体的数据库设计方案。

1）用户信息表包含用户标识、用户名称、用户年龄、用户性别、用户住址、用户生日、用户学历等字段，其中用户标识字段为数据表的主键字段，且其他字段之间不存在传递依赖关系，满足三大范式的设计原则，具体结构如表 6-1 所示。

表 6-1　用户信息表（USER_INFO）字段结构

序号	字段逻辑名称	字段物理名称	数据类型	备　注
1	用户标识	USER_ID	VARCHAR(45)	主键
2	用户名称	USER_NAME	VARCHAR(45)	非空
3	用户年龄	USER_AGE	SMALLINT	非空
4	用户性别	USER_GENDER	CHAR(1)	非空
5	用户住址	USER_ADDRESS	VARCHAR(45)	非空
6	用户生日	USER_BIRTHDAY	DATE	非空
7	用户学历	USER_EDUCATION	VARCHAR(45)	非空

2）用户角色表包含角色标识、角色名称、角色类型、角色等级、角色创建时间等字段，其中角色标识字段为数据表的主键字段，满足第二范式要求，在此基础之上，其他非主键字段之间不存在传递依赖关系，满足第三范式的设计要求，具体结构如表 6-2 所示。

表 6-2　用户角色表（USER_ROLE）字段结构

序号	字段逻辑名称	字段物理名称	数据类型	备　注
1	角色标识	ROLE_ID	VARCHAR(45)	主键
2	角色名称	ROLE_NAME	VARCHAR(45)	非空
3	角色类型	ROLE_TYPE	VARCHAR(45)	非空
4	角色等级	ROLE_RANK	VARCHAR(45)	非空
5	角色创建时间	SETUP_TIME	DATETIME	非空

3）用户登录表包含登录账号、登录密码、最近登录时间、最近登录 IP、登录账号角色、登录账号信息等字段，其中登录账号字段为数据表主键，登录账号角色字段为外键，引用用户信息表主键字段，这就消除了非主键字段之间传递依赖的问题，满足了三大范式的设计原则，具体结构如表 6-3 所示。

表 6-3　用户登录表（USER_LOGIN）字段结构

序号	字段逻辑名称	字段物理名称	数据类型	备　注
1	登录账号	LOGIN_ID	VARCHAR(45)	主键
2	登录密码	LOGIN_PASSWORD	VARCHAR(45)	非空
3	最近登录时间	LOGIN_TIME	DATETIME	非空
4	最近登录 IP	LOIGN_IP	VARCHAR(45)	非空
5	登录账号角色	ROLE_ID	VARCHAR(45)	外键
6	登录账号信息	USER_ID	VARCHAR(45)	外键

4）根据以上的数据库表设计方案，使用以下 SQL 脚本可在数据库环境创建相关数据表，并进行业务数据初始化。

```
DROP DATABASE IF EXISTS demo;
CREATE DATABASE demo;
USE demo;
DROP TABLE IF EXISTS user_info;
CREATE TABLE user_info (
  user_id varchar(45) NOT NULL,
  user_name varchar(45) NOT NULL,
  user_age smallint(5) unsigned NOT NULL,
  user_gender char(1) NOT NULL,
  user_address varchar(45) NOT NULL,
  user_birthday date NOT NULL,
  user_education varchar(45) NOT NULL,
  PRIMARY KEY  (user_id)
);
INSERT INTO user_info
(user_id,user_name,user_age,user_gender,user_address,user_birthday,user_education) VALUES
  ('U001','孙智峰',21,'男','建设大道 38 号','2002-03-15','大专'),
  ('U002','赵小曼',25,'女','沿江路 20 号','1997-09-18','本科'),
  ('U003','陈天军',28,'男','茶亭路 05 号','1994-10-23','研究生'),
  ('U004','许少平',30,'男','中山路 45 号','1993-08-16','本科'),
  ('U005','陈素芬',26,'女','红星路 17 号','1997-06-25','本科');

DROP TABLE IF EXISTS user_role;
CREATE TABLE user_role (
  role_id varchar(45) NOT NULL,
  role_name varchar(45) NOT NULL,
  role_type varchar(45) NOT NULL,
  role_rank varchar(45) NOT NULL,
  setup_time datetime NOT NULL,
  PRIMARY KEY (role_id)
);
INSERT INTO user_role (role_id,role_name,role_type,role_rank,setup_time) VALUES
  ('R001','会员','一级用户','一级权限','2022-11-09 12:10:25'),
  ('R002','VIP 会员','二级用户','二级权限','2023-01-10 13:16:15'),
  ('R003','管理员','一级管理员','三级权限','2023-02-19 14:10:20'),
  ('R004','超级管理员','二级管理员','四级权限','2023-04-12 10:30:45');
DROP TABLE IF EXISTS user_login;
CREATE TABLE user_login (
  login_id varchar(45) NOT NULL,
  login_password varchar(45) NOT NULL,
  login_time datetime NOT NULL,
```

```
    login_ip varchar(45) NOT NULL,
    role_id varchar(45) NOT NULL,
    user_id varchar(45) NOT NULL,
    PRIMARY KEY  (login_id),
    KEY FK_user_login_1 (role_id),
    KEY FK_user_login_2 (user_id),
    CONSTRAINT FK_user_login_1 FOREIGN KEY (role_id) REFERENCES user_role (role_id),
    CONSTRAINT FK_user_login_2 FOREIGN KEY (user_id) REFERENCES user_info (user_id)
);
INSERT INTO user_login (login_id,login_password,login_time,login_ip,role_id,user_id) VALUES
    ('CX001','452678','2023-05-06 10:20:35','192.168.3.45','R001','U002'),
    ('CX002','256985','2023-04-08 12:25:30','192.168.4.50','R003','U001'),
    ('CX003','345679','2023-07-02 14:40:45','192.168.6.80','R002','U004'),
    ('CX004','865978','2023-03-12 15:45:50','192.168.9.78','R001','U005'),
    ('CX005','159874','2023-06-13 11:50:35','192.168.2.90','R004','U003');
```

5）数据脚本实施完毕后，所创建相关数据表如图 6-7～图 6-9 所示，其中，用户登录表的“USER_ID”字段以外键的形式引用用户信息表的“USER_ID”字段，用户登录表的“ROLE_ID”字段以外键的形式引用用户角色表的“ROLE_ID”字段，以避免非主键字段之间的传递依赖。

user_id	user_name	user_age	user_gender	user_address	user_birthday	user_education
U001	孙智峰	21	男	建设大道38号	2002-03-15	大专
U002	赵小曼	25	女	沿江路20号	1997-09-18	本科
U003	陈天军	28	男	茶亭路05号	1994-10-23	研究生
U004	许少平	30	男	中山路45号	1993-08-16	本科
U005	陈素芬	26	女	红星路17号	1997-06-25	本科

图 6-7　用户信息表

login_id	login_password	login_time	login_ip	role_id	user_id
CX001	452678	2023-05-06 10:20:35	192.168.3.45	R001	U002
CX002	256985	2023-04-08 12:25:30	192.168.4.50	R003	U001
CX003	345679	2023-07-02 14:40:45	192.168.6.80	R002	U004
CX004	865978	2023-03-12 15:45:50	192.168.9.78	R001	U005
CX005	159874	2023-06-13 11:50:35	192.168.2.90	R004	U003

图 6-8　用户登录表

role_id	role_name	role_type	role_rank	setup_time
R001	会员	一级用户	一级权限	2022-11-09 12:10:25
R002	VIP会员	二级用户	二级权限	2023-01-10 13:16:15
R003	管理员	一级管理员	三级权限	2023-02-19 14:10:20
R004	超级管理员	二级管理员	四级权限	2023-04-12 10:30:45

图 6-9　用户角色表

以上数据库设计方案既能最大限度地满足用户登录模块的各项功能需求，又符合数据库设计三大范式原则。这样的设计方案使数据表更加科学、合理，在操作使用过程中能减少读写操作的异常行为，同时让数据库以更加高效的方式运行。

拓展阅读　国产开源数据库设计工具 CHINER 的发展历程

CHINER 是一款支持多种数据库、独立于具体数据库之外的数据库关系模型设计平台，使用 React+Electron+Java 技术栈构建。

CHINER 最早名称叫“PDMan”（Physical Data Model Manager），即为“物理模型管理”。后继经过多轮迭代，产品最终命名为“CHINER”（CHINESE Entity Relation）即为“国产实体关系图工具”，为方便国内普及与推广，并将其中文命名为“元数建模”。

作为一款国内开源软件工具，CHINER 发展历程非常坎坷，项目开发团队最初是由若干开源爱好者组成的技术创业团队，在共同理念的引导下，抱着振兴中国开源技术的怀情，克服资金、人员、技术等方面障碍，最终得以圆满推出这一款成熟的软件产品。

2018 年初，核心开发者和几个对开源有兴趣的社区好友，创立了一个开发团队，用一个半月时时间完成了 PDMan 的 1.0 版本发布，解决了从无到有的问题。2018 年 5 月，推出了 PDMan 第一个开源公开版，中间持续阶段性更新。

2019 年 12 月，开发团队规划了另一个全新的版本。完成了技术架构设计、界面原型设计、关键核心模块的开发编码。在大家的共同努力，持续投入下，历经三代，直到 2021 年 7 月 17 日，终于推出全新的 3.0 版本。

CHINER 作为一款由国人所开发的开源数据库设计工具，其软件成熟度不断提升，软件生态圈越来越完善，越来越受广大开发人员喜爱。

（资料来源：https://zhuanlan.zhihu.com/p/390858721，有改动）

练习题

一、选择题

1. 设有数据表 R，表中有(A,B,C,D) 4 个字段，相关字段存在依赖传递关系{B→A,B→C,C→D}，那么数据表 R 最高能到达（　　）范式。[单选]

A. 第一范式　　B. 第二范式　　C. 第三范式　　D. BCNF 范式

2. 在一个数据表中，所有字段都是不可分的，给定一个关键字值，则可以在这个数据表中唯一确定一条记录，则这个关系一定满足 1NF、2NF 和 3NF 中的（　　）范式。[单选]

A. 1NF　　B. 1NF 和 2NF　　C. 1NF、2NF 和 3NF　　D. 2NF 和 3NF

3. 在一个关系中，每个字段都是不可分解的，这个关系一定达到（　　）。[单选]

A. 2NF　　B. 3NF　　C. BCNF　　D. 1NF

4. 规范化理论是关系数据库进行逻辑设计的理论依据，根据这个理论，关系数据库中的数据表必须满足：每一个字段都是（　　）。[单选]

A. 长度不变的　　B. 不可分解的　　C. 互相关联的　　D. 互不相关的

5. 关系数据表中，满足 2NF 的模式（　　）。[单选]

A. 可能是 1NF　　B. 必定是 1NF　　C. 必定是 3NF　　D. 必定是 BCNF

6. 关系数据库规范化是为了解决关系数据库中（　　　　）的问题而引入的。[单选]

A. 提高查询速度　　B. 插入、删除异常和数据冗余

C. 保证数据的安全性和完整性　　D. 提高写操作的速度

7. 学生表(id,name,sex,age,depart_id,depart_name)，存在依赖关系：id→{name,sex,age,depart_id}，dept_id→dept_name，其满足（　　　　）。[单选]

A. 1NF　　B. 2NF　　C. 3NF　　D. BCNF

8. 设有关系表 R，有字段(S,D,M)，其依赖关系为：{S→D,D→M}，则关系表 R 的规范化程度最高达到（　　　　）。[单选]

A. 1NF　　B. 2NF　　C. 3NF　　D. BCNF

9. 设有关系表 R，有字段(A,B,C,D)，其依赖关系为{(A,B)→C,C→D}，则关系模式 R 的规范化程度最高达到（　　　　）。[单选]

A. 1NF　　B. 2NF　　C. 3NF　　D. BCNF

10. 学生表(学号,姓名,性别,年龄,系号,系名)中，“学号”为主键，非主键字段：“系号”→“系名”，因此其违反了（　　　　）。[单选]

A. 第一范式　　B. 第二范式　　C. 第三范式　　D. BCNF 范式

二、操作题

在一个 ERP 系统的产品管理模块，要存储产品、销售商的相关信息，其中工厂能生产多种产品，同一销售商能代理多种产品并销售到市场上，同一产品也能被多个销售商代理销售，产品与销售商的代理关系也需要存储在产品管理模块中，请按以下要求完成本模块数据表的设计与创建。

1）按照相关需求设计出符合三大范式原则的关系数据表。

2）根据设计出的数据表在数据环境中创建出对应的业务表。

3）为数据表初始化若干的业务数据，能体现相关业务需求关系。

第 7 章 存储过程

本章目标：

知识目标	能力目标	素质目标
① 认识存储过程的基本概念 ② 了解存储过程的种类 ③ 了解存储过程的参数类型 ④ 理解存储过程的实现原理 ⑤ 掌握存储过程的基本语法 ⑥ 掌握存储过程的条件选择结构 ⑦ 掌握存储过程的循环控制结构	① 能够灵活定义存储过程参数 ② 能够在存储过程中灵活定义数据变量 ③ 能够熟练使用 IF…THEN 条件选择结构 ④ 能够熟练使用 CASE…WHEN 条件选择结构 ⑤ 能够熟练使用 WHILE…DO 循环控制结构 ⑥ 能够熟练使用 REPEATE..UNTIL 循环控制结构 ⑦ 能够熟练使用数据库 IDE 开发、调试存储过程	① 具有良好的问题追踪与管理能力 ② 具有良好的大局观与责任担当 ③ 具有严密的逻辑思维与务实的工匠品格 ④ 具有良好的专业术语表达能力 ⑤ 养成勇于创新、开拓进取的职业胆魄 ⑥ 树立程序开发人员职业生涯规划意识

7.1 存储过程概述

存储过程（Stored Procedure）是一组为了完成特定功能的 SQL 语句集合，经编译后存储在数据库中。用户通过指定存储过程的名字并给出参数（如果该存储过程带有参数）来执行它。

存储过程是 SQL 语句和可选控制流语句的预编译集合，以一个名称存储并作为一个单元处理。存储过程存储在数据库内，可由应用程序通过一个调用执行，而且允许用户声明变量、有条件执行，它具有强大的编程功能。

7.1.1 存储过程的优点

存储过程位于数据库服务器中，是一个 SQL 语句的集合，可包含一个或多个 SQL 语句，存储过程是利用数据库服务器所提供的 Transaction-SQL 语言编写的程序。存储过程在创建时即在服务器上进行编译，所以执行起来比单个 SQL 语句快，总的来说具有以下几个方面的优点。

7.1.1 存储过程的优点

- 存储过程增强了 SQL 语言的功能和灵活性。存储过程可以用流控制语句编写，有很强的灵活性，可以完成复杂的判断和较复杂的运算。

- 存储过程是标准组件，允许编程。存储过程被创建后，可以在程序中被多次调用，而不必重新编写该存储过程的 SQL 语句。而且数据库专业人员可以随时对存储过程进行修改，对应用程序源代码毫无影响。
- 存储过程能实现较快的执行速度。如果某一操作包含大量的 Transaction-SQL 代码或分别被多次执行，那么存储过程要比批处理的执行速度快很多。因为存储过程是预编译的。在首次运行一个存储过程时查询，优化器对其进行分析优化，并且给出最终被存储在系统表中的执行计划。而批处理的 Transaction-SQL 语句在每次运行时都要进行编译和优化，速度相对要慢一些。
- 存储过程能够减少网络流量。针对同一个数据库对象的操作（如查询、修改），如果这一操作所涉及的 Transaction-SQL 语句被组织成存储过程，那么当在客户计算机上调用该存储过程时，网络中传送的只是该调用语句，从而减少了网络流量并降低了网络负载。
- 存储过程可被作为一种安全机制来充分利用。系统管理员通过执行某一存储过程的权限进行限制，能够实现对相应的数据的访问权限的限制，避免了非授权用户对数据的访问，保证了数据的安全。

7.1.2　存储过程的种类

一个存储过程既是一个系统的标准组件，也是一个可编程的函数，它在数据库中创建并保存，总体来说关系数据库系统中存在如下几大类型存储过程。

7.1.2　存储过程的种类

（1）系统存储过程

此类存储过程以 sp_开头，用来进行系统的各项设定，取得系统的各项信息，管理系统的各项相关工作。

（2）本地存储过程

此类存储过程由用户创建，是为了完成某一特定功能的 SQL 语句集，事实上我们一般所说的存储过程就是指本地存储过程。

（3）临时存储过程

此类存储过程分为两种：本地临时存储过程和全局临时存储过程。

本地临时存储过程，以“井”字（#）作为其名称的第一个字符，则该存储过程将成为一个存放在 tempdb 数据库中的本地临时存储过程，且只有创建它的用户才能执行它。

全局临时存储过程，以两个“井”字（##）开始，则该存储过程将成为一个存储在 tempdb 数据库中的全局临时存储过程，全局临时存储过程一旦创建，以后连接到服务器的任意用户都可以执行它，而且不需要特定的权限。

（4）远程存储过程

在特定数据库中，远程存储过程是位于远程服务器上的存储过程，通常可以使用分布式查询和 EXECUTE 命令执行一个远程存储过程。

（5）扩展存储过程

扩展存储过程是用户使用外部程序语言编写的存储过程，扩展存储过程的名称通常以“xp_”开头。

7.2 存储过程的创建、调用与删除

存储过程是数据库存储的一个重要的功能，但是在 MySQL 5.0 以前并不支持存储过程，这使得 MySQL 在应用上大打折扣。MySQL 5.0 开始支持存储过程，这样既可以大大提高数据库的处理速度，同时也可以提高数据库编程的灵活性。

7.2.1 存储过程的创建

数据库中的存储过程可以看作是对数据库编程中面向对象方法的模拟，存储过程的开发语法也与面向对象类似，简单且容易上手。

1. 创建语法格式

```
CREATE   PROCEDURE   存储过程名   ([过程参数[,…]])
BEGIN
…
过程控制语句(Transaction-SQL)
…
END
```

2. 存储过程案例

```
DELIMITER //
CREATE PROCEDURE first_proc(in s int)
BEGIN
update user set score=s where user_id in(2,4,6,8,10);
END
//
DELIMITER;
```

3. 案例语句解释

1）此案例存储过程功能是把 user_id 为:2,4,6,8,10 的记录的 score 字段值修改为传入的参数值。

2）第 1 条语句的“DELIMITER //”含义：

① 表示把 MySQL 分隔符修改为“//”，MySQL 默认以分号“;”为分隔符。

② 如果没有声明分割符，编译器会把存储过程中的分号“;”当成 MySQL 语句结束分隔符进行处理，则存储过程的编译过程会报错。

③ 要事先用 DELIMITER 关键字先声明当前分隔符为“//”，这样 MySQL 才会将分号“;”当作存储过程中的代码，而不是 MySQL 语句中的结束分隔符。

3）第 7 条语句的“DELIMITER;”含义：表示程序的最后把分隔符还原为分号：“;”。

4）存储过程参数：

① 存储过程根据需要可能会有输入、输出、输入输出参数。

② 本案例中有一个输入参数 s，类型是 int 型。

③ 如果有多个参数用逗号“,”分割开。

5）存储过程参数的开始与结束标识：

① 开始使用 BEGIN 标识。

② 结束使用 END 标识。

7.2.2　存储过程的调用与删除

1. 存储过程的调用

存储过程存放在数据库服务中，在被调用执行时，可以省去了网络传输及编译环节，能大大提高执行速度。用户通过指定已经定义的存储过程名字并给出相应的存储过程参数来调用并执行它，从而完成一个或一系列的数据库操作。

调用格式：

```
CALL + 存储过程名 + 参数
```

用法示例：

```
CALL first_proc_demo()                #空参的存储过程调用
CALL second_proc_demo(50)             #带参数的存储过程调用
CALL third_proc_demo(10,30,70)        #多参数的存储过程调用
```

2. 存储过程的删除

存储过程是用户创建的功能模块，类似于数据库系统中的聚合函数，但聚合函数是不允许用户修改，更不允许用户将其删除。而存储过程却是允许用户进行自由编码，还可以对已创建的存储过程根据实际需要进行删除、清理操作。删除存储过程即删除存储过程编码，不会对数据库环境中数据存储及数据组织产生影响，另外存储过程的删除格式与参数无关，无论是否带参数，其删除格式均相同。

删除存储过程格式如下：

```
DROP + PROCEDURE +存储过程名
```

用法示例：

```
DROP PROCEDURE first_proc_demo        #存储过程 first_proc_demo
DROP PROCEDURE second_proc_demo       #存储过程 second_proc_demo
DROP PROCEDURE third_proc_demo        #存储过程 third_proc_demo
```

7.3　参数类型

存储过程共有 3 种参数类型，IN、OUT、INOUT，形式如下：

```
CREATE PROCEDURE( IN |OUT |INOUT      参数名      数据类型      ... )
```

存储过程可以没有参数，但如果在使用过程需要用到参数时，需按上面的格式进行定义。

第一项：IN |OUT|INOUT，表示的是参数的类型，选择其中的一种 INT 或 OUT 或 INOUT 即可。

第二项：参数名，表示的是参数的名称。

第三项：数据类型，表示的是这个参数的数据类型，如：INT、FLOAT、DOUBLE、VARCHAR 等。

第四项："…" 表示参数可以定义多个，如果有多个参数时按前三项的格式定义即可，每个参数间用英文状态下的逗号"," 隔开即可。

7.3.1 输入参数（IN）

输入参数（IN）表示该参数为输入型参数，只能从外面传值到存储过程内部，反过来则无效，即：在存储过程内部修改该参数值将不会返回到外部。此参数值必须在调用存储过程中指定。

7.3.1 输入参数（IN）

（1）IN 参数案例

```
DELIMITER //
CREATE PROCEDURE demo_in_parameter(IN p_id int, IN p_score_add int)
BEGIN
UPDATE user SET score=(score+p_score_add) WHERE user_id=p_id;
END;
//
DELIMITER;
```

（2）IN 参数调用

方式一：直接在存储过程参数中传入数值调用，调用语句：

```
CALL demo_in_parameter(10,5000);
```

方式二：通过预定义参数变量调用。

先定义两个参数变量。

```
SET @p_id=10;
SET @p_score_add=5000;
```

再把变量作为参数传入调用。

```
CALL demo_in_parameter(@p_id,@p_score_add);
```

7.3.2 输出参数（OUT）

输出参数（OUT）表示该参数为输出型参数，只能从存储过程内部传值到存储过程外部，反过来则无效，即：该值可在存储过程内部被改变，并可返回。此参数值必须在调用存储调用过程中赋值。

7.3.2 输出参数（OUT）

（1）OUT 参数案例

```
DELIMITER //
CREATE PROCEDURE demo_out_parameter( OUT p_out int)
BEGIN
SELECT COUNT( * ) INTO p_out FROM user;
END
//
DELIMITER;
```

（2）OUT 参数调用

OUT 类型参数在存储过程的调用需要先在外部预先定义参数变量，然后再把定义好的变量以参数的形式传入存储过程，在存储过程内部把相关要传递到外部值直接存入参数变量即可。

定义输出参数变量：

```
SET @ p_out=0;
```

把变量作为参数传入：

```
CALL demo_out_parameter( @ p_out) ;
```

7.3.3　输入输出参数（INOUT）

输入输出参数（INOUT）表示该参数为输入输出型参数，同时具备输入、输出功能，既可从外面传值到存储过程内部，也可以从存储过程内部传值到存储过程外部。

7.3.3　输入输出参数（INOUT）

（1）INOUT 参数案例

```
DELIMITER //
CREATE PROCEDURE demo_inout_parameter
( INOUT p_inout_num int, INOUT p_inout_str varchar(50) )
BEGIN
DECLARE id int   default 0;
SET id=p_inout_num;
UPDATE user SET email=p_inout_str WHERE user_id=id;
SELECT score INTO p_inout_num FROM user WHERE user_id=id;
SELECT phone INTO p_inout_str FROM user WHERE user_id=id;
END
//
DELIMITER;
```

（2）INOUT 参数调用

INOUT 类型参数在存储过程中的调用，同样需要在外部预先定义好参数变量，并在外部给参数变量赋值，以实现向存储过程内部传值的功能。然后以参数形式传入存储过程，在存储过程内部，可以从参数变量中取得外部传入数据值的同时把需要向外传递的数据值存回参数变量，在存储过程执行完毕后，可在外部通过参数变量读取相关的外传数据值。

定义两个参数变量：

```
SET @ p_inout_num = 5;
SET @ p_inout_str = 'Test@ 163. com';
```

把变量作为参数传入：

```
CALL demo_inout_parameter( @ p_inout_num, @ p_inout_str) ;
```

在外部读取参数变量值：

```
SELECT @ p_inout_num;
SELECT @ p_inout_str;
```

7.4 数据变量

存储过程是面向对象的数据库编程语言，与其他面向对象编程语言类似，可声明变量，用变量来存取某一类值。变量在存储过程中占有非常重要的位置。

7.4.1 变量声明

在 MySQL 语言的存储过程，变量有两种：会话变量和存储过程变量，两种变量的声明方式不同，作用场景也不尽相同，在实际使用中要根据需要加以选择。

7.4.1 变量声明-1

7.4.1 变量声明-2

1. 变量种类

(1) 会话变量

会话变量也叫用户变量，可以在一个用户端会话的任何地方声明，作用域是整个会话，会话断开后，会话变量也就消失。会话变量名以 @ 开头，使用 SET 直接赋值，在一个会话内，会话变量只需初始化一次。

用法示例：

```
SET @ num = 1        #声明了一个名字为"@ num"的会话变量,初始值为 1
```

(2) 存储过程变量

存储过程变量以 DECLARE 关键字声明的变量，只能在存储过程中使用，其命名不需要以@开头。以 DECLARE 声明的变量都会被初始化为 NULL，存储过程变量存在于数据库服务器上。

用法示例：

```
DECLARE mynum   INT DEFAULT 0   #声明"mynum"存储过程变量,初始值为 0
```

2. 变量定义

存储过程变量必须先声明后使用，且存储过程变量的声明语句必须放在其他各类型操作语句的最前面，否则将无法通过语法检查。

存储过程变量定义格式：

```
DECLARE + 变量名 + 数据类型 + [DEFAULT VALUE]
```

变量定义语法分析：

- DECLARE 为声明存储过程变量的关键字。
- 变量名可以任意，但尽可能要达到能表意的目的。
- 数据类型为 MySQL 的数据类型，如：INT、FLOAT、DATE、VARCHAR。
- [DEFAULT VALUE] 为变量初始值，可有可无，若不指定则自动赋 NULL 值。

存储过程变量声明举例：

```
DECLARE my_int int DEFAULT 4000000;
DECLARE my_numeric number(8,2) DEFAULT 9.95;
DECLARE my_date date DEFAULT '1999-12-31';
DECLARE my_datetime datetime DEFAULT '1999-12-31 23:59:59';
DECLARE my_varchar varchar(255) DEFAULT 'This will not be padded';
```

3. 变量存取值

(1) 变量赋值

变量赋值采用关键字 SET 开头，后面跟变量名，赋值符号用等号“=”表示，等号的右边为所需要赋予的值，可以是具体值，也可以是表达式，还可以是查询返回值。

赋值格式：

```
SET 变量名 = 表达式值
```

存储过程变量赋值举例：

```
SET my_int =100;
SET my_numeric = 11.02;
SET my_date = '2009-11-21 ';
SET my_datetime = '2009-11-21 20:50:50';
SET my_varchar = ' Hello';
```

(2) 变量取值

存储过程变量的取值与其他面向对象的编程语言一样，直接调用变量名就可以取得变量上存储的值。

下面的例子定义了一个名字为“course_score”的存储过程变量，然后给其赋值 80，最后把此变量中的值插入“course”表。

```
DECLARE course_score int default 0;
SET course_score =80;
INSERT INTO course VALUES (course_score);
```

下面为一个存储过程案例，以变量“mystr”为例，展示了如何定义变量、给变量赋值、使用变量的完整过程。

```
DELIMITER //
CREATE PROCEDURE proc_declare_demo(IN p_in INTEGER)
BEGIN
DECLARE mystr CHAR(10);
IF p_in = 17 THEN
SET mystr = '--birds--';
ELSE
SET mystr = '--beasts--';
END IF;
INSERT INTO user
(user_name,pass_word,email,phone,sex,score)
VALUES (mystr,mystr,'----@----','81234567','0',111);
END
//
DELIMITER;
```

7.4.2 变量作用域

7.4.2 变量作用域

变量作用域也就是变量发生作用的范围。会话变量存在于客户端的当次会话当中，当客户端关闭时，此变量也就消失，因此会话变量的作用域为单个客户端的整个会话。存储过程变量为数据库服务器上的变量，存储在服务器中，但其作用域并不能认为是整个数据库服务器。

1. 存储过程变量作用域的步骤

存储过程变量作用域的认定按以下 3 个步骤进行：

1）从变量所在位置开始，往上回溯，从最靠近变量的第一个 begin 开始。

2）往下延伸，找到与上面 begin 相匹配的 end 结束。

3）内部的变量比外部变量在其作用域范围内享有更高的优先权。

2. 存储过程变量作用域举例

```
DELIMITER //                                          #代码 1
CREATE PROCEDURE proc3()                              #代码 2
begin                                                 #代码 3
declare x1 varchar(5) default 'outer';                #代码 4
          begin                                       #代码 5
          declare x1 varchar(5) default 'inner';      #代码 6
          select x1;                                  #代码 7
          end;                                        #代码 8
select x1;                                            #代码 9
end;                                                  #代码 10
//                                                    #代码 11
DELIMITER;                                            #代码 12
```

从以上存储过程案例中，可以看到：

1）代码4声明了一个存储过程变量“x1”，其作用域为代码3的begin开始，到代码10的end结束，此变量值为“outer”。

2）代码6声明了另一个存储过程变量“x1”，其作用域为代码5的begin开始，到代码8的end结束，此变量值为“inner”。

3）代码4声明的“x1”为外部变量，代码6声明的“x1”为内部变量，在代码7中，取得的“x1”应为内部变量的值，即取得“inner”值，因内部变量的优先级比外部变量优先级高；在代码9中，取得的“x1”应为外部变量的值，即取得“outer”值。

7.5 流程控制语句

存储过程与其他面向对象的程序设计语言一样，同样包含了数据类型、流程控制、语句注释、输入和输出和自己的函数库。存储过程的流程控制语句有IF ELSE、CASE WHEN THEN、WHILE等，但没有FOR循环，与C++、Java等语言的流程控制语句非常类似。

7.5.1 条件语句

条件语句是流程控制的重要组成部分，跟其他编程语言一样，存储过程允许使用IF关键字来做条件判断，除此之外，还可以使用CASE来实现更为灵活的条件控制。

1. IF语句

7.5.1 条件语句-IF语句

IF语句是最普通的条件控制语句，其语法简单易懂，在存储过程代码中随处可见，也是使用频率最高的条件判断语句。IF语句包含多个条件判断，根据结果值为true或false执行对应的语句块，与编程语言中的IF条件语句极为相似。

（1）IF条件结构

```
IF 条件表达式 THEN
    条件语句块 1(SQL 语句集)
ELSEIF 条件表达式 THEN
    条件语句块 2(SQL 语句集)
...
ELSEIF 条件表达式 THEN
    条件语句块 n-1(SQL 语句集)
ELSE
    条件语句块 n(SQL 语句集)
END IF
```

（2）IF条件流程

此类型条件语句，先判断IF关键字后条件表达式，如果条件表达式成立，则执行本条件后的语句块；如果条件表达式不成立，则判断ELSEIF后的条件表达式，条件成立则执行对应的语句块，不成立则判断下一个ELSEIF条件表达式，ELSEIF语句块可以有多个，如果前面的所有条件表达式都不成立则执行ELSE后面的条件语句块，最后结束IF条件语句，流程如图7-1所示。

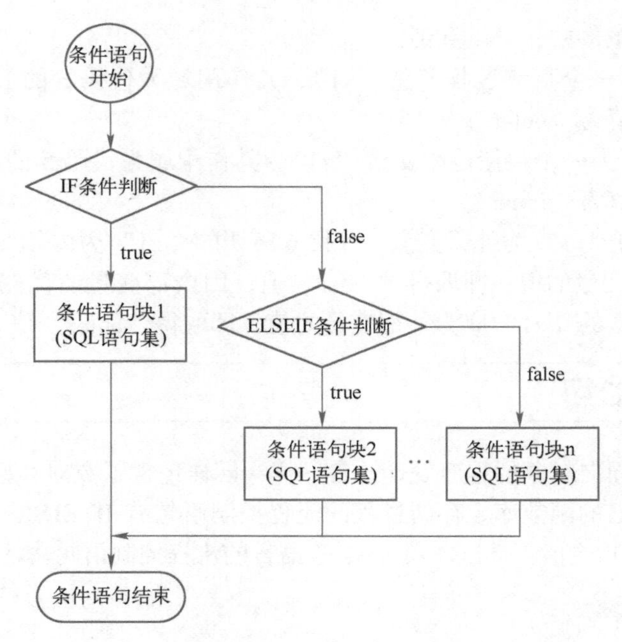

图 7-1 IF 条件流程

（3）IF 条件语法

1）IF 后面跟条件表达式，返回值只能为 true 或 false，为第一个被判断的条件表达式。

2）ELSEIF 后面同样跟条件表达式，只有 IF 的条件表达式不成立，才能执行 ELSEIF 的条件表达运算。

3）THEN 后面跟条件分支语句块，即 SQL 语句集，是一个逻辑语句块。

4）可以有多个 ELSEIF…THEN 语句块，也可以没有。

5）ELSE 表示以上条件均不成立时会执行的语句块，为可选语句块。

6）整个条件语句块的最后面以 ENF IF 表示条件选择语句结构的结束。

（4）语句案例

下面存储过程展示了 IF 语句的用法，以语句“if condition_para = 1 then”开始条件控制，以语句“end if”结束条件控制，中间用“elseif”“else”作为条件分支控制。

```
DELIMITER //
CREATE PROCEDURE proc_if_else(IN if_parameter int)
begin
declare condition_para int;
set condition_para=if_parameter;
if condition_para=1 then
INSERT INTO user
(user_name,pass_word,email,phone,sex,score)
VALUES
('if_user','if_user','if_user@ qq. com','88888888','0',100);
elseif condition_para=2 then
update user set score=200 where user_id<=5;
```

```
elseif condition_para=3 then
update user set score=400 where user_id>5;
else
update user set score=1000;
end if;
end;
//
DELIMITER;
```

2. CASE 语句

CASE 语句也是使用频率非常高的条件控制语句，灵活性非常高，不但可以用在存储过程中，也可以用在单个的 SQL 语句中作条件选择。CASE 条件语句可以实现比 IF 条件更加复杂的选择结构，且 CASE 条件语句比 IF 条件语句更加高效和可读更简洁、直观。

（1）CASE 条件结构

```
CASE 条件变量
    WHEN   条件匹配值 1 THEN   条件语句块 1(SQL 语句集)
    WHEN   条件匹配值 2 THEN   条件语句块 2(SQL 语句集)
    …
    WHEN   条件匹配值 n-1 THEN   条件语句块 n-1(SQL 语句集)
    ELSE   条件语句块 n(SQL 语句集)
END CASE
```

（2）CASE 条件流程

CASE 关键字后为一个条件变量，不一定是逻辑类型的变量，可以是其他各类型的数据变量。CASE 结构从上往下判断条件变量与哪个 WHEN 语句的条件值相匹配，当匹配上后则执行 THEN 后面的条件语句块，可以有多个 WHEN…THEN 语句块，如果所有 WHEN 语句的条件值均无法匹配则直接执行 ELSE 语句的条件语句块，最后结束 CASE 条件语句，流程如图 7-2 所示。

（3）CASE 条件语法

1）CASE 后面跟条件变量，可以是各种数据类型。

2）WHEN 后面跟语句块条件值，跟 CASE 条件变量进行匹配，按照从上到下的结构顺序来匹配条件变量值。

3）THEN 后面跟条件分支语句块，为 SQL 语句集，是一个逻辑语句块。

4）WHEN…THEN 语句块可以有多个，也可以只有一个，根据实际需要自行选择。

5）ELSE 语句块在所有 WHEN 条件均不匹配时，则会执行此语句块。

6）整个条件语句结构最后面以 END CASE 表示结束。

（4）语句案例

下面存储过程展示了 CASE 语句的用法，以语句“case condition_para”开始条件控制，以语句“end case”结束条件控制，中间用“when...then”“else”作为条件分支控制。

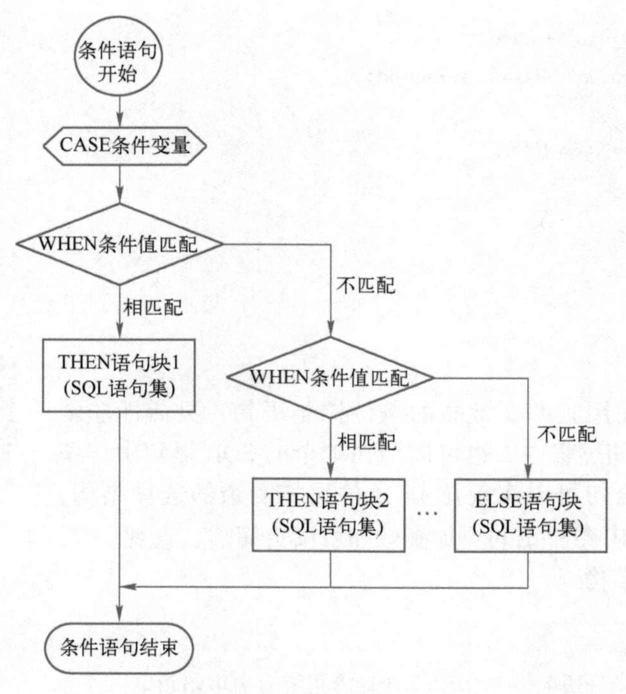

图 7-2 CASE 条件流程

```
DELIMITER //
CREATE PROCEDURE proc_case_when(IN case_parameter int)
begin
declare condition_para int;
set condition_para=case_parameter;
case condition_para
when 1 then
INSERT INTO user
(user_name,pass_word,email,phone,sex,score)
VALUES
('case_user','case_user','case_user@ qq. com','7777777','0',200);
when 2 then
update user set score=300 where user_id<=5;
when 3 then
update user set score=600 where user_id>5;
else
update user set score=2000;
end case;
end;
//
DELIMITER;
```

7.5.2　循环语句

在某些场景下，存储过程中需要重复执行某些代码语句，执行这些语句就需要考虑用循环控制语句。循环控制语句是由循环体及循环的终止条件两部分组成的，被重复执行的语句称为循环体，循环的终止条件一旦出现，程序流程就会跳出循环体。

7.5.2　循环语句-WHILE语句

1. WHILE 语句

（1）WHILE 循环结构

```
WHILE 条件表达式 DO
    SQL 语句集
    修改循环变量
END WHILE
```

（2）WHILE 循环流程

WHILE 循环是带条件的循环控制语句，该类型循环先判断循环的条件，如能满足条件，就执行循环体中的 SQL 语句，如不满足循环的条件，则跳过循环体，结束循环，流程如图 7-3 所示。

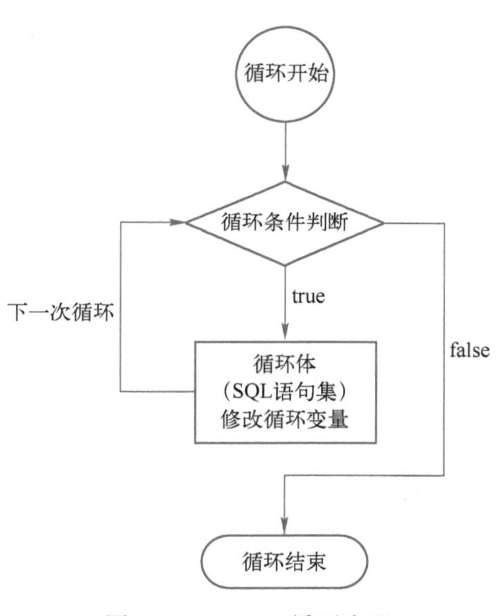

图 7-3　WHILE 循环流程

（3）WHILE 循环语法

1）WHILE 后面跟循环条件表达式，结果值只能为逻辑值：true、false。

2）DO 后面跟循环语句块，即循环体，为重复执行的动作，包括对循环变量的修改等操作。

3）整个循环语句块最后面以 END WHILE 表示循环结构的结束。

（4）语句案例

下面存储过程展示了如何使用 WHILE 语句往 USER 表中插入 100 条记录；循环控制过程以语句“while a<100 do”开始，以语句“end while”结束循环。

```
DELIMITER //
CREATE PROCEDURE proc_while_do()
begin
declare a int;
set a=0;
while a<100 do
INSERT INTO user
(user_name,pass_word,email,phone,sex,score)
VALUES
('case_user','case_user','case_user@ qq. com','7777777','0',a);
set a=a+1;
```

```
end while;
end;
//
DELIMITER;
```

7.5.2 循环语句-REPEAT语句

2. REPEAT 语句

(1) REPEAT 循环结构

```
REPEAT
    SQL 语句集
    修改循环变量
UNTIL 条件表达式
END REPEAT
```

(2) REPEAT 循环流程

REPEAT 循环同样是有条件的循环控制语句，但该类型循环与 WHILE 循环有较大的差别，REPEAT 语句是先执行一次循环体，再回来运算循环的条件表达式。特别注意，该条件表达式为跳出循环的条件，不是继续循环的条件，如果条件表达式值为 false，则继续执行循环体，如果条件表达式值为 true，则表示满足跳出循环的条件，直接终止循环，流程如图 7-4 所示。

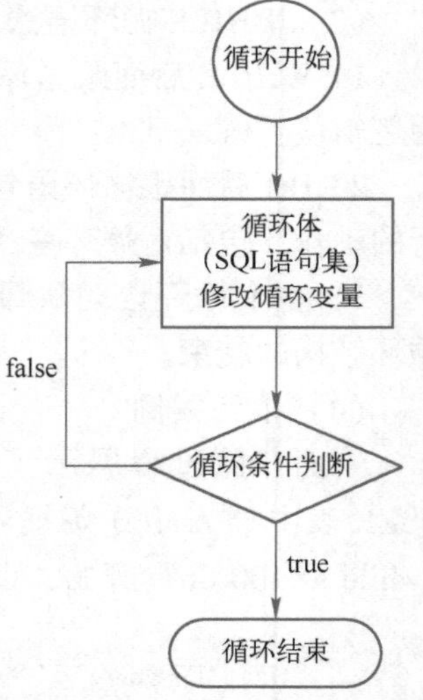

图 7-4 REPEAT 循环流程

(3) REPEAT 循环语法

1) REPEAT 后面直接跟循环的 SQL 语句集（即循环体），为重复执行的动作，包括对循环变量的修改等操作。

2) UNTIL 后面为跳出循环的条件表达式，结果值为 false 时继续执行循环体，为 true 时则终止循环。

3) 整个循环语句块最后以 END REPEAT 表示循环结构的结束。

4) 先执行 REPEAT 的循环语句块，后检查 UNTIL 条件语句，该类型循环至少执行一次循环体。

(4) 语句案例

下面存储过程展示了如何使用 REPEAT 语句往 USER 表中插入 200 条记录；循环控制过程以语句“repeat”开始，以语句“end repeat”结束循环。

```
DELIMITER //
CREATE PROCEDURE proc_repeat_until()
begin
declare b int;
set b=0;
repeat
INSERT INTO user
```

```
(user_name,pass_word,email,phone,sex,score)
VALUES
('repeat_user','repeat_user','repeat_user@qq.com','11111','0',b);
set b=b+1;
until b>=200
end repeat;
end;
//
DELIMITER;
```

7.5.3 注释语句

注释语句是任何一种编程语言都有的语句，被注释的语句在编译时，将被忽略，在程序运行时将不起任何作用。注释语句存在的目的是为了提高程序的可读性，在编程时可用注释语句来对程序中的代码进行说明，方便以后对代码的管理与维护。存储过程（MySQL）有两种风格的注释形式，分别是双横杠风格与编程风格。

（1）双横杠风格

双横杠风格语法：

```
'--'  +空格
```

用法示例：

```
-- DECLARE mypass CHAR(10)                #用于单行注释
```

（2）编程风格

编程风格语法：

```
/*  …  */
```

用法示例：

```
/* SET mystr = 'birds'; */                #用于多行注释
```

两种注释方式的作用范围虽不相同，注释风格也稍有差别，但功能作用是一样的，在实际应用中可根据程序代码的编写需要灵活选用。

在以下存储过程语句代码中，代码2、代码4、代码7为单行注释语句，不参与程序的编译与运行，代码19、代码20、代码21、代码22为多行注释语句，在多行注释语句的作用下，该插入语句将失效。

```
delimiter //                                         #代码1
--判断存储过程是否已存在                              #代码2
drop procedure if exists case_when_proc //           #代码3
--创建存储过程 case_when_proc                         #代码4
create procedure case_when_proc(in para int)         #代码5
begin                                                #代码6
```

```
        -- declare num int;                                  #代码 7
        declare con_para int;                                #代码 8
        set con_para=para;                                   #代码 9
        case con_para                                        #代码 10
            when 1 then                                      #代码 11
                delete from user;                            #代码 12
            when 2 then                                      #代码 13
                delete from  order;                          #代码 14
            else                                             #代码 15
                delete from user;                            #代码 16
                delete from order;                           #代码 17
        end case;                                            #代码 18
        /*                                                   #代码 19
        insert into user (user_id,user_name,pass_word,email) #代码 20
        values('U00034','LiXiao','12345','li@163.com')       #代码 21
         */                                                  #代码 22
    end;                                                     #代码 23
    //                                                       #代码 24
    delimiter;                                               #代码 25
```

7.6 案例：开发积分模块数据汇总存储过程

存储过程是一种开发人员编写的自定义函数，通过编写存储过程可以灵活处理各种数据逻辑问题，可以高效进行数据汇总运算，适用于各种复杂的应用场景，常与定时任务搭配，执行周期性的数据汇总任务。

1. 功能需求描述

在一个会员管理系统的会员积分模块有会员信息、积分规则、会员积分明细 3 张数据表。3 张数据表的结构及关系如下，请按相关要求在数据库环境中创建存储过程，并使用存储过程汇总运算相关数据问题。

1）会员信息表中有会员编号、会员名称、会员年龄、会员生日、会员性别、注册时间、会员备注等字段，相关结构如表 7-1 所示。表中的备注字段标记会员的等级，默认状态下为空值，需要通过存储过程运算汇总出各会员的相关等级，并标注相应级别。

表 7-1　会员信息表（MEMBER）字段结构

序号	字段逻辑名称	字段物理名称	数据类型	备注
1	会员编号	MEMBER_ID	VARCHAR(45)	主键
2	会员名称	MEMBER_NAME	VARCHAR(45)	非空
3	会员年龄	MEMBER_AGE	SMALLINT	非空
4	会员生日	MEMBER_BIRTHDAY	DATE	非空
5	会员性别	MEMBER_GENDER	CHAR(1)	非空
6	注册时间	REGISTER_TIME	DATETIME	非空
7	会员备注	MEMBER_MARK	VARCHAR(45)	标记会员等级

2）积分规则表包含积分规则编号、积分操作类型、积分值、规则创建时间、规则状态等字段，相关结构如表7-2所示。表中的规则状态字段值为0时表示此积分规则无效，值为1时表示此积分规则已正式生效。

表7-2 积分规则表（RULE）字段结构

序号	字段逻辑名称	字段物理名称	数据类型	备注
1	积分规则编号	RULE_ID	VARCHAR(45)	主键
2	积分操作类型	RULE_TYPE	VARCHAR(45)	非空
3	积分值	RULE_SCORE	SMALLINT	非空
4	规则创建时间	SETUP_TIME	DATETIME	非空
5	规则状态	RULE_STATUS	CHAR(1)	0-无效,1-有效

3）会员积分明细表是一个中间表，存储每个会员的积分明细记录，包含会员编号、积分规则编号、积分操作时间、是否已审核等字段，相关结构如表7-3所示。表中以（会员编号、积分规则编号）作为联合主键，“是否已审核”字段值为“Y”表示已审核，值为“N”时表示未审核，只有已审核的积分记录可以计算会员的积分。

表7-3 会员积分明细表（MEMBER_RULE）字段结构

序号	字段逻辑名称	字段物理名称	数据类型	备注
1	会员编号	RULE_ID	VARCHAR(45)	主键字段
2	积分规则编号	RULE_TYPE	VARCHAR(45)	主键字段
3	积分操作时间	RULE_SCORE	SMALLINT	非空
4	是否已审核	SETUP_TIME	DATETIME	Y-已审核,N-未审核

4）开发一个存储过程，统计汇总出各会员的积分数据，然后根据各会员的积分值在会员信息表的会员备注（MEMBER_MARK）字段填充会员的级别信息，相关会员级别界定如表7-4所示。

表7-4 会员级别界定

序号	会员积分	会员级别
1	小于10	普通会员
2	10~15	绿色会员
3	15~20	星级会员
4	20~25	VIP会员
5	大于25	钻石会员

2. 功能操作实现

本案例为存储过程在实际数据汇总的应用，通过开发存储过程可进一步提升数据处理的效率与能力。本案例中应先按相关需求进行数据库环境创建及初始化，然后开发出存储过程进行数据处理。

1）根据需求分析对积分模块3张数据表进行设计，通过以下SQL脚本进行数据库环境构建和数据初始化。

```
CREATE DATABASE IF NOT EXISTS proc;
USE proc;
DROP TABLE IF EXISTS member;
CREATE TABLE member (
  member_id varchar(45) NOT NULL,
  member_name varchar(45) NOT NULL,
  member_age smallint(5) unsigned NOT NULL,
  member_birthday date NOT NULL,
  member_gender char(1) NOT NULL,
  register_time datetime NOT NULL,
  member_mark varchar(45) default NULL,
  PRIMARY KEY  (member_id)
);
INSERT INTO member
(member_id, member_name, member_age, member_birthday, member_gender, register_time, member_
mark) VALUES
  ('M011','孙丽英',25,'1998-06-05','女','2021-05-03 13:20:15',NULL),
  ('M012','陈秀芳',28,'1995-09-08','女','2021-11-24 17:20:45',NULL),
  ('M013','赵陆平',30,'1993-03-15','男','2022-04-09 09:30:15',NULL),
  ('M014','张向峰',24,'1999-07-25','男','2022-09-07 15:20:20',NULL),
  ('M015','黄素华',26,'1997-06-13','女','2023-04-13 23:20:10',NULL);
DROP TABLE IF EXISTS member_rule;
CREATE TABLE member_rule (
  member_id varchar(45) NOT NULL,
  rule_id varchar(45) NOT NULL,
  operation_time datetime NOT NULL,
  is_check char(1) NOT NULL,
  PRIMARY KEY  (member_id,rule_id)
);
INSERT INTO member_rule (member_id,rule_id,operation_time,is_check) VALUES
  ('M011','R001','2022-04-09 13:15:10','Y'),
  ('M011','R002','2022-06-07 13:15:10','Y'),
  ('M011','R004','2023-02-08 10:10:40','Y'),
  ('M011','R005','2022-03-13 10:10:10','Y'),
  ('M012','R001','2021-10-13 14:30:35','Y'),
  ('M012','R002','2021-11-05 17:30:25','Y'),
  ('M012','R003','2021-06-03 15:30:25','Y'),
  ('M012','R004','2023-01-25 16:30:40','Y'),
  ('M013','R001','2021-08-09 18:30:25','Y'),
  ('M013','R003','2022-02-10 11:25:10','Y'),
  ('M013','R004','2022-05-09 15:16:10','Y'),
  ('M013','R005','2022-10-25 09:20:10','N'),
  ('M014','R001','2023-04-08 12:10:20','Y'),
```

```
    ('M014','R002','2023-01-08 16:32:40','N'),
    ('M014','R003','2023-02-18 10:30:40','Y'),
    ('M014','R004','2023-04-21 10:30:20','Y'),
    ('M014','R005','2023-01-08 16:32:40','N'),
    ('M015','R001','2023-03-18 18:22:20','N'),
    ('M015','R002','2023-04-22 11:30:30','Y'),
    ('M015','R003','2023-03-09 16:30:50','Y'),
    ('M015','R005','2022-07-21 13:15:10','Y');
DROP TABLE IF EXISTS rule;
CREATE TABLE rule (
    rule_id varchar(45) NOT NULL,
    rule_type varchar(45) NOT NULL,
    rule_score smallint(6) NOT NULL,
    setup_time datetime NOT NULL,
    rule_status varchar(45) NOT NULL,
    PRIMARY KEY  (rule_id)
);
INSERT INTO rule (rule_id,rule_type,rule_score,setup_time,rule_status) VALUES
    ('R001','点赞',2,'2020-05-16 17:20:40','1'),
    ('R002','评论',4,'2021-10-08 09:13:35','1'),
    ('R003','发帖',6,'2022-03-20 11:17:30','1'),
    ('R004','分享',8,'2022-08-18 15:20:50','1'),
    ('R005','建议',10,'2023-04-20 10:30:40','1');
```

2）数据库环境构建完毕，将创建出会员信息、会员积分规则、会员积分明细 3 张数据表，分别如图 7-5～图 7-7 所示。

member_id	member_name	member_age	member_birthday	mebmer_gender	register_time	mebmer_mark
M011	孙丽英	25	1998-06-05	女	2021-05-03 13:20:15	NULL
M012	陈秀芳	28	1995-09-08	女	2021-11-24 17:20:45	NULL
M013	赵陆平	30	1993-03-15	男	2022-04-09 09:30:15	NULL
M014	张向峰	24	1999-07-25	男	2022-09-07 15:20:20	NULL
M015	黄素华	26	1997-06-13	女	2023-04-13 23:20:10	NULL

图 7-5　会员信息表（MEMBER）

rule_id	rule_type	rule_score	setup_time	rule_status
R001	点赞	2	2020-05-16 17:20:40	1
R002	评论	4	2021-10-08 09:13:35	1
R003	发帖	6	2022-03-20 11:17:30	1
R004	分享	8	2022-08-18 15:20:50	1
R005	建议	10	2023-04-20 10:30:40	1

图 7-6　积分规则表（RULE）

3）用 SQL 语句实现 MEMBER、MEMBER_RULE、RULE 三表连接并以 MEMBER_ID 字段作排序，列出各会员的积分明细数据，如图 7-8 所示。

member_id	rule_id	operation_time	is_check
M011	R001	2022-04-09 13:15:10	Y
M011	R002	2022-06-07 13:15:10	Y
M011	R004	2023-02-08 10:10:40	Y
M011	R005	2022-03-13 10:10:10	Y
M012	R001	2021-10-13 14:30:35	Y
M012	R002	2021-11-05 17:30:25	Y
M012	R003	2021-06-03 15:30:25	Y
M012	R004	2023-01-25 16:30:40	Y
M013	R001	2021-08-09 18:30:25	Y
M013	R003	2022-02-10 11:25:10	Y
M013	R004	2022-05-09 15:16:10	Y
M013	R005	2022-10-25 09:20:10	N
M014	R001	2023-04-08 12:10:20	Y
M014	R002	2023-01-08 16:32:40	N
M014	R003	2023-02-18 10:30:40	Y
M014	R004	2023-04-21 10:30:20	Y
M014	R005	2023-01-08 16:32:40	N
M015	R001	2023-03-18 18:22:20	N
M015	R002	2023-04-22 11:30:30	Y
M015	R003	2023-03-09 16:30:50	Y
M015	R005	2022-07-21 13:15:10	Y

图 7-7　会员积分明细表（MEMBER_RULE）

member_id	member_name	rule_id	rule_type	rule_score	rule_status	operation_time	is_check
M011	孙丽英	R001	点赞	2	1	2022-04-09 13:15:10	Y
M011	孙丽英	R005	建议	10	1	2022-03-13 10:10:10	Y
M011	孙丽英	R004	分享	8	1	2023-02-08 10:10:40	Y
M011	孙丽英	R002	评论	4	1	2022-06-07 13:15:10	Y
M012	陈秀芳	R001	点赞	2	1	2021-10-13 14:30:35	Y
M012	陈秀芳	R004	分享	8	1	2023-01-25 16:30:40	Y
M012	陈秀芳	R002	评论	4	1	2021-11-05 17:30:25	Y
M012	陈秀芳	R003	发帖	6	1	2021-06-03 15:30:25	Y
M013	赵陆平	R004	分享	8	1	2022-05-09 15:16:10	Y
M013	赵陆平	R005	建议	10	1	2022-10-25 09:20:10	N
M013	赵陆平	R003	发帖	6	1	2022-02-10 11:25:10	Y
M013	赵陆平	R001	点赞	2	1	2021-08-09 18:30:25	Y
M014	张向峰	R005	建议	10	1	2023-01-08 16:32:40	N
M014	张向峰	R003	发帖	6	1	2023-02-18 10:30:40	Y
M014	张向峰	R002	评论	4	1	2023-01-08 16:32:40	N
M014	张向峰	R001	点赞	2	1	2023-04-08 12:10:20	Y
M014	张向峰	R004	分享	8	1	2023-04-21 10:30:20	Y
M015	黄素华	R003	发帖	6	1	2023-03-09 16:30:50	Y
M015	黄素华	R002	评论	4	1	2023-04-22 11:30:30	Y
M015	黄素华	R001	点赞	2	1	2023-03-18 18:22:20	N
M015	黄素华	R005	建议	10	1	2022-07-21 13:15:10	Y

图 7-8　三表连接数据检索集

```
select m.member_id,m.member_name, r.rule_id,r.rule_type,r.rule_score,r.rule_status,mr.operation_
time,mr.is_check
from member m ,member_rule mr,rule r
where m.member_id=mr.member_id and r.rule_id=mr.rule_id
order by m.member_id;
```

4）删除未审核（IS_CHECK 值为“N”）的积分记录后，对三表连接的数据集进行分组处理，使用聚合函数（SUM）统计汇总出每个会员的总积分，如图 7-9 所示。

```
select m. member_id, m. member_name, sum(r. rule_score) as member_sum_score
from member m ,member_rule mr, rule r
where m. member_id=mr. member_id and r. rule_id=mr. rule_id and r. rule_status=1 and mr. is_check='Y'
group by m. member_id;
```

member_id	member_name	member_sum_score
M011	孙丽英	24
M012	陈秀芳	20
M013	赵陆平	16
M014	张向峰	16
M015	黄素华	20

图 7-9 会员积分汇总数据集

5）编写存储过程代码，在存储过程中把会员信息表（MEMBER）与图 7-9 所示的会员积分汇总数据集作连接比对，按会员积分与等级的界定标准，为会员信息表的会员备注字段（MEMBER_MRAK）填充等级信息。

```
delimiter //
drop procedure if exists member_proc //
create procedure member_proc()
begin
    declare n int;
    declare member_rank varchar(45);
    declare member_rank_condition varchar(100);
    set n=5;
    while n>=1 do
        if n=1 then
            set member_rank='普通会员';
            set member_rank_condition='10';
        elseif n=2 then
            set member_rank='绿色会员';
            set member_rank_condition='15';
        elseif n=3 then
            set member_rank='星级会员';
            set member_rank_condition='20';
        elseif n=4 then
            set member_rank='VIP 会员';
            set member_rank_condition='25';
        elseif n=5 then
            set member_rank='钻石会员';
            set member_rank_condition='1000';
```

```
            end if;
            update member me,
            (
                select m. member_id,m. member_name,sum(r. rule_score) as member_sum_score
                from member m ,member_rule mr,rule r
                where m. member_id=mr. member_id and r. rule_id=mr. rule_id and r. rule_status=1 and
mr. is_check='Y'
                group by m. member_id
            ) as son
            set me. member_mark=member_rank
            where me. member_id=son. member_id and son. member_sum_score<member_rank_condition;
            set n=n-1;
        end while;
end
//
delimiter;
```

6）在数据库环境中执行以上存储过程代码，即可创建积分数据汇总存储过程，调用存储过程即可统计汇总并标注出每个会员的等级，如图 7-10 所示的 MEMBER_MARK 字段。如果需要每天统计会员等级的变化，可设定一个定时任务，每天在特定时间调用该存储过程即可实现自动进行积分汇总并更新会员等级功能。

```
call member_proc();
```

member_id	member_name	member_age	member_birthday	mebmer_gender	register_time	member_mark
M011	孙丽英	25	1998-06-05	女	2021-05-03 13:20:15	VIP会员
M012	陈秀芳	28	1995-09-08	女	2021-11-24 17:20:45	VIP会员
M013	赵陆平	30	1993-03-15	男	2022-04-09 09:30:15	星级会员
M014	张向峰	24	1999-07-25	男	2022-09-07 15:20:20	星级会员
M015	黄素华	26	1997-06-13	女	2023-04-13 23:20:10	VIP会员

图 7-10　汇总后的会员信息数据表

拓展阅读　基于 Hadoop 的大数据仓库技术

随着数据的不断增长和复杂性增加，建立数据仓库已经成为数据管理的重要一环。Hadoop 作为一个开源的分布式计算框架，因其高可靠性、高可扩展性和低成本等优势，成为建立数据仓库的理想选择。

数据仓库是一个面向主题、集成、非易失性的数据集合，是决策支持系统和联机分析应用数据源的结构化数据环境。而 Hadoop 则是一个分布式计算框架，通过分布式存储和计算，可以处理大规模的数据。

作为一种大数据处理技术，Hadoop 具有天然的三大优势。

1）高可靠性：Hadoop 通过备份和容错机制，保证了数据的高可靠性。

2）高可扩展性：Hadoop 通过增加节点的方式扩展集群的规模，支持大规模数据的处理。

3）低成本：Hadoop 通过廉价的硬件设备构建，降低了企业的成本。因此，将 Hadoop 与数据仓库相结合，可以有效解决数据管理的问题。

当然，Hadoop 大数据仓库也存在一些挑战和问题，一是数据隐私和安全问题，因为数据分散存储在多个节点上，可能会被恶意攻击或泄露。另一个是性能问题，因为 Hadoop 大数据仓库的性能受到多个因素的影响，如数据规模、节点数量、网络带宽等，此外，Hadoop 大数据仓库还需要专业技术人员来管理和维护，而且其成本较高。

Hadoop 大数据仓库是一种重要的数据处理和分析技术，可以帮助用户更好地管理和利用数据。虽然它存在一些挑战和问题，但随着技术的不断发展和完善，Hadoop 大数据仓库将会变得更加成熟和普及。

（资料来源：https://developer.baidu.com/article/detail.html?id=373430、https://developer.baidu.com/article/detail.html?id=367257，有改动）

练习题

一、选择题

1. 存储过程由一组预先定义并被（　　）的 Transact-SQL 语句组成。[单选]

A. 编写　　B. 解释　　C. 编译　　D. 保存

2. 以下（　　）不是存储过程的优点。[单选]

A. 实现模块化编程，能被多个用户共享和重用

B. 可以加快程序的运行速度

C. 可以增加网络的流量

D. 可以提高数据库的安全性

3. 关于存储过程，下列说法中正确的是（　　）。[单选]

A. 不能有输入参数　　B. 没有返回值

C. 可以自动被执行　　D. 不能有输出参数

4. 下面关于存储过程的描述中，不正确的是（　　）。[单选]

A. 存储过程实际上是一组 T- SQL 语句

B. 存储过程独立于数据库而存在

C. 存储过程可以完成某一特定的业务逻辑

D. 存储过程预先被编译存放在服务器的系统表中

5. 用于创建存储过程的 SQL 语句为（　　）。[单选]

A. CREATE PROCEDURE　　B. CREATE RULE

C. CREATE DURED　　D. CREATE FILE

6. 用于存储过程修改的 SQL 语句为（　　）。[单选]

A. ALTER DATABASE　　B. ALTER VIEW

C. ALTER TRIGGER　　D. ALTER PROCEDURE

7. 下面关于存储过程说法正确的是（　　）。[多选]

A. 存储过程共有 IN、OUT、INOUT 三种参数类型

B. 通过权限设置可使某些用户只能通过存储过程访问数据表

C. 存储过程中只能包含数据查询语句

D. 通过存储过程查询数据，屏蔽了 T-SQL 命令，虽然方便了用户操作，执行速度却慢了

8. 存储过程的类型有（　　　　）。[多选]

A. 系统存储过程　　　　B. 本地存储过程

C. 临时存储过程　　　　D. 远程存储过程

E. 扩展存储过程

9. 关于存储过程的描述，错误的是（　　　　）。[单选]

A. 存储过程可以屏蔽表的细节，起到安全作用

B. 存储过程可以简化用户的操作

C. 存储过程可以提高系统的执行效率

D. 存储过程属于客户端程序

10. 对于下面的存储过程：

```
CREATE PROCEDURE mysp1 (IN p Int)
BEGIN
SELECT St_name, Age FROM Students WHERE Age=p
END
```

调用这个存储过程查询年龄为 15 岁学生的正确方法是（　　　　）。[单选]

A. CALL mysp1('15')　　　　B. CALL mysp1(15)

C. CALL mysp1(@P='15')　　　　D. CALL mysp1(@P=15)

二、操作题

创建一张学生信息表（STUDENT_INFO），表中包含学号、姓名、班级、年级、专业、已修学分等字段。

1）现在要求在数据库环境中创建出该数据表，并通过存储过程的循环控制结构为学生信息数据表插入 10000 条数据。

其中已修学分通过聚合函数组合“substring(rand(),3,2)”动态生成 100 以内的随机整数。

2）创建一张达标学生表（STUDENT_OK），该表与学生信息表（STUDENT_INFO）的结构相同，现要求使用存储过程把 STUDENT_INFO 表中已修学分超过 70 分的学生数据信息同步到 STUDENT_OK 表中。

数据表之间数据同步语法格式：

```
INSERT INTO new_table (column1,column2) SELECT column1, column2 FROM old_table
```

第 8 章　触发器

本章目标：

知识目标	能力目标	素质目标
① 了解触发器的基本概念 ② 了解触发器的作用 ③ 理解触发器的原理和过程 ④ 掌握触发器的开发语法 ⑤ 熟悉触发器应用中的相关事件 ⑥ 掌握 NEW 与 OLD 关键字的使用	① 能够灵活应用 BEFORE 与 AFTER 时间点 ② 能够灵活应用 NEW 与 OLD 关键字 ③ 能够通过触发器实现级联操作 ④ 能够通过触发器实现数据审计 ⑤ 能够通过触发器实现数据约束 ⑥ 能够熟练使用数据库 IDE 开发触发器	① 具有良好的专业术语表达能力 ② 具有数据库编程开发设计能力 ③ 具有乐于探索科学的品格与精神 ④ 具有良好的创新能力与意识 ⑤ 养成敬业爱岗、无私奉献的职业精神

8.1 触发器概述

8.1　触发器概述

触发器是数据库提供给程序员和数据分析员来保证数据完整性的一种机制，它是一种与数据表事件相关的特殊的存储过程。触发器的执行不是由程序调用，也不需要手工开启，而是由数据表上的事件来触发，当用户对一个数据表进行增、删、改操作时，就会激活它执行。

触发器可以查询其他表，而且可以包含复杂的 SQL 语句。它们主要用于强制服从复杂的业务规则或要求。触发器也可用于强制引用完整性，以便在多个表中添加、更新或删除行时，保留在这些表之间所定义的关系。

触发器功能强大，可轻松可靠地实现许多复杂的功能，但也不能过于依赖触发器，滥用触发器会造成关系数据库及应用程序的维护困难，产生性能、效率低下等问题，在实际应用中，要根据需要选择合适的解决方案。

8.1.1 触发器的作用

8.1.1　触发器的作用

触发器是一类特殊的存储过程，在插入、删除、修改特定表中数据时触发执行，拥有比数据库本身更强大的数据控制能力，具有以下四方面的作用。

(1) 数据安全

数据安全主要是指对信息系统中的业务数据，提供一种数据变更的审核机制，当其通过安全策略的审核后，允许用户变更相关数据，否则直接拒绝数据变更的请求。

如以下两个场景中，触发器可以检查用户的操作，在不符合业务规则的前提下，拒绝用户操作，进一步提升业务数据的准确性。

- 基于时间限制用户的操作，例如在一些特定的信息系统中不允许非工作时段修改数据库数据。
- 基于数据库中的数据限制用户的操作，例如不允许股票价格的升幅一次超过 10%。

（2）数据审计

数据审计主要是指对数据服务器上的记录进行变更时的一种用户权限的即时审查，以及用户行为的全方位记录，以便于事后对数据变更过程的追溯，保证数据变更合法性。

审计原理如下。

- 包含审计表、业务表。
- 所有用户都能操作业务表。
- 只有管理员才拥有审计表权限。
- 审计用户操作数据库的语句。
- 把用户对数据库的更新写入审计表。

（3）数据约束

数据约束是指对用户的操作行为将导致业务数据与实际情况相悖的行为进行检查约束，以规避此类问题的发生，从而保证数据的完整性与一致性。触发器的数据约束原理主要依赖以下两点。

- 实现对数据表的完整性检查和约束，例如退回任何企图买进超过自己资金的货物。
- 为字段项提供可变的默认值，例如为数据表的某个时间类型的字段设置其默认值为当前时间点。

（4）数据连环更新

数据连环更新是指当对数据进行更新操作时，将对所有与此数据相关联的数据进行联合的更新操作，以保证数据的完整性与一致性。连环更新的实现原理主要依赖以下 3 点。

- 修改或删除时级联修改或删除其他表中的与之匹配的行。
- 修改或删除时把其他表中与之匹配的行设成 NULL 值。
- 修改或删除时把其他表中与之匹配的行级联设成默认值。

8.1.2 触发器的原理

触发器具有强大的功能，其实现依赖两个重要的原理，即在操作中使用临时表备份修改前的数据，以及对数据变更的数据表进行逐行检查。在操作合法的前提下，操作结束前将删除临时表中的数据；若操作不合法，则会使用临时表中备份的数据重新恢复到原数据表中。

具体来说，每个触发器有两个特殊的表：插入表和删除表，有以下几个特点：

- 这两个表是逻辑表，并且这两个表是由系统管理的，存储在内存中，不是存储在数据库中，因此不允许用户直接对其修改。
- 这两个表的结构总是与被该触发器作用的表有相同的表结构。
- 这两个表是动态驻留在内存中的，当触发器工作完成，这两个表也被删除。这两个表主要保存因用户操作而被影响到的原数据值或新数据值。
- 这两个表是只读的，且只在触发器内部可读，即用户不能向这两个表写入内容，但可以在触发器中引用表中的数据。

对一个定义了插入类型触发器的表来讲，一旦对该表执行了插入操作，那么对该表插入的所有行来说，都有一个相应的副本级存放到插入表中，即插入表就是用来存储原表插入的新数据行。

对一个定义了删除类型触发器的表来讲，一旦对该表执行了删除操作，则将所有的被删除的行存放至删除表中。这样做的目的是，一旦触发器遇到了强迫它中止的语句被执行时，可以从删除表中还原删除的那些行。

特别注意的是，更新操作包括两个部分动作，一是先将旧的内容删除，二是将新值插入。因此，对一个定义了更新类型触发器的表来讲，当执行更新操作时，在删除表中存放了修改之前的旧值，然后在插入表中存放的是修改之后的新值。

触发器对数据约束的原理是逐行检查，当在数据表上执行插入、删除和更新操作，触发器将会被触发执行，每条SQL语句的操作哪怕只影响数据库中的一条记录，也会检查此次操作对其他记录的影响，会对表中的所有记录按触发器上所定义的约束进行全方位的检查，如果表中数据比较大，达到百万级的情况下，触发器这个逐行检查原理会严重影响系统的性能，因此在使用触发器时需慎重评估其性能风险。

8.2 触发器的使用

触发器是一类特殊的存储过程，开发人员也可以定义、编写符合业务需求的触发器来维护数据的完整性。触发器的控制流程及控制语句与存储过程相同，但触发器与存储过程还是有相当大的差别，触发器的定义格式和开启方式与存储过程不同，作为数据管理员或开发人员熟练掌握触发器的用法对维护、操作数据库至关重要。

8.2.1 触发器基本语法

1. 创建触发器

8.2.1 触发器基本语法

触发器可以创建在数据表上，也可以创建在视图上，在数据表上创建触发器后，相关的操作事件发生时，即可自动引发触发器，触发器中的代码将被执行。

（1）创建语法

```
CREATE TRIGGER + 触发器名称 + 触发时间点 + 触发事件 + ON + 表名 + FOR EACH ROW
BEGIN
…
END
```

（2）触发时间点

- BEFORE：在触发事件发生前引发触发器。
- AFTER：在触发事件完成后引发触发器。

（3）触发事件

- INSERT：对数据表插入数据时将引发触发器。
- UPDATE：对数据表更新数据时将引发触发器。
- DELETE：对数据表删除数据时将引发触发器。

以下语句创建一个名字为 upd_check 的触发器，其在对 account 表作更新（UPDATE）操作之前（BEFORE）自动触发。

```
CREATE TRIGGER upd_check BEFORE UPDATE ON account FOR EACH ROW
BEGIN
…
END
```

2. 删除触发器

触发器创建完成后即对数据表中相关操作进行监控，如果需要解除对数据操作行为的监控，则可以删除对应的触发器。删除触发器使用 DROP 关键字，与删除数据表结构为同一关键字，删除数据表不影响数据环境中数据的存储及数据的组织。当某一触发器已经创建，想重新创建同名的触发器时，必须先删除原有的触发器。

删除语法：

```
DROP TRIGGER + 触发器名称
```

用法示例：

```
DROP TRIGGER upd_check        #删除一个名字为"upd_check"的触发器
```

3. 触发器应用

1）用以下 SQL 语句创建 tab1、tab2 数据表。

```
DROP TABLE IF EXISTS tab1;
CREATE TABLE tab1(
    tab1_idvarchar(11)
);
DROP TABLE IF EXISTS tab2;
CREATE TABLE tab2(
    tab2_idvarchar(11)
);
```

2）用下面语句创建触发器，往 tab1 表添加记录的时候，将解发此触发器并将新记录同时插入到 tab2 表中。

```
DELIMITER //
DROP TRIGGER IF EXISTS t_afterinsert_on_tab1;
CREATE TRIGGER t_afterinsert_on_tab1
AFTER INSERT ON tab1 FOR EACH ROW
BEGIN
    insert into tab2(tab2_id) values(new.tab1_id);
END;
//
DELIMITER;
```

3）当用下面语句往 tab1 表插入记录时，看以 tab2 表中同时也添加了同样的记录，如图 8-1 和图 8-2 所示。

```
INSERT INTO tab1(tab1_id) values('0001');
INSERT INTO tab1(tab1_id) values('0002');
INSERT INTO tab1(tab1_id) values('0003');
```

tab1_id
0001
0002
0003

图 8-1　tab1 数据表

tab2_id
0001
0002
0003

图 8-2　tab2 数据表

8.2.2　触发器高级操作

8.2.2　触发器高级操作

1. NEW 与 OLD

NEW 与 OLD 是触发器中两个重要的指代对象，NEW 指代操作事件执行完毕之后新的数据行（新记录），OLD 指代操作事件发生之前旧的数据行（旧记录）。

在数据库的触发器中经常会用到更新前的值和更新后的值，掌握 NEW 与 OLD 两个指代对象的用法对触发器编程、数据取值、赋值非常重要。

有 User 表如图 8-3 所示，若执行以下更新操作语句：

```
UPDATE User SET score=85 WHERE user_id=4;
```

则在此操作中，OLD 表示未执行 UPDATE 语句前 user_id=4 这行记录；而 NEW 则表示执行 UPDATE 语句后 user_id=4 这行记录。

user_id	user_name	phone	score
1	LiMing	83278904	60
2	ZhuangPing	83278678	70
3	LuMei	83278904	10
4	QiaoBing	83278452	70
5	Kerry	83278678	50
6	Jetty	83278904	90
7	Lucy	83278904	40
8	Honey	83278904	80
9	Wendy	83278452	50
10	Rose	83278904	30

图 8-3　User 表

从上面的叙述中可知，NEW 与 OLD 均代表某一行记录，OLD 所代表的是写操作发生前的这一行旧数据，NEW 则代表写操作发生后的这一行新的数据。正因如此可以把 NEW 与 OLD 看作是面向对象编程里面的一个对象或实例，与面向对象的方式类似，可用 NEW. 字段名 或 OLD. 字段名的方式对关系表中的数据项进行存取值。

取值格式：

```
OLD.字段名        #未执行操作前的该行对应的某字段值
NEW.字段名        #执行操作后的该行对应的某字段值
```

用法示例（以 User 表的 UPDATE 操作为例）：

```
OLD.score       #取得 User 表 UPDATE 操作前的 score 字段旧值是 70
NEW.score       #取得 User 表 UPDATE 操作后的 score 字段新值是 85
```

如果要使用 NEW 语句进行赋值操作，只能在 BEFORE 类型的触发器中使用，不能在 AFTER 类型的触发器中使用，因为在 AFTER 类型的触发器中，对数据表的操作行为已经结束，此时再赋值将无法影响操作事件，失去赋值的意义。

插入操作事件发生前可以使用 BEFORE 先赋值、再插入到数据库中，以下语句是正确的。

```
CREATE TRIGGERinsert_tri BEFORE INSERT ON consumeinfo FOR EACH ROW
BEGIN SET new. 金额=0; END;
```

插入操作事件结束后，不能在 AFTER 中用 NEW 赋值，因为操作行为已经结束，只能读取所插入记录的内容，以下语句是错误的。

```
CEATE TRIGGERinsert_tri AFTER INSER ON consumeinfo FOR EACH ROW BEGIN
SET new. 金额=0; END;
```

NEW 与 OLD 的区别如下。

- 可以使用 NEW 在 BEFORE 类型触发器中赋值与取值。
- 可以使用 NEW 在 AFTER 类型触发器中取值。
- 可以使用 OLD 取值，但不能赋值。
- INSERT 语句中只有 NEW 合法。
- DELETE 语句中只有 OLD 才合法。
- UPDATE 语句中可以同时使用 NEW 和 OLD。

2. BEFORE 与 AFTER

BEFORE 与 AFTER 表示触发器触发的时间点是在触发操作事件开始之前，还是在触发操作事件完成后触发。因为有时间点先后的问题，所以两者的功能与使用场合会有非常大的差别。

BEFORE 与 AFTER 的区别如下。

- BEFORE 是先引发触发器，再执行触发事件。
- BEFORE 触发的语句先于监视的业务操作语句。
- BEFORE 有机会影响即将发生的操作事件。
- AFTER 是先执行完触发事件，再引发触发器。
- AFTER 触发的语句晚于监视的业务操作语句。
- AFTER 无法影响前面的插入、删除、修改等动作。

8.3 案例：开发财务模块数据级联触发器

触发器的作用有提高数据系统的数据安全性，实现比数据库系统本身更强大的数据约束能力，实现对数据变化过程追踪的数据审计，实现数据表之间的连环更新操作。连环更新即数据表之间的级联操作，它能进一步提升系统业务数据的准确性，避免数据异常的发生，同时进一步提升系统的可靠性与稳定性。

1. 功能需求描述

在一个综合管理系统的财务数据模块有组织人事表以及工资总账表，请按相关要求在数据库环境中创建触发器，并使用触发器实现组织人事表与工资总账表的数据级联操作。

1）组织人事表中有职员编号、职员姓名、职员性别、职员年龄、职员学历、职员部门、职员职级、职员工资等字段，相关结构如表 8-1 所示。当本单位有人员入职时将会在此表插入一条人员信息记录，有人员离职时将会删除此表对应的人员信息。

表 8-1　组织人事表（HR）字段结构

序号	字段逻辑名称	字段物理名称	数据类型	备　注
1	职员编号	EMP_ID	VARCHAR(45)	主键
2	职员姓名	EMP_NAME	VARCHAR(45)	非空
3	职员性别	EMP_GENDER	CHAR(1)	非空
4	职员年龄	EMP_AGE	SMALLINT	非空
5	职员学历	EMP_EDUCATION	VARCHAR(45)	非空
6	职员部门	EMP_DEPARTMENT	VARCHAR(45)	非空
7	职员职级	EMP_RANK	VARCHAR(45)	非空
8	职员工资	EMP_SALARY	INT	非空

2）工资总账表中有总账编号、所属部门、工资总额、部门主管、部门人数、操作时间等字段，相关结构如表 8-2 所示。当有新员工入职时，相应部门的工资总额应加上新入职人员的工资额；当有员工离职时，相应部门的工资总额应减去离职人员的工资额；当员工的工资额度有变动时，部门的工资总额相应变化。

表 8-2　工资总账表（FIANCE）字段结构

序号	字段逻辑名称	字段物理名称	数据类型	备　注
1	总账编号	ID	INT	主键
2	所属部门	DEPARTMENT	VARCHAR(45)	非空
3	工资总额	TOTAL_PAY	INT	非空
4	部门主管	DEP_LEADER	VARCHAR(45)	非空
5	部门人数	DEP_PRESONS	INT	非空
6	操作时间	UPDATE_TIME	DATETIME	非空

3）编写一个触发器，实现组织人事表与工资总账表之间的级联操作功能，当组织人事表的人员数据变动时，自动实现工资总账表的数据同步更新操作，以保证业务数据的完整性与准确性。

2. 功能操作实现

本案例为触发器在实际应用中数据连环更新操作应用，通过编写触发器可进一步提升数据同步的能力与效率。本案例中应先按相关需求进行数据库环境创建及初始化，然后编写触发器进行两数据表之间的级联操作。

1）对财务模块两张数据表进行分析与设计，通过以下 SQL 语句构建数据库环境并进行数据初始化。

```
CREATE DATABASE IF NOT EXISTS tri;
USE tri;
DROP TABLE IF EXISTS fiance;
CREATE TABLE fiance (
```

```
    id int(10) unsigned NOT NULL auto_increment,
    department varchar(45) NOT NULL,
    total_pay int(10) unsigned NOT NULL,
    dep_leader varchar(45) NOT NULL,
    dep_persons int(10) NOT NULL,
    update_time datetime NOT NULL,
    PRIMARY KEY  (id)
);
INSERT INTO fiance (id,department,total_pay,dep_leader,dep_persons,update_time) VALUES
    (1,'科技部',480321,'张志华',50,'2023-01-04 10:35:55'),
    (2,'事业部',712365,'许良天',100,'2023-02-06 11:23:10'),
    (3,'人事部',86587,'孙莉花',10,'2023-02-13 16:26:50'),
    (4,'信息部',265782,'黄舒志',30,'2023-03-08 14:45:40'),
    (5,'综合部',146572,'刘辉平',15,'2023-04-25 13:50:20');
DROP TABLE IF EXISTS hr;
CREATE TABLE hr (
    emp_id varchar(45) NOT NULL,
    emp_name varchar(45) NOT NULL,
    emp_gender char(1) NOT NULL,
    emp_age smallint(5) unsigned NOT NULL,
    emp_education varchar(45) NOT NULL,
    emp_department varchar(45) NOT NULL,
    emp_position varchar(45) NOT NULL,
    emp_salary int(10) unsigned NOT NULL,
    PRIMARY KEY  (emp_id)
);
INSERT INTO hr (emp_id,emp_name,emp_gender,emp_age,emp_education,emp_department,emp_posi-
tion,emp_salary) VALUES
    ('S0001','刘小丹','女',26,'大学','人事部','科员',7500),
    ('S0002','陈丽芬','女',28,'研究生','综合部','副主任科员',9000),
    ('S0003','张超军','男',25,'大专','事业部','雇员',5000),
    ('S0004','孙伟百','男',30,'大学','信息部','主任科员',10000),
    ('S0005','刘长进','男',28,'大专','事业部','雇员',6800),
    ('S0006','何丽青','女',24,'大学','人事部','科员',6000),
    ('S0007','吕新来','男',32,'大学','科技部','主任科员',10000),
    ('S0008','李紫花','女',27,'研究生','综合部','科员',8000),
    ('S0009','罗闻聪','男',26,'大学','信息部','科员',7000),
    ('S0010','王佳慧','女',29,'研究生','科技部','副主任科员',9500);
```

2）数据库环境构建完毕，将创建出组织人事、工资总账两张数据表，分别如图 8-4 和图 8-5 所示。

3）编写触发器程序，监控组织人事表的数据插入（INSERT）行为，当有新数据插入时立刻实时更新工资总账表的相关数据。当有新人员入职时需要对应更新工资总账表部门工资总额（TOTAL_PAY）与部门人数（DEP_PERSONS）两个字段，还需要更新记录操作时间

（UPDATE_TIME）字段。

emp_id	emp_name	emp_gender	emp_age	emp_education	emp_department	emp_position	emp_salary
S0001	刘小丹	女	26	大学	人事部	科员	7500
S0002	陈丽芬	女	28	研究生	综合部	副主任科员	9000
S0003	张超军	男	25	大专	事业部	雇员	5000
S0004	孙伟百	男	30	大学	信息部	主任科员	10000
S0005	刘长进	男	28	大专	事业部	雇员	6800
S0006	何丽青	女	24	大学	人事部	科员	6000
S0007	吕新来	男	32	大学	科技部	主任科员	10000
S0008	李紫花	女	27	研究生	综合部	科员	8000
S0009	罗闻聪	男	26	大学	信息部	科员	7000
S0010	王佳慧	女	29	研究生	科技部	副主任科员	9500

图 8-4　组织人事表（HR）

id	department	total_pay	dep_leader	dep_persons	update_time
1	科技部	480321	张志华	50	2023-01-04 10:35:55
2	事业部	712365	许良天	100	2023-02-06 11:23:10
3	人事部	86587	孙莉花	10	2023-02-13 16:26:50
4	信息部	265782	黄舒志	30	2023-03-08 14:45:40
5	综合部	146572	刘辉平	15	2023-04-25 13:50:20

图 8-5　工资总账表（FIANCE）

数据插入（INSERT）级联操作触发器代码如下：

```
delimiter //
drop trigger if exists insert_tri //
create trigger insert_tri after insert on hr for each row
begin
    update fiance set total_pay=total_pay+new. emp_salary where department=new. emp_department;
    update fiance set dep_persons=dep_persons+1 where department=new. emp_department;
    update fiance set update_time=now( ) where department=new. emp_department;
end
//
delimiter;
```

4）编写触发器程序，监控组织人事表的数据删除（DELETE）行为，当有记录被删除时立刻实时更新工资总账表的相关数据。当有人员离职时需要对应更新工资总账表中部门工资总额（TOTAL_PAY）与部门人数（DEP_PERSONS）两个字段，还需要更新记录操作时间（UPDATE_TIME）字段。

数据删除（DELETE）级联操作触发器代码如下：

```
delimiter //
drop trigger if exists delete_tri //
create trigger delete_tri after delete on hr for each row
begin
```

```
        update fiance set total_pay=total_pay-old.emp_salary where department=old.emp_department;
        update fiance set dep_persons=dep_persons-1 where department=old.emp_department;
        update fiance set update_time=now() where department=old.emp_department;
end
//
delimiter;
```

5）编写触发器程序，监控组织人事表的数据更新（UPDATE）行为，当有数据记录被修改时立刻实时更新工资总账表的相关数据。当有人员晋级、降级时工资额度会有相关变更，需要对应更新工资总账表中部门工资总额（TOTAL_PAY）字段，还需要更新记录操作时间（UPDATE_TIME）字段。

数据更新（UPDATE）级联操作触发器代码如下：

```
delimiter //
drop trigger if exists update_tri //
create trigger update_tri after update on hr for each row
begin
        update fiance set total_pay=total_pay+(new.emp_salary-old.emp_salary) where department=
new.emp_department;
        update fiance set update_time=now() where department=new.emp_department;
end
//
delimiter;
```

6）以上 3 个触发器创建完毕后即可在数据库环境中，实现组织人事表（HR）与工资总账表（FIANCE）之间在插入、删除、更新操作时的级联更新行为。当组织人事表（HR）中有人员入职、离职、晋级、降级等数据变动时，自动在工资总账表（FIANCE）上更新对应的数据。

拓展阅读　数据库安全审计

数据库是商业和公共安全中具有战略性的资产，通常都保存着重要的信息，这些信息需要被保护起来，以防止竞争者和其他非法者获取。互联网的急速发展使得数据库信息的价值及可访问性得到了提升，同时，也致使数据库信息资产面临严峻的挑战。

数据库审计（DBAudit）以安全事件为中心，以全面审计和精确审计为基础，实时记录网络上的数据库活动，对数据库操作进行细粒度审计的合规性管理，对数据库遭受到的风险行为进行实时告警。它通过对用户访问数据库行为的记录、分析和汇报，来帮助用户事后生成合规报告、事故追根溯源，同时通过大数据搜索技术提供高效查询审计报告，定位事件原因，以便日后查询、分析、过滤，实现对内外部数据库网络行为的监控与审计，提高数据资产安全。除此之外，数据库审计还能对数据库遭受到的风险行为进行告警，如数据库漏洞攻击、SQL 注入攻击、高危风险操作等。

数据库审计的核心价值是在发生数据库安全事件后，为追责、定责提供依据，与此同时也可以对数据库的攻击和非法操作等行为起到震慑作用。数据库审计系统还可以实现针对数据库的攻击和风险操作的实时告警，以便管理人员及时做出应对措施，从而避免数据被破坏或者窃取。这一功能的实现主要基于 SQL 的语句准确解析技术，利用对 SQL 语句的特征分析，快速实现对语句的策略判定，从而发现数据库入侵行为、异常行为、违规访问行为等，并通过短信、邮件、Syslog 等多种方式实时告警。

数据库审计技术采用旁路部署，通过镜像流量或探针的方式采集流量，获取访问数据库的报文，再对报文进行深度解析，提取针对数据库的操作信息（用户、SQL 操作、表、字段等），进而实时掌握来自各个层面的数据库活动，包括普通用户和超级用户的访问行为请求，以及使用数据库客户端工具执行的操作。在采集与分析的基础上，最终对操作信息与操作活动进行风险识别并存储下来，用于审计记录查询和风险报表展示。

（资料来源：https://www.xinnet.com/knowledge/2142339117.html，有改动）

练习题

一、选择题

1. 触发器可以创建在（　　　）。[单选]

A. 数据表　　B. 存储过程　　C. 数据库　　D. 函数

2. 下面关于触发器的描述不正确的是（　　　）。[多选]

A. 它是一种特殊的存储过程

B. 可以实现复杂的商业逻辑

C. 可以向触发器传递参数

D. 触发器与约束功能以及原理完全一样

3. 删除触发器 mytri 的正确命令是（　　　）。[单选]

A. DELET mytri　　B. TRUNCATE mytri

C. DROP mytri　　D. REMMOVE mytri

4. 下面关于触发器说法不正确的是（　　　）。[单选]

A. 触发器是定义在表上的

B. 触发器名称在数据库中必须是唯一的

C. 触发器对应一组 SQL 语句

D. 每张表限制定义一个触发器

5. 以下语句创建的触发器 ABC 是当对表 T 进行（　　　）操作时才触发的。[单选]

```
CREATE TRIGGER ABC BEFROE UPDATE ON 表 T FOR  EACH ROW ……
```

A. 修改　　B. 插入　　C. 删除　　D. 查询

6. 以下（　　　）操作会触发触发器响应。[多选]

A. SELECT　　B. INSERT　　C. DELETE　　D. UPDATE

7. 下面关于触发器的描述，错误的是（　　　）。[单选]

A. 触发器是一种特殊的存储过程，用户可以直接调用

B. 使用触发器时，系统性能会有一定程度的下降

C. 触发器可以用来定义比 CHECK 约束更复杂的规则

D. 删除触发器可以使用 DROP TRIGGER 命令

8. 以下关于触发器的实现原理，说法正确的是（　　　　）。[多选]

A. 发现用户非法修改数据时，马上关闭数据库

B. 使用临时表备份修改前的数据

C. 只检查被修改的数据行，其他未修改的数据行不检查

D. 对数据发生变更的数据表进行逐行检查

9. 触发器的功能作用是主要体现在以下（　　　　）方面。[多选]

A. 数据安全　　B. 数据审计　　C. 数据约束　　D. 数据连环更新

10. 关于触发器的数据审计功能的说法正确的是（　　　　）。[多选]

A. 数据审计用于追踪数据的变化过程

B. 数据审计功能需要两张数据表的搭配：审计表和业务表

C. 审计表记录数据变化过程的每一步，一次变更对应一条记录

D. 无论是普通用户还是管理员都能查看审计表

二、操作题

设计一个银行用户账户表（USER_ACCOUNT），包含用户账号、用户姓名、开户时间、账户余额、账户状态等字段。再设计一个账户变更记录表（ACCOUNT_RECORD），包含被修改的用户账号、修改时间、修改前的账户余额、修改后的账户余额等字段。请按以下要求及操作步骤实现对 USER_ACCOUNT 表的数据审计功能，以保证其数据变化过程是合法。

1）使用触发器对 USER_ACCOUNT 表进行更新（UPDATE）事件监控。

2）当 USER_ACCOUNT 表的余额字段值被修改时，触发器把用户的操作行为记入 ACCOUNT_RECORD 表。

3）为 USER_ACCOUNT 表分配所有用户可读、可写的操作权限，为 ACCOUNT_RECORD 表分配管理员可读的操作权限。

第 9 章 数据库运维管理

本章目标：

知识目标	能力目标	素质目标
① 认识数据库的基本操作命令 ② 了解数据库权限管理操作 ③ 掌握创建数据库账户的方法 ④ 掌握修改账户登录口令的方法 ⑤ 掌握数据同步、备份、恢复的方法 ⑥ 掌握运维管理程序编写的语法	① 能够在命令行开启、关闭数据库服务 ② 能够在命令行登录数据库系统 ③ 能够在命令行创建数据库新账户 ④ 能够在命令行为账户分配资源权限 ⑤ 能够对数据进行备份、恢复操作 ⑥ 能够实现自动化运维去管理数据库	① 培养对问题的分析与追踪能力 ② 养成良好的动手操作能力 ③ 遵循软件工程系统运维原则 ④ 具有质量意识、安全意识、效率意识 ⑤ 养成遵循软件测试基本原则的习惯

9.1 数据库运维管理概述

9.1 数据库运维管理概述

数据库运维管理是有关建立、存储、修改和存取数据库中信息的技术，是为保证数据库系统的正常运行和服务质量，有关人员对数据库系统进行的技术管理的工作。负责这些技术管理工作的个人或集体称为数据库管理员。数据库运维管理的主要内容有：数据库的调优、数据库的重组、数据库的重构、数据库的安全管控、报错问题的分析和汇总乃至处理、数据库数据的日常备份。

数据库管理员（Database Administrator，DBA）是从事管理和维护数据库管理系统（DBMS）相关工作人员的统称，属于运维工程师的一个分支，主要负责从设计、测试到部署交付的业务数据库全生命周期管理。数据库管理员的核心任务是保证数据库管理系统的稳定性、安全性、完整性和高性能。

也有公司把数据库管理员称为数据库工程师（Database Engineer），两者的工作内容基本相同，都是保证数据库服务 24 小时的稳定高效运转，但是数据库管理员和数据库开发工程师（Database Developer）两者的岗位职责还是有很大差别的，具体如下。

1）数据库开发工程师的主要职责是设计和开发数据库管理系统和数据库应用软件系统，侧重于软件研发。

2）数据库管理员的主要职责是数据运维和管理数据库管理系统，侧重于运维管理。

数据库管理员在不同公司不同发展阶段有着不同的职责与定位。一般意义上的数据库管理员只负责数据库的运营和维护，包括数据库的安装、监控、备份、恢复等基本工作，但是广义上的数据库管理员职责比这个大得多，需要覆盖产品从需求设计、测试到交付上线的整个生命周期，在此过程中不仅要负责数据库管理系统的搭建和运维，更要参与前期的数据库设计、中期的数据库测试和后期的数据库容量管理和性能优化。

9.2 基础服务管理

数据库基础服务主要包括数据库的开启、登录、关闭等基础性操作，为数据库系统中最常见与最基础的服务操作。

9.2.1 开启服务器

数据库命令是数据库系统得以运行的根本保证，各种各样的请求都转换成数据库命令，最终在数据系统上执行。熟练掌握数据操作命令对数据库开发人员及数据库管理人员至关重要。

要使用 MySQL 命令集，需要在 cmd 命令行下进入 MySQL 服务器安装目录（根目录）的 bin 目录下，方法是先进入 MySQL 服务器的安装盘，再进入到其安装路径下的 bin 目录，操作过程如图 9-1 所示。

```
D:\demo>C:

C:\Users\Asus>cd C:\Program Files\MySQL\MySQL Server 5.5\bin

C:\Program Files\MySQL\MySQL Server 5.5\bin>
```

图 9-1　cmd 命令进入 MySQL 的 bin 目录操作

如果直接把 bin 目录的路径配置到操作系统的环境变量 path 路径下，则无须在 cmd 命令行中进入 MySQL 的 bin 目录就可直接使用 MySQL 命令集。

bin 目录为 MySQL 服务相关命令的存放目录，里面所存放的大部分为 exe 文件，在该目录下找到 mysqld. exe 可执行文件，即可启动 MySQL 服务器。

MySQL 服务器启动格式：

```
mysqld  --console
```

每个命令后的“--console”表示启动信息输出到 cmd 命令行控制台，最后看到类似如图 9-2 所示信息时，表示启动成功。此种启动方式为前台启动，数据库服务进程与 cmd 命令行窗体相绑定，关闭 cmd 命令行窗体即关闭 MySQL 数据库服务器。

```
InnoDB: Setting log file .\ib_logfile0 size to 5 MB
InnoDB: Database physically writes the file full: wait...
230506 18:32:53  InnoDB: Log file .\ib_logfile1 did not exist: new to be crea
InnoDB: Setting log file .\ib_logfile1 size to 5 MB
InnoDB: Database physically writes the file full: wait...
InnoDB: Doublewrite buffer not found: creating new
InnoDB: Doublewrite buffer created
InnoDB: 127 rollback segment(s) active.
InnoDB: Creating foreign key constraint system tables
InnoDB: Foreign key constraint system tables created
230506 18:32:54  InnoDB: Waiting for the background threads to start
230506 18:32:55 InnoDB: 1.1.8 started; log sequence number 0
230506 18:32:55 [Note] Server hostname (bind-address): '0.0.0.0'; port: 3306
230506 18:32:55 [Note]   - '0.0.0.0' resolves to '0.0.0.0';
230506 18:32:55 [Note] Server socket created on IP: '0.0.0.0'.
230506 18:32:56 [Note] Event Scheduler: Loaded 0 events
230506 18:32:56 [Note] mysqld: ready for connections.
Version: '5.5.27'  socket: ''  port: 3306  MySQL Community Server (GPL)
```

图 9-2　MySQL 服务器启动成功

9.2.2　登录服务器

9.2.2　登录服务器

在cmd命令行下进入MySQL服务器安装目录（根目录）的bin目录下，找到“mysql.exe”文件，通过该命令文件并配合账户权限认证可在命令行登录到数据库服务器。

命令行登录格式：

```
mysql -u 账号 -p 密码
```

用法示例：

```
mysql -uroot -proot
```

语法分析：

- -u后面跟的是用户账号。
- -p后面跟的是账号密码。
- 语句的最后面不能跟分号“;”。

登录语句的最后面一定不能加上分号，如果加上它，则会把分号当成密码的一部分，而导致密码不正确，不能成功登录。最后，如果看到如图9-3所示的信息时，表示登录成功。

```
C:\Program Files\MySQL\MySQL Server 5.5\bin>mysql -uroot -proot
Welcome to the MySQL monitor.  Commands end with ; or \g.
Your MySQL connection id is 1
Server version: 5.5.27 MySQL Community Server (GPL)

Copyright (c) 2000, 2011, Oracle and/or its affiliates. All rights reserved.

Oracle is a registered trademark of Oracle Corporation and/or its
affiliates. Other names may be trademarks of their respective
owners.

Type 'help;' or '\h' for help. Type '\c' to clear the current input statement.

mysql> _
```

图9-3　登录成功操作

9.2.3　关闭服务器

9.2.3　关闭服务器

在cmd命令行下进入MySQL服务器安装目录（根目录）的bin目录下，找到“mysqladmin.exe”文件，该可执行文件是MySQL数据库管理的命令，是一个综合性的指令性，能完成众多功能。

命令行关闭MySQL服务器格式：

```
mysqladmin -u 账号 -p 密码 shutdown
```

用法示例：

```
mysqladmin -uroot -proot shutdown
```

语法分析：

- -u 后面跟的是管理员账号。
- -p 后面跟的是账号密码。
- shutdown 为 mysqladmin 命令的参数。

使用 mysqladmin 命令关闭数据库服务器，只能通过超级管理员才能实现，因为数据库服务器不能随意关闭，必须有足够权限的超级用户才能进行此操作，通常情况下直接用 root 账户来操作。

9.3 账户配置管理

用户账户管理也就是对数据系统中存在的账户进行管理，包括新增账户、删除账户、为账户赋予操作权限、资源权限、数据权限等内容，也是数据库运维管理中的一个重要组成部分。

9.3.1 修改账户密码

数据库中账户密码可以根据实际需要进行定期或不定期的修改，以提高数据库系统的数据安全性。数据库账户密码的修改分为两种类型：超级管理员 root 账户密码的修改以及普通账户密码的修改。

9.3.1 修改账户密码

1. 超级管理员 root 账户密码修改

root 账户是超级管理员，可以直接使用 mysqladmin 命令来修改密码字符。在 cmd 命令行下进入 MySQL 服务器的 bin 目录下，找到“mysqladmin. exe”文件，通过此命令文件可最简单地实现对 root 账户密码的修改。

命令行修改密码格式：

```
mysqladmin -u 超级管理员账户 -p 旧密码 password 新密码
```

用法示例：

```
mysqladmin -uroot -proot password 123    #把 root 账号密码修改为“123”
```

用修改后的密码测试能否正常登录，如能正常登录，则表示修改密码成功，操作过程如图 9-4 所示。

```
C:\Program Files\MySQL\MySQL Server 5.5\bin>mysqladmin -uroot -proot password 123

C:\Program Files\MySQL\MySQL Server 5.5\bin>mysql -uroot -p123
Welcome to the MySQL monitor.  Commands end with ; or \g.
Your MySQL connection id is 2
Server version: 5.5.27 MySQL Community Server (GPL)

Copyright (c) 2000, 2011, Oracle and/or its affiliates. All rights reserved.

Oracle is a registered trademark of Oracle Corporation and/or its
affiliates. Other names may be trademarks of their respective
owners.

Type 'help;' or '\h' for help. Type '\c' to clear the current input statement.

mysql>
```

图 9-4 测试修改密码操作

2. 普通账户密码修改

普通账户密码的修改需要在 MySQL 库节点中找到 user 表，如图 9-5 所示，此表存储了数据库系统的所有账户的相关信息（包括登录权限）。此表中有一个 password 字段，存储的是对应账户的登录密码字符，但它是以密文的形式存储。只要拥有此数据表中的操作权限，就可以修改任何账户的登录密码，包括超级管理员 root 账户。

host	user	password
localhost	root	*23AE809DDACAF96AF0FD78ED04B6A265E05AA257
127.0.0.1	root	*81F5E21E35407D884A6CD4A731AEBFB6AF209E1B
::1	root	*81F5E21E35407D884A6CD4A731AEBFB6AF209E1B
localhost	test_user	*A4B6157319038724E3560894F7F932C8886EBFCF
192.168.0.100	mysql_user	*A4B6157319038724E3560894F7F932C8886EBFCF
%	super_user	*A4B6157319038724E3560894F7F932C8886EBFCF

图 9-5　MySQL 库节点的 user 表

只要使用 UPDATE 语句修改对应账户记录，并通过加密函数 PASSWORD( ) 对明文字符进行加密，把得到的密文赋予到 user 表的 password 字段即可。UPDATE 操作完成后，需要执行权限刷新语句以保证相关数据及时加载到内存中。

账户密码修改格式：

```
UPDATE user SET password=PASSWORD(新密码字符) WHERE user=修改账户
```

账户密码修改示例：

```
UPDATE user SET password=PASSWORD('0000') WHERE user='test_user';
UPDATE user SET password=PASSWORD('1111') WHERE user='super_user';
FLUSH PRIVILEGES;                    #刷新数据权限
```

9.3.2　创建新账户

9.3.2　创建新账户

数据库中存在不同的账户，不同账户有不同的操作及数据权限，创建新账户的目的就是给不同的用户分配不同的权限。

在 cmd 命令行用某个账户登录 MySQL 服务器后，如果登录的账户有创建账户的权限，则可创建新的用户账号，一般是通过超级管理员 root 账户登录数据库系统后再创建新账户。

创建新账户语法格式：

```
CREATE USER account_name@ host IDENTIFIED BY pass_word
```

在创建新账户的语句中，account_name 为账户的名称；host 表示此账户可以登录数据库系统的 IP 地址，如果授权此账户在所有的 IP 地址均可登录数据库系统，则用“%”通配符表示，账户名称与 IP 地址之间用符号“@”连接；IDENTIFIED BY 后面跟新建账户的登录密码。

创建新账户示例：

```
CREATE USER 'test'@ 'localhost' IDENTIFIED BY '1234';
CREATE USER 'pig'@ '192.168.0.100' IDENTIFIED BY '1234';
CREATE USER 'abc'@ '%' IDENTIFIED BY '1234';
```

用新创建的账户、密码测试能否正常登录，如能正常登录，则表示新账号创建成功，操作过程如图 9-6 所示。

```
C:\Program Files\MySQL\MySQL Server 5.5\bin>mysql -utest -p1234
Welcome to the MySQL monitor.  Commands end with ; or \g.
Your MySQL connection id is 3
Server version: 5.5.27 MySQL Community Server (GPL)

Copyright (c) 2000, 2011, Oracle and/or its affiliates. All rights reserved.

Oracle is a registered trademark of Oracle Corporation and/or its
affiliates. Other names may be trademarks of their respective
owners.

Type 'help;' or '\h' for help. Type '\c' to clear the current input statement.

mysql> _
```

图 9-6　新账户登录数据库系统

9.3.3　账户权限分配

9.3.3　账户权限分配

数据库系统中不同的账户拥有不同的权限，这样能进一步提高控制系统的数据灵活性，从而进一步提高系统的数据安全。

在 cmd 命令行用某个账户登录 MySQL 服务器后，如果登录的账户有为其他账户赋权的操作权限，则可以进行分配权限操作。一般是通过超级管理员 root 账户登录数据库系统后，来给新账户分配操作权限、数据权限、资源权限。

账户权限分配语法格式：

```
GRANT 操作权限 ON 数据库名.表名 TO 用户名@登录 IP
```

用户的操作权限包括创建数据表（CREATE）、删除数据表（DROP）、查询数据（SELECT）、插入数据（INSERT）、更新数据（UPDATE）、删除数据（DELETE）等操作。如果要给账户授予所有的权限，则可以直接使用 ALL 关键字来表述；如果要授予该账户对所有数据库和所有表的相关操作权限则可用通配符“*”表示，如“*.*”表示赋予该账户所有库节点中的所有数据表的资源权限。在权限分配语句执行完毕后，需刷新系统权限表，以实时更新对应的权限数据信息。

权限分配示例：

```
GRANT SELECT, INSERT ON test.user TO 'test'@ 'localhost';
GRANT ALL ON *.* TO 'abc'@ '%';
FLUSH PRIVILEGES;                    #刷新系统权限表
```

新创建的账户在未被分配相关权限之前，是没有资源或数据权限的，只有经过授权后，才有对应的权限，才能查看相应的数据。

9.3.4　删除账户

9.3.4　删除账户

在账户管理时，可以对数据库系统中多余的账户通过删除方式进行清理。另外，如果想禁止某个系统用户登录数据库系统，也可以通过删除该账户的方式来控制用户登录行为。

在 cmd 命令行用某个账户登录 MySQL 服务器后，如果登录的账户有删除其他账户的操作权限，则可以进行账户删除操作。一般是通过超级管理员 root 账户登录数据库系统后，再进行账户删除操作。删除用户有两种实现方式：一种是直接在命令行删除，另一种是从 MySQL 库节点的 user 表删除对应的账户记录。

方式一：命令行删除账户。

```
DROP USER account_name@ host
```

删除账户示例：

```
DROP USER 'tet'@ 'localhost'
DROP USER 'pig'@ '192. 168. 0. 100'
DROP USER 'abc'@ '%';
```

方式二：直接从 MySQL 库节点的 user 表删除账户。

```
DELETE FROM user WHERE user=删除账户
```

账户删除示例：

```
DELETE FROM user WHERE user='test_user';
DELETE FROM user WHERE user='super_user';
FLUSH PRIVILEGES;    #刷新数据权限
```

方式二删除账户操作最简单，只需要一条 DELETE 操作语句即可，但要求账户有操作此张表权限才可以。删除操作完成后同样需要刷新权限数据表，以实时刷新权限信息，账户数据表（user）如图 9-5 所示。

9.4　数据运维

数据运维也叫数据管理，是关系数据库管理的重要部分，所有的数据库管理工作都是以数据库数据为中心，如果没有了数据，数据库也就失去它的价值所在。数据运维主要是围绕数据导出与数据导入两部分进行的。

9.4.1　数据导出

数据导出也叫数据备份，就是把数据服务器上的数据表以及记录变成以文件的形式来保存，日后数据表的记录信息如果出现异常可以用已备份好的数据文件来把数据恢复到原来的状态。数据导出分为全量导出、增量导出、部分导出等几种形式，全量导出是指把全部数据一齐导出来；增量导出则只导出新增加的数据，在数据量比较大的情况

9.4.1　数据导出-1

下，增量导出备份方式是一种非常常见的数据备份方式；部分导出只备份其中的某几张表，在数据表众多的情况下若数据不涉及其他业务表，也会用到此种数据备份方式，以减轻数据库服务器的压力。

9.4.1 数据导出-2

9.4.1 数据导出-3

在 cmd 命令行下进入 MySQL 服务器安装目录（根目录）的 bin 目录下，找到“mysqldump. exe”文件，该 exe 文件即为 MySQL 数据库中导出数据的命令文件。

数据全量导出命令格式：

```
mysqldump -u 用户名 -p 密码  数据库实例名 > 路径
```

数据全量导出示例：

```
mysqldump -uroot -proot test > D:\temp\test.txt
```

示例的操作表示导出 test 库节点的全部表结构及数据到“D:\temp\test. txt”文件，数据文件的存储目录“D:\temp”在操作系统中需先创建好，否则将会抛出找不到指定路径的错误。

数据增量导出命令格式：

```
mysqldump  -u 用户名  -p 密码  数据库实例名  表名  --where="筛选条件" > 路径
```

数据增量导出示例：

```
mysqldump -uroot -proot test user --where="user_id>5" > D:\temp\test.txt
```

示例的操作表示导出 test 库 user 表结构及 user_id>5 的数据到“D:\temp\test. txt”文件，where 后面的条件必需要用双引号引起，不能用单引号。同样，数据文件存储目录“D:\temp”在操作系统中需先创建好。

9.4.2 数据导入

数据导入也叫数据恢复、数据还原，就是把从数据服务器上备份的数据文件重新变成数据表上的记录，主要是在数据库服务器发生灾难、数据表记录丢失等数据异常的场景下使用。

9.4.2 数据导入

在 cmd 命令行下进入 MySQL 服务器安装目录（根目录）的 bin 目录下，找到“mysql. exe”文件，通过此命令文件可实现把备份好的数据文件导入到数据库系统的功能。数据还原操作，需要先创建好所要恢复或导入的库节点（还原库），然后再执行数据导入命令。

数据导入格式：

```
mysql -u 用户名 -p 密码  数据库实例名 < 路径
```

数据导入示例：

```
mysql -uroot -proot mytest < D:\temp\test.txt
```

示例操作表示把数据备份文件“D:\temp\test. txt”导入数据库系统中的“mytest”库节

点。同样，该库节点需要先在数据库服务器中创建好或已经存在，否则也会出现数据导入失败或导入异常。

9.5 案例：订单模块与报表模块数据同步运维

自动化运维是数据库日常运维的主要形式，其借助于脚本程序、定时任务以及相关数据库基本操作命令来实现程式化、周期化数据运维活动，是一种高效、可靠的数据库日常维护方式。自动化运维包括数据库日常基本服务、数据安全管理、数据同步过程等。

1. 功能需求描述

在一个电商平台有订单模块，存储了客户的实时订单数据，包含有订单详情、订单支付、订单发货 3 张表。平台中有另一个报表模块，现需要把订单模块每天新增的数据同步到报表模块，以保证管理人员能看到每天的订单报表数据。请按相关要求创建相关数据库环境，并通过自动化运维的方式实现两模块之间数据的自动推送。

1）订单详情表中有订单编号、订单商品、订单用户、订单金额、订单日期、订单状态等字段，相关结构如表 9-1 所示。当平台上有客户购买商品时，订单数据便实时写入此表，本表每天均产生新的订单详情数据。

表 9-1　订单详情表（ORDER_DETAIL）字段结构

序号	字段逻辑名称	字段物理名称	数据类型	备　注
1	订单编号	ORDER_ID	VARCHAR(45)	主键
2	订单商品	ORDER_GOODS	VARCHAR(45)	非空
3	订单用户	ORDER_USER	VARCHAR(45)	非空
4	订单金额	ORDER_MONEY	INT	非空
5	订单日期	ORDER_DAY	DATE	非空
6	订单状态	ORDER_STATE	CHAR(1)	0-无效，1-有效

2）订单支付表中有付款编号、付款订单、付款方式、付款日期、付款状态等字段，相关结构如表 9-2 所示。当新增订单的用户付款时，相关数据实时写入此表，本表每天均产生新的订单支付数据。

表 9-2　订单支付表（ORDER_PAY）字段结构

序号	字段逻辑名称	字段物理名称	数据类型	备　注
1	付款编号	PAY_ID	INT	主键，自增
2	付款订单	ORDER_ID	VARCHAR(45)	非空
3	付款方式	PAY_TYPE	VARCHAR(45)	非空
4	付款日期	PAY_DAY	DATE	非空
5	付款状态	PAY_STATE	CHAR(1)	0-失败，1-成功

3）订单发货表中有发货编号、发货订单、物流公司、发货地址、配送人员、发货日期等字段，相关结构如表 9-3 所示。当订单用户完成支付后即开始发货配送，相关数据实时写入此表，本表每天均产生新的订单配送数据。

表 9-3 订单发货表（ORDER_SEND）字段结构

序号	字段逻辑名称	字段物理名称	数据类型	备注
1	发货编号	SEND_ID	INT	主键，自增
2	发货订单	ORDER_ID	VARCHAR(45)	非空
3	物流公司	SEND_COMPANY	VARCHAR(45)	非空
4	发货地址	SEND_ADDRESS	VARCHAR(45)	非空
5	配送人员	SEND_PERSON	VARCHAR(45)	非空
6	发货日期	SEND_DAY	DATE	非空

4）编写数据运维脚本并配置定时任务，实现每天 23 点自动把订单模块 3 张表中的当天数据同步到报表模块，来生成数据报表，以便在第二天管理人员能查看最新的产品销售情况及相关配套服务的运营状况。

2. 功能操作实现

本案例为数据库日常管理活动中数据自动化运维的实际应用，通过整合操作系统调度功能与数据库命令，实现订单业务数据的自动同步、推送。相关实现过程应先按相关需求进行数据库环境创建及初始化，然后按编写运维程序及配置定时任务。

1）根据需求对订单模块及报表模块相关数据表的分析与设计，通过以下 SQL 程序进行数据库环境构建并进行数据初始化。

```
CREATE DATABASE IF NOT EXISTS report;
CREATE DATABASE IF NOT EXISTS mall;
USE mall;
DROP TABLE IF EXISTS order_detail;
CREATE TABLE order_detail (
  order_id varchar(45) NOT NULL DEFAULT '',
  order_goods varchar(45) NOT NULL,
  order_user varchar(45) NOT NULL,
  order_money int(10) unsigned NOT NULL,
  order_day date NOT NULL,
  order_state char(1) NOT NULL,
  PRIMARY KEY (order_id)
);
INSERT INTO order_detail (order_id,order_goods,order_user,order_money,order_day,order_state) VALUES
  ('330201','衣服','陈小花',600,date_add(current_date(),interval-3 day),'1'),
  ('330202','手机','张超平',1500,date_add(current_date(),interval-2 day),'1'),
  ('330203','书籍','黄秀娟',450,date_add(current_date(),interval-2 day),'1'),
  ('330204','灯具','何秀丽',800,date_add(current_date(),interval-1 day),'1'),
  ('330205','被服','孙志军',700,date_add(current_date(),interval-1 day),'1'),
  ('330206','餐具','李朝阳',1000,current_date(),'1'),
  ('330207','沙发','王平天',5000,current_date(),'1'),
  ('330208','饰品','赵素珍',1800,current_date(),'1');
DROP TABLE IF EXISTS order_pay;
CREATE TABLE order_pay (
```

```
    pay_id int(10) unsigned NOT NULL AUTO_INCREMENT,
    order_id varchar(45) NOT NULL,
    pay_type varchar(45) NOT NULL,
    pay_day date NOT NULL,
    pay_state char(1) NOT NULL,
    PRIMARY KEY (pay_id)
);
INSERT INTO order_pay (pay_id,order_id,pay_type,pay_day,pay_state) VALUES
    (101,'330201','线上',date_add(current_date(),interval-3 day),'1'),
    (102,'330202','刷卡',date_add(current_date(),interval-2 day),'1'),
    (103,'330203','现金',date_add(current_date(),interval-2 day),'1'),
    (104,'330204','刷卡',date_add(current_date(),interval-1 day),'1'),
    (105,'330205','线上',date_add(current_date(),interval-1 day),'1'),
    (106,'330206','线上',current_date(),'1'),
    (107,'330207','现金',current_date(),'1'),
    (108,'330208','线上',current_date(),'1');
DROP TABLE IF EXISTS order_send;
CREATE TABLE order_send (
    send_id int(10) unsigned NOT NULL AUTO_INCREMENT,
    order_id varchar(45) NOT NULL,
    send_company varchar(45) NOT NULL,
    send_address varchar(45) NOT NULL,
    send_person varchar(45) NOT NULL,
    send_day date NOT NULL,
    PRIMARY KEY (send_id)
);
INSERT INTO order_send (send_id,order_id,send_company,send_address,send_person,send_day) VALUES
    (301,'330201','邮政','广州市花城大道30号','徐多华',date_add(current_date(),interval-3 day)),
    (302,'330202','中通','惠州市江北大道25号','何志峰',date_add(current_date(),interval-2 day)),
    (303,'330203','顺丰','河源市建设大道40号','黄铁军',date_add(current_date(),interval-2 day)),
    (304,'330204','圆通','深圳市深南大道70号','陈科平',date_add(current_date(),interval-1 day)),
    (305,'330205','顺丰','佛山市金山大道60号','吴光亮',date_add(current_date(),interval-1 day)),
    (306,'330206','邮政','东莞市长安大道50号','许力军',current_date()),
    (307,'330207','顺丰','中山市发展大道90号','张卫华',current_date()),
    (308,'330208','中通','珠海市红星大道15号','刘家豪',current_date());
```

2）数据库环境构建完毕，将创建出订单详情、订单支付、订单发货3张表，分别如图9-7~图9-9所示。

3）通过BAT文件编写订单模块与报表模块的数据运维程序，实现数据同步、推送功能。BAT类型文件是Window系统中一种类似EXE的可执行文件，把运维代码写入BAT文件中，直接双击即可运行相关代码语句。BAT文件中以“rem”开头的语句为注释语句，在程序中不参与编译及执行。直接在Windows系统中创建一个TXT类型的文本文件，编写以下代码并保存，最后将该文件重新命名为“mall_report.bat”。

order_id	order_goods	order_user	order_money	order_day	order_state
330201	衣服	陈小花	600	2023-04-27	1
330202	手机	张超平	1500	2023-04-28	1
330203	书籍	黄秀娟	450	2023-04-28	1
330204	灯具	何秀丽	800	2023-04-29	1
330205	被服	孙志军	700	2023-04-29	1
330206	餐具	李朝阳	1000	2023-04-30	1
330207	沙发	王平天	5000	2023-04-30	1
330208	饰品	赵素珍	1800	2023-04-30	1

图 9-7 订单详情表（ORDER_DETAIL）

pay_id	order_id	pay_type	pay_day	pay_state
101	330201	线上	2023-04-27	1
102	330202	刷卡	2023-04-28	1
103	330203	现金	2023-04-28	1
104	330204	刷卡	2023-04-29	1
105	330205	线上	2023-04-29	1
106	330206	线上	2023-04-30	1
107	330207	现金	2023-04-30	1
108	330208	线上	2023-04-30	1

图 9-8 订单支付表（ORDER_PAY）

send_id	order_id	send_company	send_address	send_person	send_day
301	330201	邮政	广州市花城大道30号	徐多华	2023-04-27
302	330202	中通	惠州市江北大道25号	何志峰	2023-04-28
303	330203	顺丰	河源市建设大道40号	黄铁军	2023-04-28
304	330204	圆通	深圳市深南大道70号	陈科平	2023-04-29
305	330205	顺丰	佛山市金山大道60号	吴光亮	2023-04-29
306	330206	邮政	东莞市长安大道50号	许力军	2023-04-30
307	330207	顺丰	中山市发展大道90号	张卫华	2023-04-30
308	330208	中通	珠海市红星大道15号	刘家豪	2023-04-30

图 9-9 订单发货表（ORDER_SEND）

运维脚本文件如下所示。

```
rem 第 1 步:进入 MySQL 编程命令环境
rem 在 CMD 命令行下进入 MySQL 的 bin 目录
cd C:\Program Files\MySQL\MySQL Server 5.5\bin

rem 第 2 步:导出 mall 库节点的订单详情(order_detail)表业务数据
rem 假定 MySQL 的 ROOT 账号的密码为 ROOT
rem current_date()是一个取得当天的日期函数
rem 需要先创建好数据导出路径 D:\mall
rem 该语句的含义是 mall 库节点 order_detail 表中,把日期为当天的订单数据导出到 D:\mall\order_detail.sql 文件
mySQLdump -uroot -proot mall order_detail --where="order_day=current_date()" > D:\mall\order_detail.sql

rem 表示脚本执行流程暂停 3 秒,因 order_detail 表数据最终导出需要一定的时间
ping localhost -n 3 > nul
```

```
rem 第 3 步:导出 mall 库节点的订单支付(order_pay)表业务数据
rem 假定 MySQL 的 ROOT 账号的密码为 ROOT
rem current_date()是一个取得当天的日期函数
rem 需要先创建好数据导出路径 D:\mall
rem 该语句的含义是 mall 库节点 order_pay 表中,把日期为当天的付款数据导出到 D:\mall\order_pay.sql 文件
mySQLdump -uroot -proot mall order_pay --where="pay_day=current_date()" > D:\mall\order_pay.sql

rem 表示脚本执行流程暂停 3 秒,因 order_pay 表数据最终导出需要一定的时间
ping localhost -n 3 > nul

rem 第 4 步:导出 mall 库节点的订单发货(order_send)表业务数据
rem 假定 MySQL 的 ROOT 账号的密码为 ROOT
rem current_date()是一个取得当天的日期函数
rem 需要先创建好数据导出路径 D:\mall
rem 该语句的含义是 mall 库节点 order_send 表中,把日期为当天的发货数据导出到 D:\mall\order_send.sql 文件
mySQLdump -uroot -proot mall order_send --where="send_day=current_date()" > D:\mall\order_send.sql

rem 表示脚本执行流程暂停 3 秒,因 order_send 表数据最终导出需要一定的时间
ping localhost -n 3 > nul

rem 第 5 步:把导出当天的订单详情表数据导入 report 库节点 order_detail 表
rem 假定 MySQL 的 ROOT 账号的密码为 ROOT
mysql -uroot -proot report < D:\mall\order_detail.sql

rem 表示脚本执行流程暂停 3 秒,因 order_detail 表数据最终导入需要一定的时间
ping localhost -n 3 > nul

rem 第 6 步:把导出当天的订单支付表数据导入 report 库节点 order_pay 表
rem 假定 MySQL 的 ROOT 账号的密码为 ROOT
mysql -uroot -proot report < D:\mall\order_pay.sql

rem 表示脚本执行流程暂停 3 秒,因 order_pay 表数据最终导入需要一定的时间
ping localhost -n 3 > nul

rem 第 7 步:把导出当天的订单发货表数据导入 report 库节点 order_send 表
rem 假定 MySQL 的 ROOT 账号的密码为 ROOT
mysql -uroot -proot report < D:\mall\order_send.sql

rem 表示脚本执行流程暂停 3 秒,因 order_send 表数据最终导入需要一定的时间
ping localhost -n 3 > nul
```

4）设置定时任务实现周期性调度功能，通过配置 Windows 操作系统的定时器调度“mall_report. bat”文件，实现每天定时执行运维程序的功能。

① 选择“开始”菜单→“Windows 管理工具”→“任务计划程序”命令，如图 9-10 所示，弹出“任务计划程序”窗体，如图 9-11 所示。

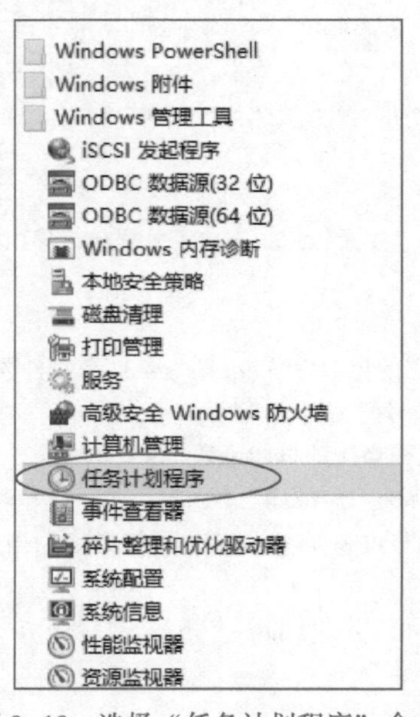

图 9-10　选择“任务计划程序”命令

② 在“任务计划程序”窗体中，选择“任务计划程序库”→“创建任务”命令，弹出“创建任务”窗体，如图 9-12 所示。在此窗体的“常规”选项卡的“名称（M）”栏输入任务名称，并在“安全选项”栏选择“不管用户是否登录都要运行（W）”单选项，并选中“不存储密码（P）”与“使用最高权限运行（I）”多选项。

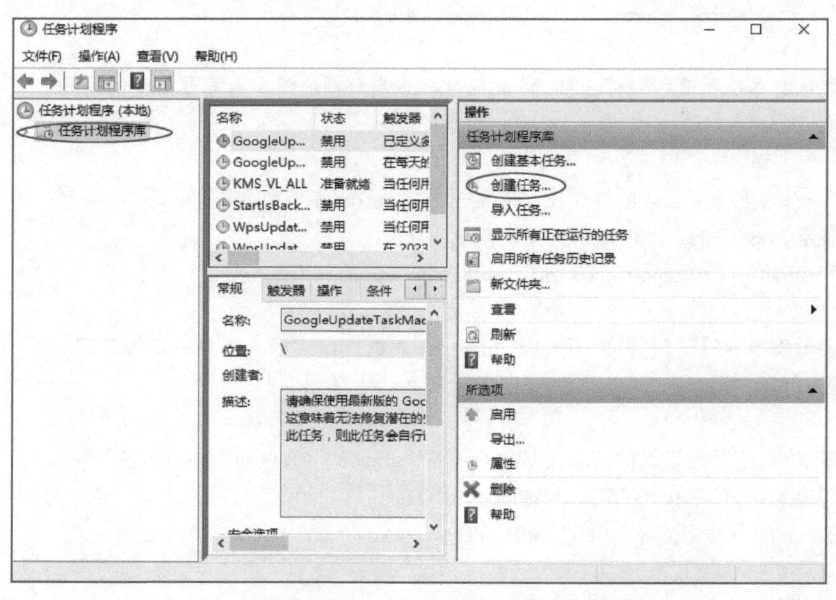

图 9-11　“任务计划程序”窗体

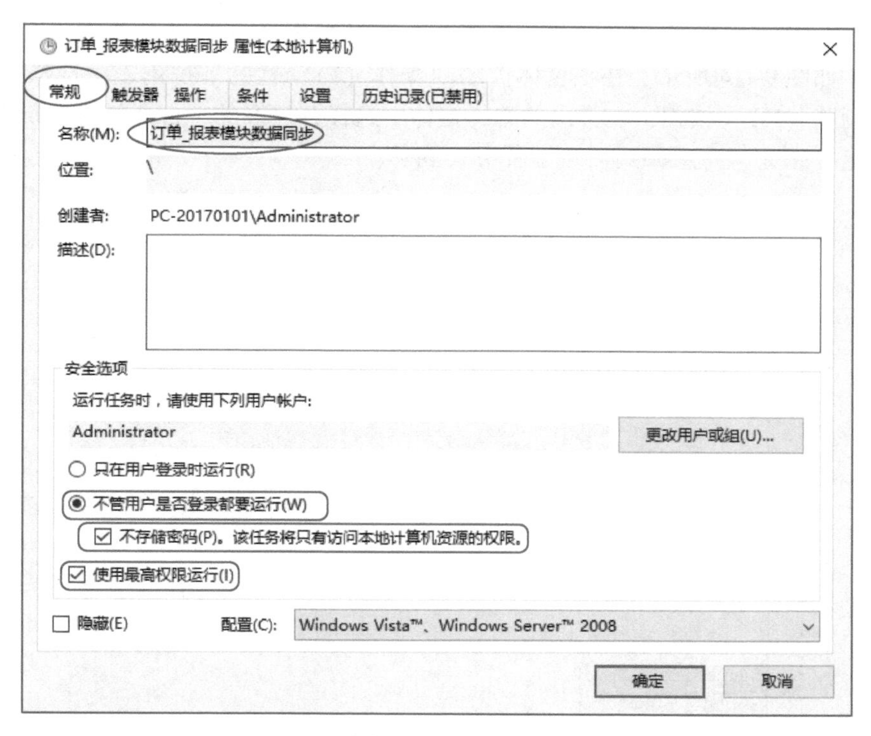

图 9-12　“创建任务”窗体-“常规”选项卡

③ 单击“创建任务”窗体的“触发器”选项卡，并单击“新建（N）”按钮，弹出“新建触发器”窗体，如图 9-13 所示。在该窗体上的“开始任务（G）”栏的下拉列表中选择“按预定计划”项，在“设置”栏中选择“每天”单选项，并在右边的“开始（S）”栏中设置为当天的“23:00:00”，并选中最底下的“已启用（B）”多选项，最后单击“确定”按钮，重新回到“创建任务”窗体。

图 9-13　“创建任务”窗体-“触发器”选项卡

④ 单击“创建任务”窗体的“操作”选项卡，并单击“新建（N）”按钮，弹出“新建操作”窗体，如图 9-14 所示。在该窗体上的“操作（I）”栏的下拉列表中选择“启动程序”项，单击“浏览（R）”按钮，在弹出的选择窗体中选择开发好的“mall_report. bat”文件，最后单击“确定”按钮，重新回到“创建任务”窗体。

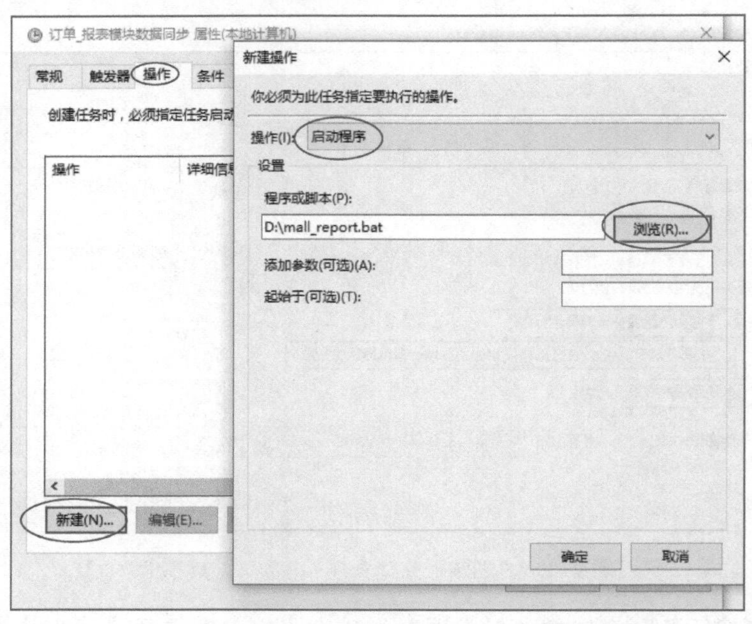

图 9-14 “创建任务”窗体-“操作”选项卡

⑤ 单击“创建任务”窗体的“设置”选项卡，并选中“允许按需运行任务（L）”与“如果过了计划开始时间，立即启动任务（S）”两个多选项，如图 9-15 所示，最后单击“确定”按钮，完成定时任务调度配置。

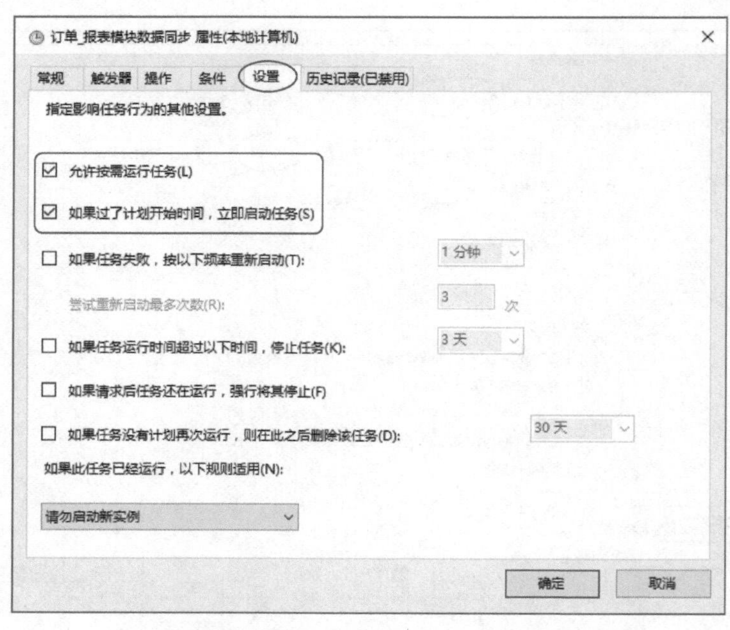

图 9-15 “创建任务”窗体-“设置”选项卡

5）定时调度任务配置完成后，可以在“任务计划程序”窗体查看到配置好的“订单_报表模块数据同步”任务，如图 9-16 所示。

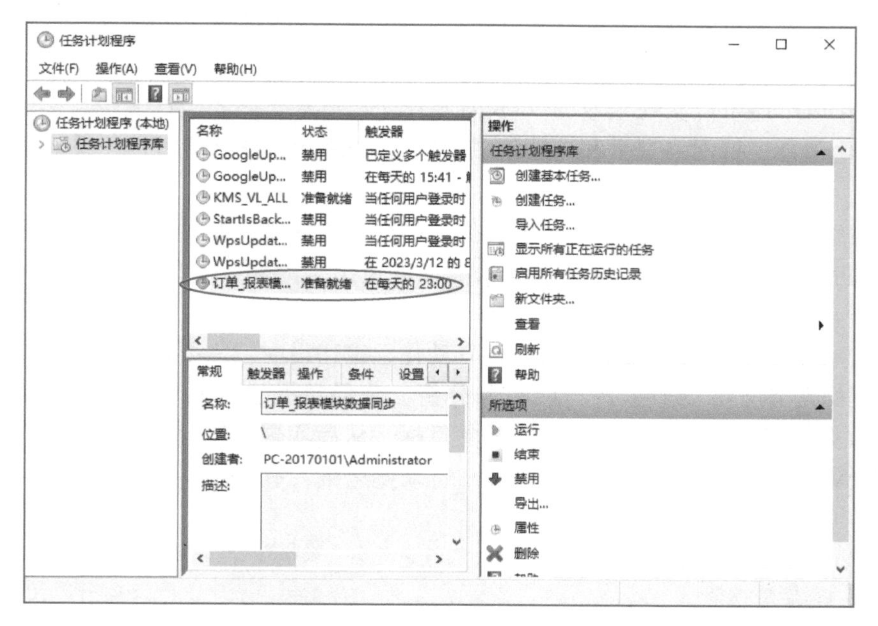

图 9-16　任务计划程序-定时任务一览表

至此运维程序开发与定时任务配置均完成，自动化同步数据功能实现。每天 23 点将启动定时任务，调度执行“mall_report. bat”文件，自动把订单模块 3 张表的当天数据同步到报表模块，管理人员在第二天的早上即可看到昨天的销售数据以及其他配套服务的运营数据。

拓展阅读　自动化运维

系统规模的不断发展以及应用软件架构的发展，推动着运维技术的演进，自动化运维是在传统运维方式基础上，经过技术改造与逐步完善而形成的一种新运维方法。

传统运维方式在对信息服务维护中的弊端是显而易见的。首先，传统运维方式由人来发起运维事件，运维人员被动且效率低。其次，信息系统异构性大，传统运维方式缺乏高效的运维流程。此外，传统运维方式随着云计算及大数据的爆发带来更大的困难，缺乏高效的运维工具。由于传统运维方式中以上问题的存在，就有了自动化运维，自动化遵循“四化”原则，即管理体系化、工作流程化、人员专业化、任务自动化。

自动化运维是一种利用计算机程序对计算机系统、网络和数据中心进行监控、管理和维护的技术。随着科技的进步，计算机技术的发展和跨越，自动化运维已经在计算机网络系统应用中发挥重要作用。自动化运维能够有效地将软件开发与系统运维分开，在不同环节实现一站式服务，为系统管理提供便利，以满足越来越复杂的网络管理需求。

由于自动化运维技术是一种采用程序自动完成系统维护以及网络相关工作的技术，因此它能够有效降低管理方面的复杂度，提高系统的稳定性和可靠性，从而较好地实现对信息服务的高效管理。

1）自动化运维具有自动化的服务特点，可以有效地减少人工的管理，更有效地确保系统的稳定性，减少管理人员的负荷，降低工作流程的复杂度，提高人员的工作效率和企业的服务能力。

2）自动化运维可以实现智能网络管理，如自动监控网络状态，实现及时诊断网络带宽利用率。

3）自动化运维还可以实现企业的 Web 内容管理和技术支持的服务响应。

4）自动化运维支持网络安全和持续审核，能够及时发现安全问题，并采取积极的措施加以解决。

自动化运维技术在实施过程中能够把维护计划细分为宏观和微观，针对不同层面的不同细节，进行管理和控制，能够及时预测系统状况，避免出现问题，更加有效地保护信息系统的安全。

数据是自动化运维建设的根本，在进行自动化运维建设时，需要以数据为基础，通过对系统、设备、网络等各方面的数据进行收集和分析，确保数据的可靠性，同时在系统运行过程中，要实现数据可查、记录可审和界面可看的目标，从而实现系统的智能运维。

（资料来源：https://www.leixue.com/tag/自动化运维，有改动）

练习题

一、选择题

1. 数据库系统是采用了数据库技术的计算机系统，数据库系统由数据库、数据库管理系统、应用系统和（　　　）组成。[单选]

A. 系统分析员　　B. 程序员
C. 数据库管理员　　D. 操作员

2. 下述哪项不是数据库管理员的职责（　　　）。[单选]

A. 完整性约束说明　　B. 定义数据库模式
C. 数据库安全　　D. 数据库管理系统设计

3. SQL 语言的 GRANT 语句主要用来维护数据库的（　　　）。[单选]

A. 完整性　　B. 可靠性　　C. 安全性　　D. 一致性

4. 在建立数据库安全机制后，进入数据库要依据建立的（　　　）方式。[单选]

A. 组的安全　　B. 账户的 PID
C. 安全机制（包括账户、密码、权限）　　D. 权限

5. 数据库物理设计完成后，进入数据库实施阶段，下述工作中，（　　　）一般不属于实施阶段的工作。[单选]

A. 建立库结构　　B. 系统调试
C. 加载数据　　D. 对数据库系统进行二次开发

6. 关于 MySQL 数据库操作命令，以下说法正确的有（　　　）。[多选]

A. 启动数据库服务的命令是：mysqld
B. 登录数据库服务的命令是：mysqladmin
C. 数据备份的命令是：mysqldump
D. 关闭数据库服务的命令是：mysql

7. 删除一个账户的方式有（　　　）。[多选]

A. 使用 drop user 命令直接在命令行删除

B. 使用 mysqladmin 命令直接在命令行删除

C. 直接从 mysql 库的 user 表删除该账户

D. 直接从 information_schema 库的 user_privileges 表删除该账户

8. 关于下面创建账户操作命令语句说法正确的是（　　　　）。[单选]

CREATE USER 'ming'@'192.168.3.125' IDENTIFIED BY '111111'

A. 创建了一个名称为“ming”、密码为“111111”的账户，可以在任何机器登录

B. 创建了一个名称为“ming”、密码为“ming”的账户，可以在数据库服务器所在的主机上登录

C. 创建了一个名称为“ming”、密码为“111111”的账户，只能在 IP 为“192.168.3.125”的机器上登录

D. 创建了一个名称为“ming”、密码为“ming”的账户，只能在 IP 为“192.168.3.125”的机器上登录

9. 关于给账户分配权限操作命令语句，下面说法正确的是（　　　　）。[单选]

GRANT SELECT, INSERT ON tx_web.order TO 'zhang'@'localhost'

A. 给“zhang”账户赋予所有数据库节点下所有数据表全部操作权限

B. 给“zhang”账户赋予 tx_web 数据库节点下所有数据表全部操作权限

C. 给“zhang”账户赋予 tx_web 数据库节点的 order 数据表全部操作权限

D. 给“zhang”账户赋予 tx_web 数据库节点的 order 数据表查询、插入操作权限

10. 关于数据备份操作命令语句，下面说法正确的是（　　　　）。[单选]

mysqldump -uroot -proot user_web > E:\user_web.sql

A. 使用 root 账户导出 user_web 库节点的全部关系数据表的结构，不包含数据

B. 使用 root 账户导出 user_web 库节点的全部关系数据表的记录，不包含表结构

C. 使用 root 账户导出 user_web 库节点的全部关系数据表的结构

D. 使用 root 账户导出全部库节点的全部关系数据表的结构

二、操作题

一个教学信息系统，实现了对学校教学工作全方位的管理，在数据库后台有一个“teac_info”的库节点，存储了该系统的所有数据信息。鉴于系统中相关数据的重要性，现需要对相关数据信息进行备份运维操作。

1）需要对“teac_info”库节点每小时进行数据备份操作。

2）发生数据错误或其他数据问题时能通过备份文件恢复教学信息系统中的业务数据。

3）编写运维程序，实现自动化运维的方式定时备份数据。

第 10 章　关系数据库事务管理

本章目标：

知识目标	能力目标	素质目标
① 认识关系数据库事务的特征 ② 了解关系数据库事务的功能 ③ 理解关系数据事务的锁机制 ④ 理解事务并发控制原理 ⑤ 掌握关系数据库事务隔离级别的设置 ⑥ 掌握关系数据库事务的操作控制命令	① 能够在命令行开启数据库事务 ② 能够在命令行提交数据库事务 ③ 能够在命令行回滚数据库事务 ④ 能够为数据库设置合适的隔离级别 ⑤ 能够处理数据库脏读、不一致分析等事务 ⑥ 能够根据实际场景需求灵活应用数据库事务	① 培养敢于担当的能力，敢于承担学习工作中重任 ② 具有危机意识、努力做好本职工作 ③ 具有敬业爱岗的职业精神与良好的职业操守 ④ 养成精益求精、追求极致的职业品质 ⑤ 养成安全、规范的运维操作习惯

10.1　关系数据库事务基础

事务（Transaction）是关系数据库应用系统中的一个重要组成部分，是保障关系数据库正确运行的一种重要机制。关系数据库事务行为包括并发控制、隔离级别设置、锁机制实现、锁粒度与锁类型的选择等，关系数据库事务控制是否恰当直接影响关系数据库的性能、稳定性、数据准确性等方面。

10.1.1　关系数据库事务功能应用

事务是关系数据库中为保证业务操作的完整性与连续性的一种保障机制，事务行为存在于关系数据库的各种操作中。在最常规对数据表的增加、删除、更新、查询等操作中均存在事务的行为，除此之外，创建表结构、删除表结构、修改表结构等相关操作中也有事务行为。

10.1.1　关系数据库事务功能应用

如何理解事务的功能？举个日常生活中的例子，比如 A 银行的 X 账户通过银联系统向 B 银行的 Y 账户转账 1000 元。要完成这个转账的业务操作至少要完成两步的数据库写操作，第一步是在 A 银行的数据库中从 X 账户减去 1000 元，第二步是在 B 银行的数据库中给 Y 账户加上 1000 元，只有这两步操作都完整执行了，整个转账业务才是完整的、正确的，如图 10-1 所示。现考虑这样的一种场景，假如第一步操作执行了，即已经从 X 账户扣除了 1000 元，但在执行第二步操作的时候，B 银行的机房突然断电了，导致第二步操作无法执行，即无法给 Y 账户加上 1000 元，这就出现了 X 账户已经扣款，Y 账户却无法收到钱，导致转账业务的异常。

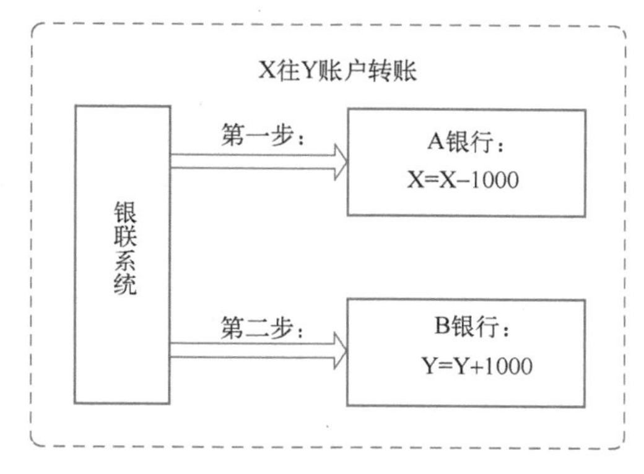

图 10-1　转账操作过程

如果整个转账业务有事务机制的介入就能避免上面异常情况的发生，事务具体的保障机制是，在银联的转账服务器中先设立还原点，然后再执行第一步、第二步操作，如果两步都能完整执行，整个转账业务就正常完成，如果两步操作中有任何一步不能正确执行，比如第二步操作执行过程中 B 银行机房突然断电了无法给 Y 账户加上 1000 元，那么银联的转账服务器根据预先设立的还原点将撤销第一步操作，即给 X 账户重新加上之前扣除的 1000 元，这样就能证 X、Y 账户双方的数据都是准确的。

10. 1. 2　关系数据库事务基本命令

关系数据库事务在数据库应用系统运行中的作用非常重要，但操作命令并不复杂，常规操作命令有开启事务、提交事务、回滚事务等。关系数据库事务分手动事务和自动事务，手动事务需自己编写相关事务命令语句，自动事务由数据库系统自动调用相关事务语句，无须手动编写。以下对 MySQL 关系数据库的常见事务操作命令进行说明。

(1) 开启事务

- 命令语句：Start Transaction 或者 Begin。
- 在 SQL 操作执行前启动事务。
- 在多 SQL 操作的事务中必须使用手动事务。

(2) 提交事务

- 命令语句：Commit。
- 在整个事务操作的最后面执行。
- 在多步操作事务中必须所有 SQL 执行完毕后才能提交。
- 事务提交后，事务内的所有 SQL 操作将正式生效。

(3) 回滚事务

- 命令语句：Rollback。
- 在整个事务操作的最后面执行。
- 事务回滚后，事务内的所有 SQL 操作将撤销。

(4) 事务操作示例

1) 开启事务示例。

一个事务中可以包含一条或若干条 SQL 语句，每个 SQL 语句为一个关系数据库操作。在自动事务中，每条 SQL 语句会自动匹配一个完整的事务命令，如常规的 ALTER、INSERT、CREATE、DELETE、DROP、SELECT、UPDATE、TRUNCATE TABEL 等命令操作，在单独执行的情况下都会自动匹配事务。如果是多 SQL 语句的业务操作，必须手动开启事务，否则无法保证所有 SQL 语句置于同一个事务操作中，相关 SQL 语句如下所述。

开启事务 SQL 语句：

```
START TRANSACTION
 SQL 语句 1
 SQL 语句 2
 …
 SQL 语句 n
 COMMIT 或 ROLLBACK
```

2）提交事务示例。

以下 SQL 语句表示，先通过 START TRANSACTION 语句开启一个数据库事务，然后分别从对学生表（student）、课程表（course）、学生课程表（student_course）作更新操作，最后通过 COMMIT 语句提交数据库事务，完成整个更新事务操作过程。

提交事务 SQL 语句：

```
start transaction;
update student set home_address='万绿大道 18 号' where sn='200000123';
update course set credit=6 where cn='C001';
update student_course set score=80 where sn='200000123' and cn='C001';
commit;
```

3）回滚事务示例。

以下 SQL 语句表示，先通过 START TRANSACTION 语句开启一个数据库事务，然后分别从学生表（student）、课程表（course）、学生课程表（student_course）中删除对应条件的数据，最后通过 ROLLBACK 语句回滚数据库事务，撤销对 3 个数据表的删除操作，并结束相关事务操作。

回滚事务 SQL 语句：

```
start transaction;
delete from student where sn='200000123';
delete from course where cn='C001';
delete from student_course where sn='200000123' and cn='C001';
rollback;
```

10.1.3 关系数据库事务特征

10.1.3 关系数据库事务特征

事务是关系数据库正确运行的重要保障机制，是用户定义的一组对关系数据库的读写操作序列，这组操作序列是不可分割的工作单元。在关系数据库中，事务可以是一条 SQL 语句，也可以是一组

SQL 语句，甚至是整个应用程序。关系数据库事务具有 ACID 四大特征，通过四大特征来实现事务的相关功能作用。

（1）原子性（Atomicity）

原子是物质组成的最基本单元结构，不可再拆分。引申过来，在同一个关系数据库事务中可能包含多步的数据库操作，即包含多条 SQL 语句，这多条 SQL 语句就是一个基本的操作单元，要么所有的 SQL 语句都能完整执行，要么所有的 SQL 语句都执行失败，不允许部分 SQL 语句执行成功，部分 SQL 语句执行失败的情况出现。

（2）一致性（Consistency）

一致性也可以理解为数据约束完整性，即关系数据库事务执行前和执行后，数据实体的相关约束保持一致，没有受到破坏。例如在一个数据表中有工资字段，受自定义约束，工资字段值必须小于 10000，如果在一个 SQL 更新操作中，执行后工资字段值为 15000，则事务会自动回滚、撤销此 SQL 更新操作，因为执行后的值 15000 超出了自定义约束范围 10000，破坏了事务的一致性。

（3）隔离性（Isolation）

操作系统中可以存在众多的进程同时执行，同样关系数据库应用系统中也有众多的事务在并发执行。并发执行的事务相互独立、相互隔离、互不影响，只有事务完整执行后，才会开始其他事务的操作行为。

（4）持久性（Durability）

持久性体现了事务的终结性，即事务操作一旦发生并且完成，其作用是永久的、长期的，不会因为数据库服务器的关闭、重启等行为而改变相关结果，甚至数据库服务器因故障修复后其结果也不会受影响。

10.2 事务封锁机制

为了解决事务并发过程中出现的各种干扰问题，引入了事务封锁机制。通过对并发事务共同操作的资源加锁，取得锁资源的事务才能操作相关数据资源，从而使并发无序事务变成有序事务。按一定的规则来操作数据资源，从而避免事务之间的相互干扰，针对不同的干扰问题可以有不同的封锁机制。

10.2 事务封锁机制

10.2.1 封锁类型

在关系数据库中，事务锁是一种使资源从无序操作中变为有序操作的一种机制，事务锁在执行完相应操作后就会自动释放相关资源。事务锁可分为共享锁、更新锁、独占锁 3 种类型，每种类型适用于不同的事务操作场景。

10.2.1 封锁类型

（1）共享锁

共享锁是一种读锁，也简称为 S 锁，是一种专为读操作而定义的锁类型。当资源中添加了共享锁后，所有的读事务可以并发地读取该资源，但不允许任何写事务来操作该资源，这样就能最大限度地提升读操作的并发数量。

（2）更新锁

更新锁是一种写锁，是一种专为更新操作而定义的锁类型。当数据资源中添加了更新锁，则可以对被锁定的数据资源进行更新操作，但不能进行其他写操作，如插入、删除操作。同时被更新锁锁定的数据资源，不允许其他任何事务进行读写操作，需等到事务结束并释放锁定资源后才能允许其他事务来操作相关数据资源，从而保证更新操作的完整性。

（3）独占锁

独占锁也是一种写锁，也简称为 X 锁，是一种专为写操作而定义的锁类型。与更新锁不同，当资源中添加了独占锁后，可以对相关的数据资源进行插入、删除、更新等操作，是一类最严格的锁。同样，已经实施独占锁的数据表资源，将拒绝来自其他用户的任何锁请求，可保证各类写操作的完整性。

10.2.2 封锁粒度

10.2.2 封锁粒度

通过封锁机制对资源进行锁定时，锁定的对象可以是数据表，也可以是表中的数据记录等资源，把封锁时对资源对象锁定大小的能力称为封锁粒度。在关系数据库应用系统中，封锁粒度从大到小排列可分为表级锁、页级锁、行级锁 3 种类型。

（1）表级锁

表级锁的封锁对象为整个表，即一个锁对象即可锁住整张数据表。当表中的数据量非常大时，如果想锁住整个表资源，那么表级锁非常省事，效率也非常高，系统资源消耗少。但表级锁也存在致命的弱点，对并发操作的影响非常大，例如在一个大表中，同时有 1000 个用户要并发操作该数据表，则添加表级锁后这 1000 个用户只能一个个排队等待，同步并发的优势将丧失。

（2）页级锁

页级锁的封锁对象为数据块，是一种粒度介于表级锁与行级锁之间的中间类型锁。对数据表中的记录按一定的数量进行分页操作，每一页为一个数据块，包括若干的数据记录，一个锁对象只能锁住一个数据块。当资源表中的数据量非常大，为了兼顾并发的数量与系统性能，可考虑使用此种类型锁。

（3）行级锁

行级锁的封锁对象为数据表中的行，即一个锁对象只能锁住一行数据记录，是粒度最小的一种类型锁。行级锁的灵活性非常高，特别是对并发事务的支持非常好，但要在短时间内创建大量的锁对象才能满足业务需求，频繁地创建行级锁对象将消耗较高系统性能与资源，在一定程度上加重系统的负担。

10.2.3 事务死锁

10.2.3 事务死锁

死锁是指两个或者两个以上的事务，相互等待对方所占据的资源，但任何一个事务都不会释放所占据资源，这就进入一个无解的死循环，一旦发生死锁，相关事务将无法完成。

如图 10-2 所示，有事务 1 和事务 2，两个事务为了完成相应的操作，各自必须完全占据资源 A 与资源 B，结果在并发操作中，事务 1 成功地占据了资源 A，事务 2 成功地占据了资源 B，但双方都没有得到完整的资源，都在等待对方释放所占据的资源，这就造成两个事务之间的死锁。

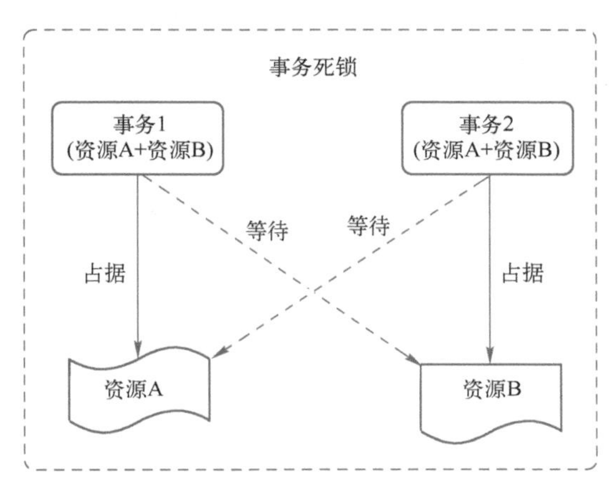

图 10-2　事务死锁的产生过程

在实际应用中事务死锁问题时有发生，难于从根本上消除，不同的场景下有不同的解决策略。通常情况下，并发事务死锁的现象很少出现，但随着并发事务的增加发生死锁的概率也会相应增大。目前来说，处理死锁问题比较成熟的算法机制有超时法、一次封锁法、回滚法等。

（1）超时法

超时法是一种对事务设定超时时间，如果在规定时间内没有完成事务操作则释放本事务所封锁的资源，以确保其他事务能得到相关资源来完成事务操作。这种算法也存在局限性，如果设置的等待时间过长，则难以发现死锁事务；如果设置等待时间过短，则会将其他未完成事务误判为死锁事务。

（2）一次封锁法

一次封锁法是事务对资源进行封锁操作时，一次性将所需要资源全部封锁，若不能成功则不封锁资源暂时退出，等待一定的时间后再重新对资源进行封锁，可以重复多次，直到锁住所有资源完成事务操作。

（3）回滚法

回滚法也叫回退法，是当多个事务并发封锁相同的资源时，各自占据了一部分资源，但不足以完成整个事务操作，这时其中的一些事务可通过回滚事务的方式，释放封锁的资源，从而让其他事务可以获得对应的资源来完成事务操作。在并发事务中有年轻事务与年老事务同时存在，年轻事务为完成工作量少的事务，年老事务为完成工作量多的事务，一般情况下是年轻事务通过回滚的方式释放资源，从而让年老事务先完成事务操作，最后由年轻事务重新封锁相关资源来完成事务操作。

10.3 事务隔离级别

当多个事务并发对同一资源进行读写操作时，会导致众多问题的出现，如脏读、丢失更新、不一致分析、幻读等。这些问题一旦发生，表明事务之间存在相互干扰，隔离级别则是为解决并发事务干扰提出的策略与解决方案。

10.3.1 脏读

脏读即读取了不准确的数据，当一个事务查询或读取到其他事务已经修改但尚未提交的数据就有可能产生脏读的现象。

如图 10-3 中，有事务 A 与事务 B 同时操作资源 P，假设资源 P=100，事务 A 修改 P 值，假设修改后 P 的新值为 120，随后资源 P 的新值 120 被事务 B 读取到，但最后事务 A 做了回滚操作，导致资源 P 的值重新变回初始值 100，但事务 B 却读到 P 的值为 120，这就导致了脏读的产生。

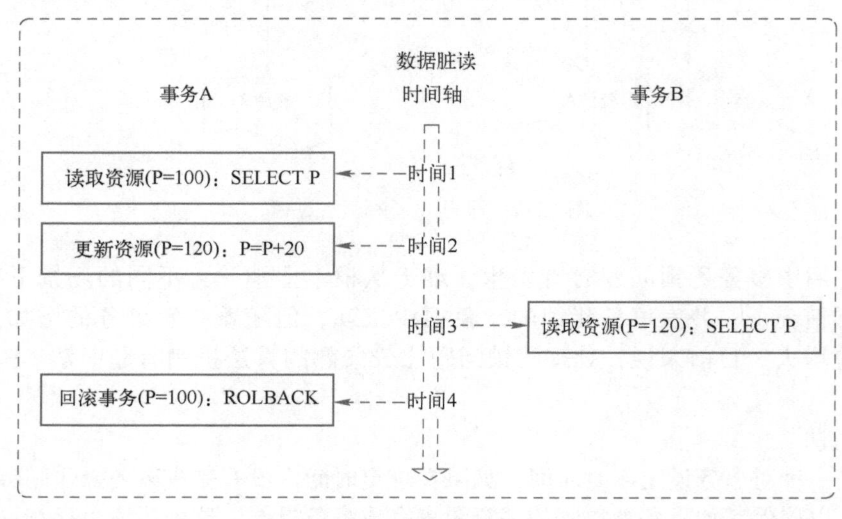

图 10-3 脏读的产生过程

10.3.2 丢失更新

丢失更新即某些关系数据库更新操作本来是已经完整执行了，但更新行为却没有影响到对应的数据资源，像更新操作丢失了一样。在多事务并发操作中，后面的操作容易覆盖前面的行为，出现丢失更新现象。

如图 10-4 中，假设资源 P 初始值为 100，事务 A 与事务 B 同时对资源 P 进行更新操作（事务 A 给 P 值增加 20，事务 B 给 P 值增加 30）。事务 A 与事务 B 先后读取了 P 的初始值 100，随后事务 A 给 P 资源增加 20 并修改 P 的新值为 120。接着事务 B 同样对 P 资源增加 30，因事务 B 之前已经读取到 P 值为 100，所以增加 30 后其运算结果值为 130，最后资源 P 的最终值被修改为 130。按预期来说事务 A 与事务 B 分别对 P 资源增加了 20 与 30，资源 P 的最终结果值应该是 150，但实际最终两个事务的并发运算，结果是 130，事务 A 的更新操作行为失效了，即事务 A 的更新操作丢失了。

10.3.3 不一致分析

不一致分析是指在同一事务中，两次或两次以上读取同一数据资源值，而所读取的数据值不相同，导致对数据的分析结果不一致。在并发事务中，读事务与写事务同时操作同一资源，则可能产生不一致分析的现象。

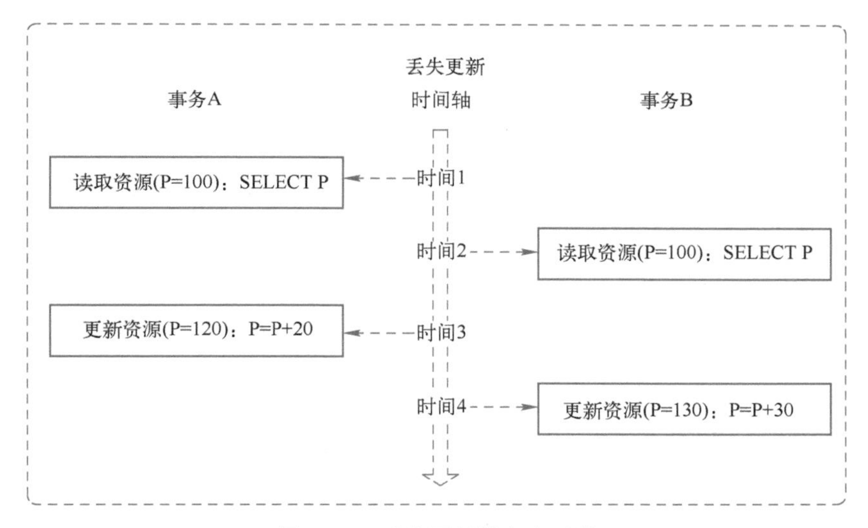

图 10-4　丢失更新的产生过程

如图 10-5 中，有读事务 A 与写事务 B 并发操作资源 P，假设资源 P=100，首先事务 A 第一次读取 P 值为 100，随后事务 B 修改了资源 P，使其新值为 130，接着事务 A 第二次检索资源 P，读取到 P 值为 130，与第一次所读取的值 100 不相同。在同一事务内，两次所读取的同一资源数值不一样，则会导致对同一资源前后不一致的分析结果。

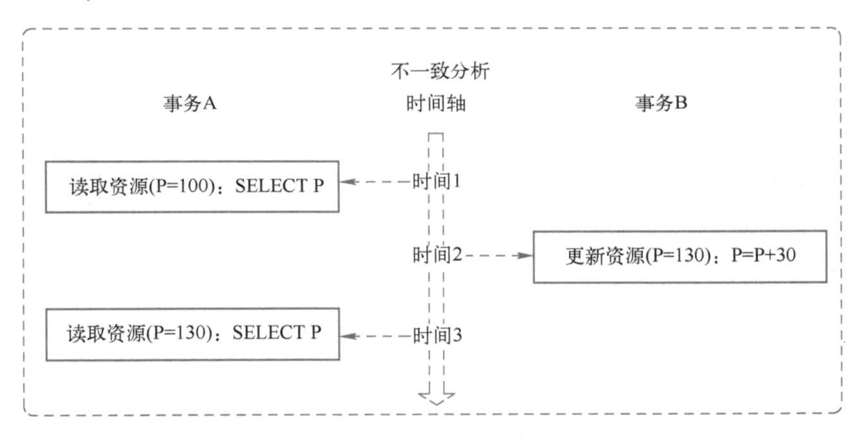

图 10-5　不一致分析的产生过程

10.3.4　幻读

幻读也称为幻象读，是并发操作中最严重的事务干扰问题，是指读事务与写事务并发操作同一数据表资源，读事务所检索到的数据记录被写事务部分删除，或写事务新增了符合读事务检索条件的新数据，读事务在遍历数据过程中神秘地发现多出了或丢失了部分数据，像出现幻觉一样。

如图 10-6 中，事务 A 与事务 B 同时对关系数据表 R 资源进行读写操作，事务 A 为读事务，事务 B 为写事务。事务 A 先在关系数据表 R 上检索到符合条件的数据记录有 100 条，随后开始对符合条件的数据进行遍历，与此同时事务 B 删除了编号为 98、99、100 的 3 条数据记录，当事务 A 检索到最后时就会发现丢失了 3 条数据记录，导致幻读的发生。

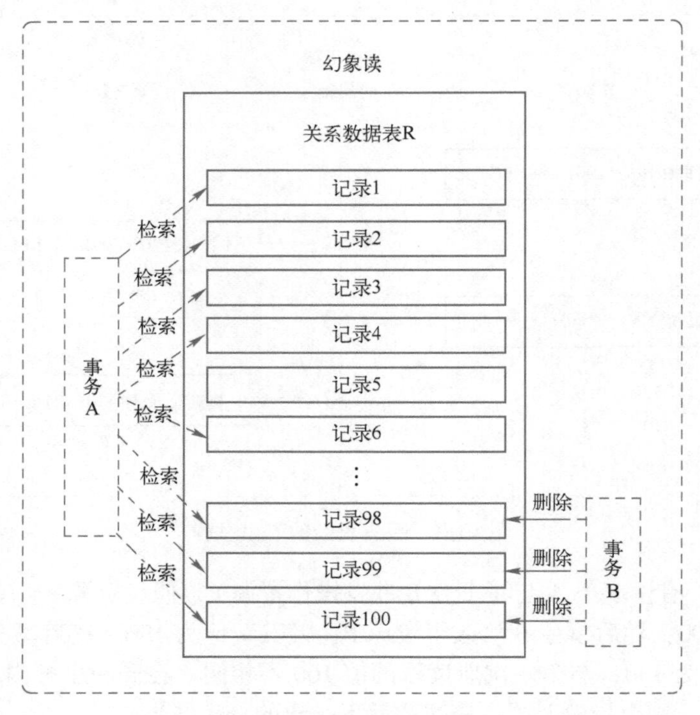

图 10-6　幻读的产生过程

10.3.5　隔离级别

事务隔离级别是为解决事务之间并发干扰问题，同时兼顾数据的准确与并发效率问题而引入的一种解决机制。在事务隔离级别较低的状态下，可以保证较高的事务并发度，但数据准确性也相应降低。在事务隔离级别较高的状态下，可以保证较高的数据准确性，但事务并发度会相应降低。

1. 事务隔离级别等级

在关系型数据库中，存在 4 种不同等级的隔离级别，按低到高排列分别是：未提交读、提交读、可重复读、可串行化。在避免事务之间干扰的前提下，可以适当地降低隔离级别，从而提高数据库应用系统并发执行的效率。

（1）未提交读（READ UNCOMMITTED）

事务隔离级别中最低的一级，该级别仅能保证事务不读取物理损坏的数据，其他方面无法保证。关系数据库中设置为该隔离级别时，事务之间未提交的数据会被对方相互读取到，从而导致脏读的发生。通常情况下，关系数据库中很少设置为该级别，在只有读操作的场景下，可以考虑设置为未提交读级别。

（2）提交读（READ COMMITTED）

事务之间可以读取对方已正式提交的数据，从而避免脏读的发生。该隔离级别能满足绝大多数应用场景的业务需求，在兼顾数据准确性的情况下，所支持的并发操作是最高效的，所以绝大多数关系型数据库默认设置为该隔离级别，但 MySQL 数据库默认的隔离级别不是此级别。

（3）可重复读（REPEATABLE READ）

在同一个事务中，无论多少次重复检索同一数据资源值，其所读取的结果值都是相同的。只要保证是在同一个事务中，即使数据资源已被外部其他操作变更，包括更新操作与删除操作，其后继所读取的资源数值均与第一次读取的资源数值相同。可重复读可以保证读操作的一致性，避免不一致分析问题，是 MySQL 数据库系统的默认隔离级别。

（4）可串行化（SERIALIZABLE）

事务隔离级别中最高的一级，在该隔离级别下事务之间完全隔离，强制事务排队执行，不可并发操作。该隔离级别可以保证数据完全准确，避免幻读的发生，但事务的并发性将完全丧失，操作效率非常低，只有对数据准确度要求非常严格的场景下才会使用该隔离级别。

2. 事务隔离级别查询

数据库系统的事务隔离级别可根据实际需要进行查询检索，也可以根据场景需求的不同进行事务隔离级别的变更，事务隔离级别的查询方法如下所示。

查询格式：

```
SELECT + @@ + 作用域 + 符号“.” + 系统事务变量
```

查询语句示例：

```
SELECT @@ GLOBAL. TX_ISOLATION
```

在查询语句示例中，SELECT 为检索关键字；@@ 表示系统变量，单个@ 则表示用户变量；GLOBAL 为作用域，表示全局作用域；符号“.”为英文状态下的点号；TX_ISOLATION 为系统事务变量，表示事务隔离级别。

3. 事务隔离级别设置

隔离级别的设置是为了控制并发事务之间的相互干扰，其本质是在效率与准确度之间找到一个合理的平衡点。关系数据库中的 4 种类型隔离级别代表了 4 种不同的效率与准确性平衡度，各自分别适用于不同的业务场景。在 MySQL 中数据库引擎为 INNODB 时，可以通过以下方式对事务隔离级别进行设置、变更。

隔离级别设置格式：

```
SET+ 作用域 + TRANSACTION ISOLATION LEVEL + 隔离级别
```

其中，“SET”是设置隔离级别关键字，作用域可以是“GLOBAL”或“SESSION”，当作用域为“GLOBAL”时，表示本事务隔离级别将在整个数据库系统范围内生效，当作用域为“SESSION”时，表示本事务隔离级别只在当前所连接的会话范围内生效。“TRANSACTION ISOLATION LEVEL”为事务隔离级别，在最后加上所要设置成的事务隔离级别即可，各等级事务隔离级设置语句如下所示。

设置隔离级别为未提交读：

```
SET GLOBAL TRANSACTION ISOLATION LEVEL READ UNCOMMITTED;
```

设置隔离级别为提交读：

```
SET GLOBAL TRANSACTION ISOLATION LEVEL READ COMMITTED;
```

设置隔离级别为可重复读：

```
SET GLOBAL TRANSACTION ISOLATION LEVEL REPEATABLE READ;
```

设置隔离级别为可串行化：

```
SET GLOBAL TRANSACTION ISOLATION LEVEL SERIALIZABLE;
```

10.4 事务管理操作

当多个关系数据库事务并发存在时会引发各种问题，事务锁与隔离级别则是为解决相关问题而专门引入的解决方案，事务锁为解决并发控制问题，隔离级别则是为兼顾并发性能与数据准确性而引入的事务设置。

10.4.1 隔离性操作

事务的隔离性体现在隔离级别为提交读（READ COMMITTED）以上级别时，事务之间并发操作各自独立、互相隔离、互不干扰、互不影响，只有事务提交后，才会受对方操作的影响，以下对这一特性进行操作演示。

1）通过 GUI 工具登录 MySQL 数据库，选中“View”菜单→“Maximize Query Edit”项，如图 10-7 所示。

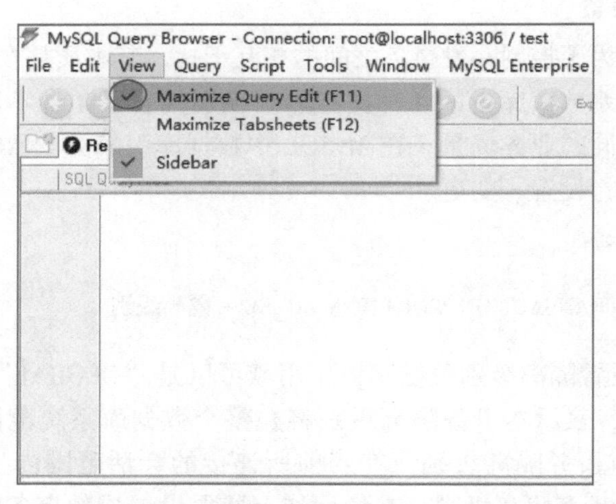

图 10-7 选中“View”菜单→“Maximize Query Edit”项

2）调出 GUI 客户端的事务操作按钮，如图 10-8 所示。在 GUI 上执行事务隔离级别修改操作，把数据库的事务隔离级别设置为“提交读”。

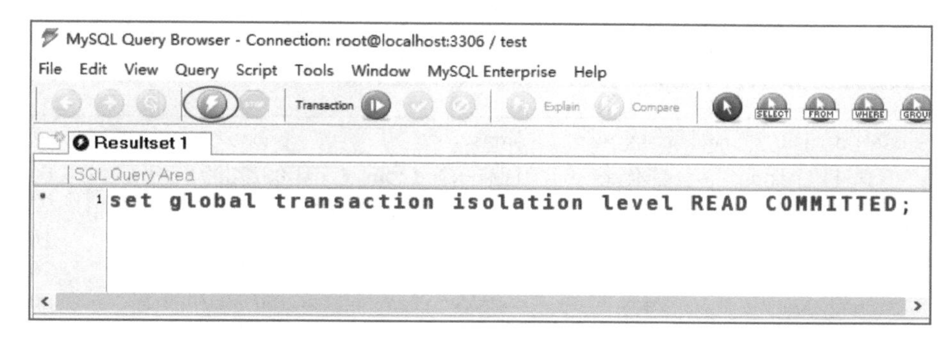

图 10-8 GUI 客户端的事务操作按钮

3）通过以下 SQL 语句在数据库中创建数据库节点 mydb，并创建 user 表以及进行基本数据初始化，创建完毕的 user 表如图 10-9 所示。

```
CREATE DATABASE IF NOT EXISTS mydb;
USE mydb;
DROP TABLE IF EXISTS user;
CREATE TABLE user (
  user_id int(10) unsigned NOT NULL auto_increment,
  user_name varchar(45) NOT NULL,
  pass_word varchar(45) NOT NULL,
  email varchar(45) NOT NULL,
  phone varchar(45) NOT NULL,
  sex char(1) NOT NULL,
  score int(10) unsigned NOT NULL,
  PRIMARY KEY  (user_id)
) ENGINE=InnoDB AUTO_INCREMENT=11 DEFAULT CHARSET=utf8;
INSERT INTO user (user_id,user_name,pass_word,email,phone,sex,score) VALUES
 (1,'LiMing','LiMing','LiMing@ qq. com','83278904','0',60),
 (2,'ZhuangPing','ZhuangPing','ZhuangPing@ qq. com','83278678','0',70),
 (3,'LuMei','LuMei','LuMei@ qq. com','83278904','1',10),
 (4,'QiaoBing','QiaoBing','QiaoBing@ qq. com','83278452','1',70),
 (5,'Kerry','Kerry','Kerry@ qq. com','83278678','1',50),
 (6,'Jetty','Jetty','Jetty@ qq. com','83278904','0',90),
 (7,'Lucy','Lucy','Lucy@ qq. com','83278904','0',40),
 (8,'Honey','Honey','Honey@ qq. com','83278904','1',80),
 (9,'Wendy','Wendy','Wendy@ qq. com','83278452','0',50),
 (10,'Rose','Rose','Rose@ qq. com','83278904','0',30);
```

4）打开第一个 GUI 客户端，如图 10-10 所示。单击“开启”按钮，手动开启事务，然后进行更新操作，把 user 表中 user_id=1 记录的 score 字段值修改为 5，此时不能提交或回滚事务。

5）打开第二个 GUI 客户端，相当于另外的用户或事务，检索 user 表中 user_id=1 的记录，如图 10-11 所示，可以看到在数据中 score 字段值还是之前的数据值 60，而不是更新操作发生后的新数据值 5。这就说明了当事务等级设置为提交读以上隔离级别时，事务之间未提交的数据是不会被其他事务读取，事务之间具有隔离性、独立性。

user_id	user_name	pass_word	email	phone	sex	score
1	LiMing	LiMing	LiMing@qq.com	83278904	0	60
2	ZhuangPing	ZhuangPing	ZhuangPing@qq.com	83278678	0	70
3	LuMei	LuMei	LuMei@qq.com	83278904	1	10
4	QiaoBing	QiaoBing	QiaoBing@qq.com	83278452	1	70
5	Kerry	Kerry	Kerry@qq.com	83278678	1	50
6	Jetty	Jetty	Jetty@qq.com	83278904	0	90
7	Lucy	Lucy	Lucy@qq.com	83278904	0	40
8	Honey	Honey	Honey@qq.com	83278904	1	80
9	Wendy	Wendy	Wendy@qq.com	83278452	0	50
10	Rose	Rose	Rose@qq.com	83278904	0	30

图 10-9　user 表

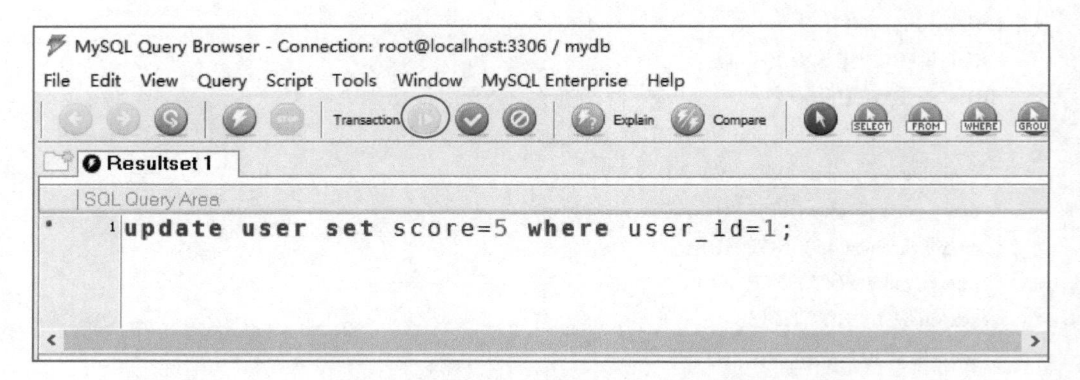

图 10-10　开启一个事务进行更新操作

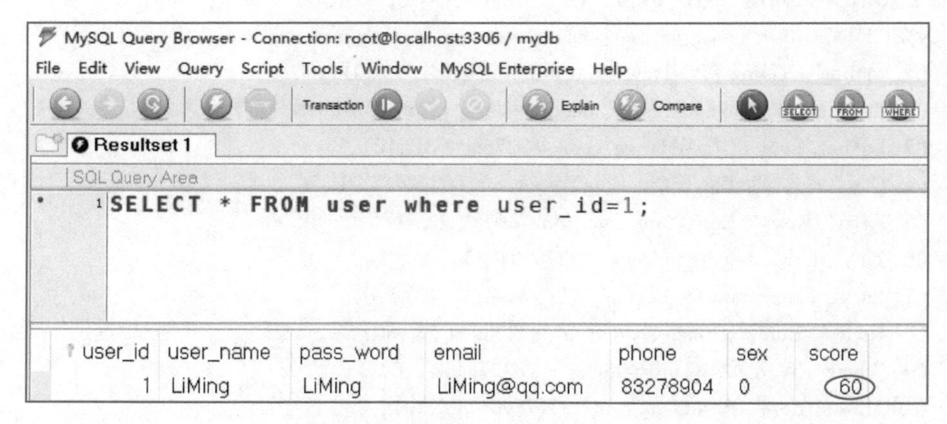

图 10-11　查看 score 字段值

6）打开第三个 GUI 客户端，手动开启另一个事务，对 user 表中 user_id=1 的记录进行删除操作。如图 10-12 所示，可以看到，删除操作无法执行，事务一直处于等待状态中，这是因为 user 表中 user_id=1 的记录已经被最先启动的更新事务锁住，其他的写事务无法操作该数据。

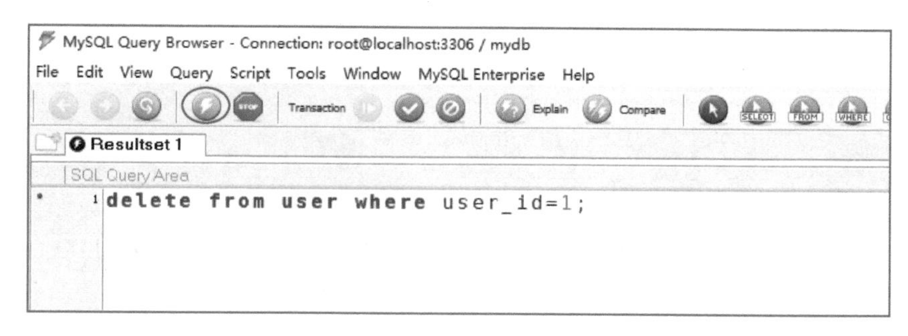

图 10-12　查看 user_id=1 的记录

7）回到第一个 GUI 客户端，单击“完成”按钮，提交事务，如图 10-13 所示，则第二个 GUI 客户端，马上可以检索到更新操作后的数据值，如图 10-14 所示，第三个 GUI 客户端也可以删除操作。这就说明事务之间正式提交的数据可以被其他事务读取，也说明提交事务结束操作后，将释放锁定的资源。

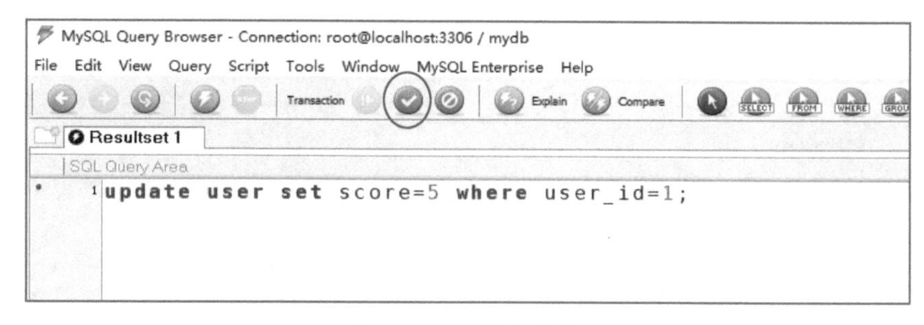

图 10-13　提交事务

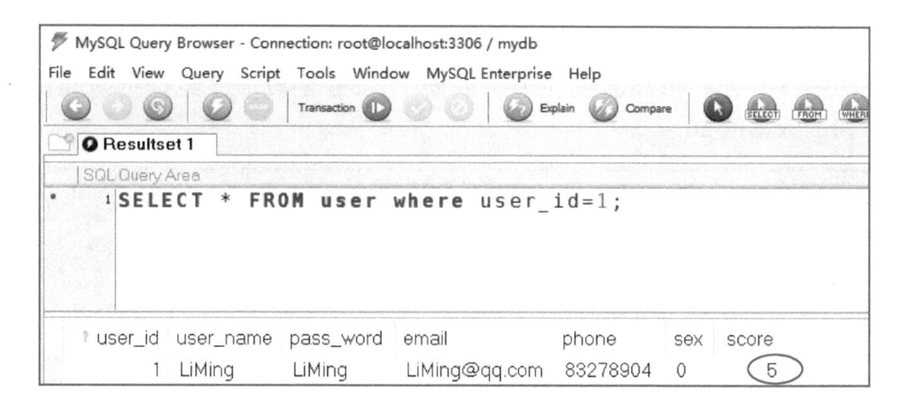

图 10-14　检索到更新操作后的数据值

10. 4. 2　数据脏读操作

当事务隔离级别设置为未提交读（READ UNCOMMITTED）时，事务之间未提交的数据将会被其他并发事务读取，当最终事务进行回滚操作时，则会导致脏读的发生，现以 10. 4. 1 节中 user 表为例对这一特性进行演示。

1）通过 GUI 工具登录 MySQL 数据库，并在 GUI 上执行事务隔离级别修改操作，把数据库的事务隔离级别设置为“未提交读”，如图 10-15 所示。

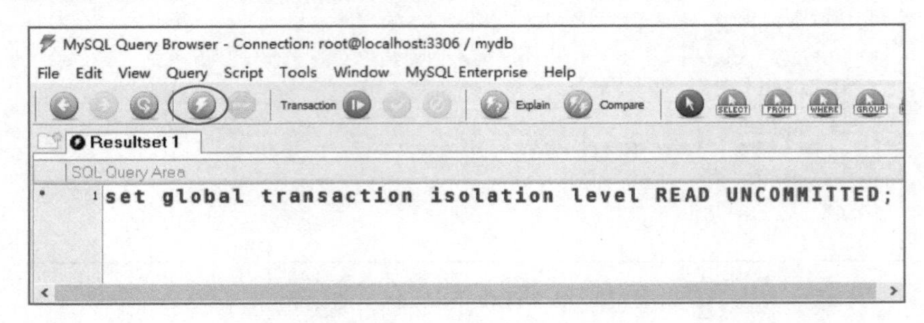

图 10-15 设置为“未提交读”

2）在第一个 GUI 客户端上，如图 10-16 所示，单击“开启”按钮，手动开启一个事务，然后进行更新操作，把 user 表中 user_id=5 记录的 score 字段值修改为 80，此时不能提交或回滚事务。

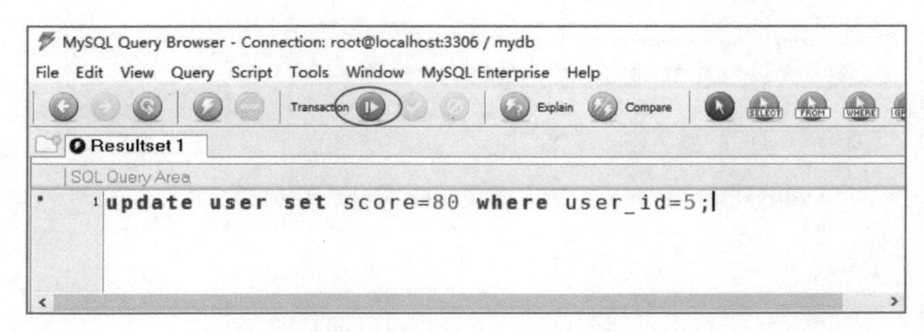

图 10-16 修改 score 字段值为 80

3）打开第二个 GUI 客户端，模拟另外的用户或其他事务，在此检索 user 表中 user_id=5 的记录，如图 10-17 所示，可以看到在该条数据中 score 字段值已经是更新操作后的数据值 80，而不是最初的数据值 50。

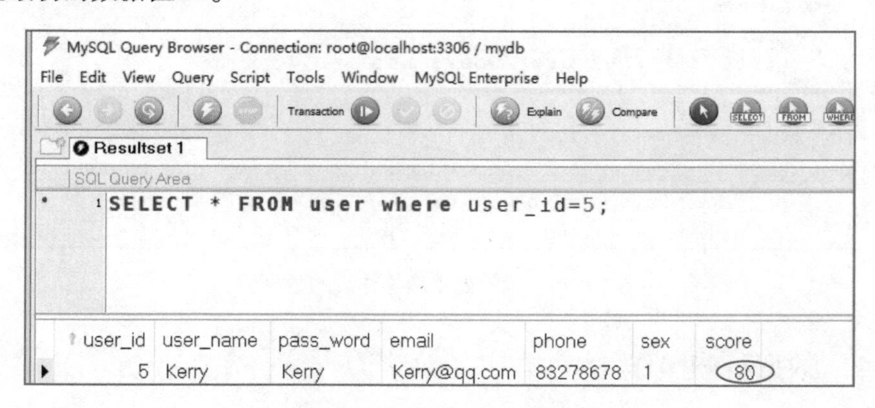

图 10-17 查看 score 字段值

4）重新回到第一个 GUI 客户端，如图 10-18 所示，单击“撤销”按钮，回滚事务，则之前所做更新操作被撤销，user 表中 user_id=5 数据记录的 score 字段值重新变回初始值 50，第二个 GUI 客户端的查询检索操作读取到 score 字段值 80 是错误的，这就导致了数据脏读的产生。从而也说明了当事务等级设置为“未提交读”隔离级别时，事务之间未提交的数据会被其他事务读取，事务之间可能存在较大的相互干扰。

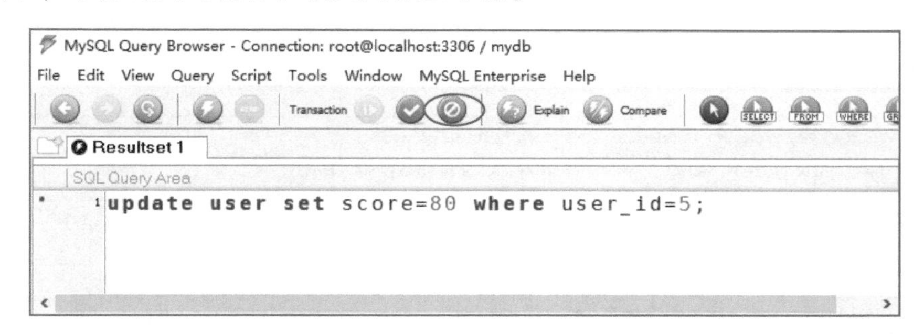

图 10-18　回滚事务

10.4.3　可重复读操作

可重复读是指在同一个事务以内，多次对同一资源读取的数值是一样的。不管外部事务如何操作该资源，包括删除与修改操作，即使外部事务已完成并正式提交，都不会影响原先事务对资源值的读取，现以 10.4.1 节中的 user 数据表为例对这一特性进行演示。

1）通过 GUI 工具登录 MySQL 数据库，并在 GUI 上执行事务隔离级别修改语句，把数据库的事务隔离级别设置为“可重复读”，如图 10-19 所示。

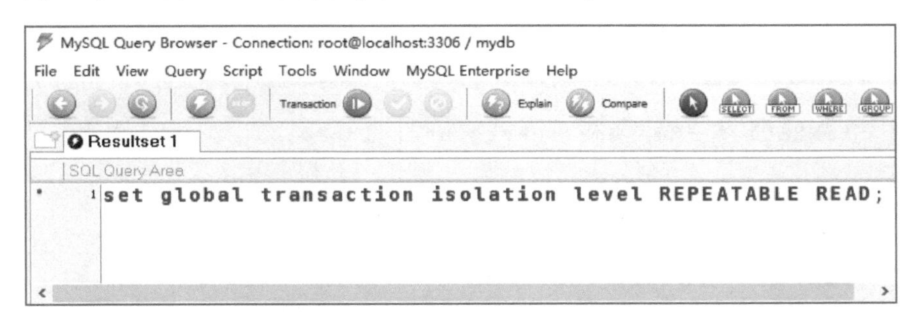

图 10-19　设置为“可重复读”

2）在第一个 GUI 客户端，如图 10-20 所示，单击“开启”按钮，手动开启一个事务，然后第一次读取 user 表中 user_id=10 记录的 score 字段值为 30，此时不能提交或回滚事务。

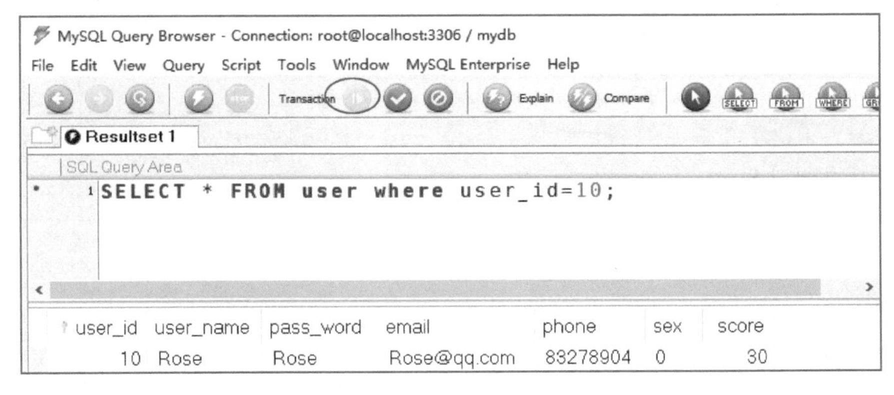

图 10-20　读取 score 字段值为 30

3）打开第二个 GUI 客户端，模拟另外的用户或事务，如图 10-21 所示，手动开启一个事务，然后进行更新操作，把 user 表中 user_id=10 的记录的 score 字段值修改为 100 并直接提交事务，完成更新操作过程。

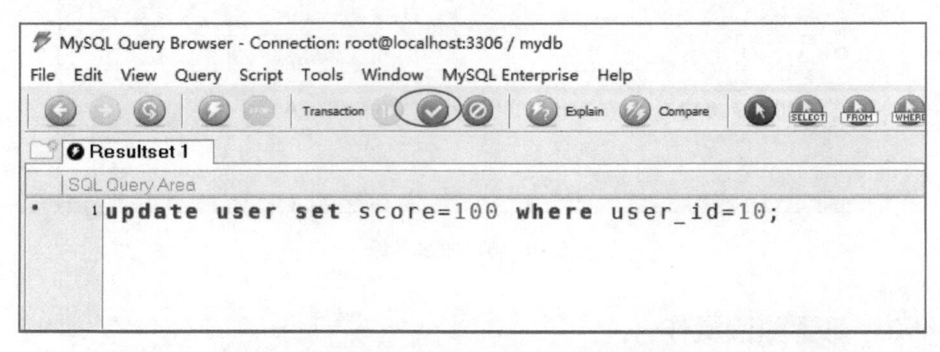

图 10-21　修改 score 字段值并提交事务

4）重新回到第一个 GUI 客户端，重新检索 user 表中 user_id=10 的数据记录，如图 10-22 所示，可以看到在该数据记录中 score 字段值还是最初的数据值 30，而不是另外其他事务更新修改后的新数据值 100，可见其不受外部其他事务影响。

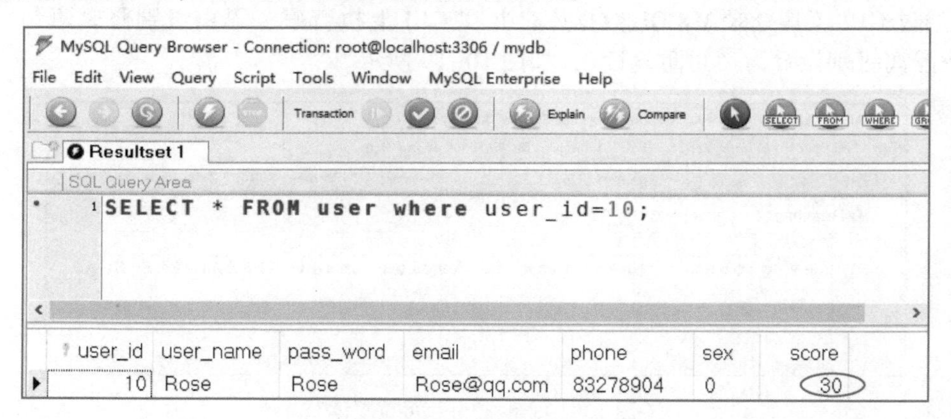

图 10-22　score 字段值仍为 30

5）打开第三个 GUI 客户端，如图 10-23 所示，手动开启另一个事务，对 user 表中 user_id=10 的记录进行删除操作，并直接提交事务，完成删除操作过程。

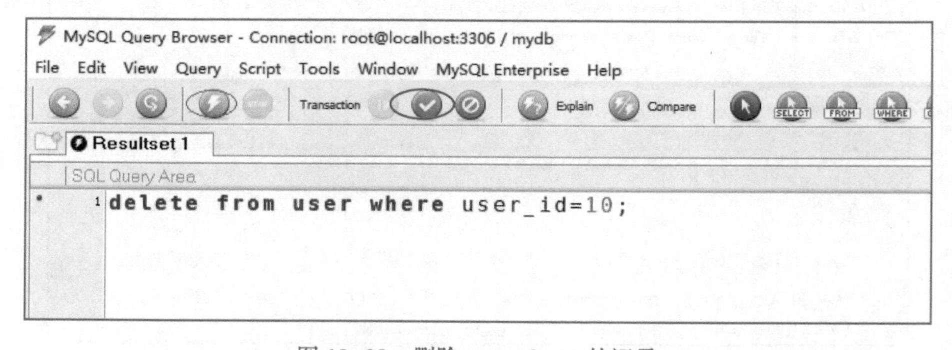

图 10-23　删除 user_id=10 的记录

6）再次回到第一个 GUI 客户端，第三次检索 user 表中 user_id = 10 的数据记录，如图 10-24 所示，可以看到还是能检索到该数据记录，并且 score 字段值仍旧是最初的数据值 30。但一旦结束事务后，就无法再检索到 user_id = 10 的这一条数据记录，因为已经被其他事务删除。这就说明当事务设置为可重复读以上隔离级别时，只要在同一事务内，反复读取的资源数据值是相同的，即外部其他事务对此资源做了更新或删除操作也不受影响。

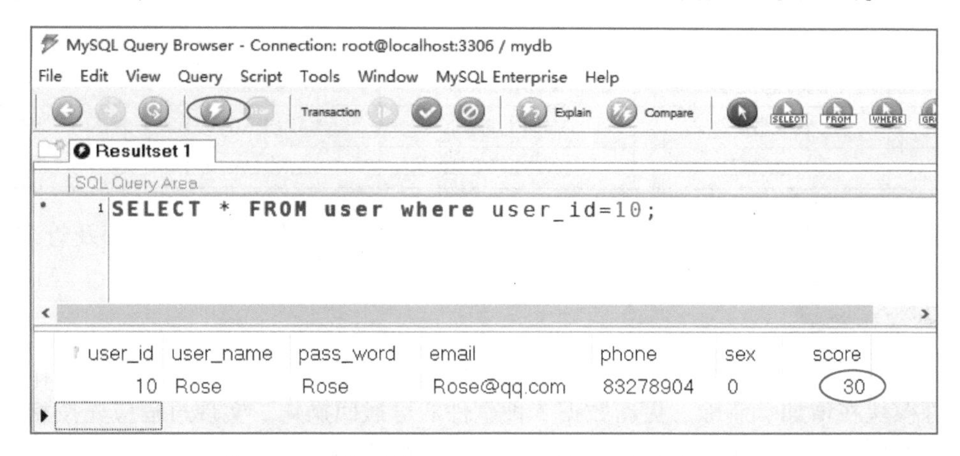

图 10-24　检索到 user_ id = 10 的记录未发生变化

10.5 案例：显式事务下仓库管理模块数据操作

事务是保证数据库操作完整性的一种重要保障机制，同时也是防范错误操作的重要手段。显式事务也称手动事务，是一种通过主动开启事务的方式来取得事务操作的控制权。在开启手动事务的前提下，可通过回滚的方式来避免错误操作而触发的数据库问题，最大程度避免数据灾难的发生，进而维护数据库中数据的完整性与准确性。

1. 功能需求描述

在一个 ERP 系统中有仓库管理模块，存储了公司仓库物料及管理员的相关数据，包含有仓库详情、管理员两张表。为了保证对仓库日常数据维护过程中数据的完整性，避免因失误操作而导致的不可逆的数据问题，现在要求对仓库管理模块的所有日常数据维护均需要在手动事务状态下完成。

1）仓库详情表中有仓库编号、仓库名称、仓库地址、仓库物品、库存量、管理员等字段，相关结构如表 10-1 所示。

表 10-1　仓库详情表（WAREHOUSE_DETAIL）字段结构

序　号	字段逻辑名称	字段物理名称	数据类型	备　注
1	仓库编号	WH_ID	VARCHAR(45)	主键
2	仓库名称	WH_NAME	VARCHAR(45)	非空
3	仓库地址	WH_ADDRESS	VARCHAR(45)	非空
4	仓库物品	WH_GOODS	VARCHAR(45)	非空
5	库存量	WH_STOCK	INT	非空
6	管理员	ADMIN_ID	VARCHAR(45)	非空

2）管理员表中有管理员编号、管理员姓名、管理员年龄、管理员职级、入职年份等字段，相关结构如表 10-2 所示。

表 10-2 管理员表（ADMINISTRATOR）字段结构

序　号	字段逻辑名称	字段物理名称	数据类型	备　注
1	管理员编号	ADMIN_ID	VARCHAR(45)	主键
2	管理员姓名	AMDIN_NAME	VARCHAR(45)	非空
3	管理员年龄	AMDIN_AGE	SMALLINT	非空
4	管理员职级	AMDIN_RANK	VARCHAR(45)	非空
5	入职年份	ENTER_YEAR	VARCHAR(45)	非空

3）通过显式事务实现为仓库管理模块添加仓库及管理员数据，删除仓库及管理员数据、更新仓库及管理员数据 3 种操作。

2. 功能操作实现

本案例为数据库事务管理操作的实际应用，通过显式事务并结合相关的事务操作命令，实现仓库管理模块在增加、删除、更新数据 3 种事件的可撤回操作。实现过程应先按相关需求进行数据库环境创建及初始化，然后通过事务命令实现相关操作行为。

1）根据需求对仓库管理模块两张数据表进行分析与设计，通过以下 SQL 脚本进行数据库环境构建并进行数据初始化。

```
CREATE DATABASE IF NOT EXISTS tx_demo;
USE tx_demo;
DROP TABLE IF EXISTS administrator;
CREATE TABLE administrator (
  admin_id varchar(45) NOT NULL,
  admin_name varchar(45) NOT NULL,
  admin_age smallint NOT NULL,
  admin_rank varchar(45) NOT NULL,
  enter_year varchar(45) NOT NULL,
  PRIMARY KEY (admin_id)
);
INSERT INTO administrator (admin_id,admin_name,admin_age,admin_rank,enter_year) VALUES
 ('220401','伍兰珍',25,'三级职员','2022 年'),
 ('220402','赵海明',26,'二级职员','2021 年'),
 ('220403','何志峰',24,'三级组员','2023 年'),
 ('220404','张路平',28,'一级职员','2020 年'),
 ('220405','陈谷星',29,'一级职员','2021 年');
DROP TABLE IF EXISTS warehouse_detail;
CREATE TABLE warehouse_detail (
  wh_id varchar(45) NOT NULL,
  wh_name varchar(45) NOT NULL,
  wh_address varchar(45) NOT NULL,
```

```
    wh_goods varchar(45) NOT NULL,
    wh_stock int(10) unsigned NOT NULL,
    admin_id varchar(45) NOT NULL,
    PRIMARY KEY (wh_id)
);
INSERT INTO warehouse_detail (wh_id,wh_name,wh_address,wh_goods,wh_stock,admin_id) VALUES
 ('WH001','零件仓库','产业园 12 栋','轴承',50000,'220401'),
 ('WH002','成品仓库','产业园 8 栋','齿轮',20000,'220402'),
 ('WH003','原料仓库','产业园 15 栋','矿石',30000,'220403'),
 ('WH004','出货仓库','产业园 3 栋','电机',15000,'220404'),
 ('WH005','燃料仓库','产业园 10 栋','煤炭',10000,'220405');
```

2）数据库环境构建完毕，将创建出仓库详情、管理员两张表，在命令行客户端检索到两张表的数据集分别如图 10-25 和图 10-26 所示。

wh_id	wh_name	wh_address	wh_goods	wh_stock	admin_id
WH001	零件仓库	产业园12栋	轴承	50000	220401
WH002	成品仓库	产业园8栋	齿轮	20000	220402
WH003	原料仓库	产业园15栋	矿石	30000	220403
WH004	出货仓库	产业园3栋	电机	15000	220404
WH005	燃料仓库	产业园10栋	煤炭	10000	220405

图 10-25 仓库详情表（WAREHOUSE_DETAIL）数据集

admin_id	admin_name	admin_age	admin_rank	enter_year
220401	伍兰珍	25	三级职员	2022年
220402	赵海明	26	二级职员	2021年
220403	何志峰	24	三级组员	2023年
220404	张路平	28	一级职员	2020年
220405	陈谷星	29	一级职员	2021年

图 10-26 管理员表（ADMINISTRATOR）数据集

3）设置数据库事务隔离级别为提交读（READ COMMITTED），事务隔离级别是事务并发控制的重要策略，一般来说“提交读”事务级别足够处理各种并发事务，同时又能最大限度地保证并发的效率，是一个比较通用的事务隔离级别，能适应于大多数的应用场景。

设置提交读（READ COMMITTED）事务隔离级别语句：

```
SET GLOBAL TRANSACTION ISOLATION LEVEL READ COMMITTED;
```

4）在命令行客户端以显式事务的方式添加新管理员到仓库管理模块，即同时往管理员、仓库详情两张表添加数据，以正常提交事务的方式结束操作过程。

操作实现语句：

```
start transaction;
insert into administrator(admin_id,admin_name,admin_age,admin_rank,enter_year)
```

```
values('220406','周向军',29,'二级职员','2023 年');
insert into warehouse_detail(wh_id,wh_name,wh_address,wh_goods,wh_stock,admin_id)
values('WH006','备用仓库','产业园 21 栋','喇叭',40000,'220406');
commit;
```

本事务包含两步 SQL 操作，操作完成后可在命令行客户端检索到管理员与仓库详情两张表的数据集均已添加了一条对应数据，如图 10-27 和图 10-28 所示。

admin_id	admin_name	admin_age	admin_rank	enter_year
220401	伍兰珍	25	三级职员	2022年
220402	赵海明	26	二级职员	2021年
220403	何志峰	24	三级组员	2023年
220404	张路平	28	一级职员	2020年
220405	陈谷星	29	一级职员	2021年
220406	周向军	29	二级职员	2023年

图 10-27　管理员（ADMINISTRATOR）数据集-添加数据

wh_id	wh_name	wh_address	wh_goods	wh_stock	admin_id
WH001	零件仓库	产业园12栋	轴承	50000	220401
WH002	成品仓库	产业园8栋	齿轮	20000	220402
WH003	原料仓库	产业园15栋	矿石	30000	220403
WH004	出货仓库	产业园3栋	电机	15000	220404
WH005	燃料仓库	产业园10栋	煤炭	10000	220405
WH006	备用仓库	产业园21栋	喇叭	30000	220406

图 10-28　仓库详情（WAREHOUSE_DETAIL）数据集-添加数据

5）在命令行客户端以显式事务的方式修改仓库管理模块数据，即同时更新管理员、仓库详情两张数据表数据，以正常提交事务的方式结束操作过程。

操作实现语句：

```
start transaction;
update administrator set admin_rank='二级职员' where admin_id='220401';
update warehouse_detail set wh_goods='水箱' where wh_id='WH001';
commit;
```

本事务包含两步 SQL 操作，操作完成后在命令行客户端检索到管理员表中编号为“220401”的人员职级已经由“三级管理员”变为“二级管理员”，仓库详情表中编号为“WH001”的仓库物品已经由“轴承”变为“水箱”，如图 10-29 和图 10-30 所示。

admin_id	admin_name	admin_age	admin_rank	enter_year
220401	伍兰珍	25	二级职员	2022年
220402	赵海明	26	二级职员	2021年
220403	何志峰	24	三级组员	2023年
220404	张路平	28	一级职员	2020年
220405	陈谷星	29	一级职员	2021年
220406	周向军	29	二级职员	2023年

图 10-29　管理员（ADMINISTRATOR）数据集-更新数据

wh_id	wh_name	wh_address	wh_goods	wh_stock	admin_id
WH001	零件仓库	产业园12栋	水箱	50000	220401
WH002	成品仓库	产业园8栋	齿轮	20000	220402
WH003	原料仓库	产业园15栋	矿石	30000	220403
WH004	出货仓库	产业园3栋	电机	15000	220404
WH005	燃料仓库	产业园10栋	煤炭	10000	220405
WH006	备用仓库	产业园21栋	喇叭	30000	220406

图 10-30　仓库详情（WAREHOUSE_DETAIL）数据集-更新数据

6）在命令行客户端以显式事务的方式删除仓库管理模块的部分，即同时删除管理员、仓库详情两张数据表相关数据，以操作失败，回滚事务的方式结束操作过程。

未回滚事务前的操作实现语句：

```
start transaction;
delete from administrator where admin_id in('220401','220402','220403');
delete from warehouse_detail where wh_id in('WH001','WH002','WH003');
```

本事务包含两步 SQL 操作，分别从管理员表删除编号为“220401”“220402”和“220403”的 3 条数据记录，从仓库详情表删除编号为“WH001”“WH002”和“WH003”的 3 条数据记录。在未结束事务前，同一个命令行客户端中（即同一个事务内），检索到两个数据表中相应的数据集（原表前 3 条）已经被删除，如图 10-31 和图 10-32 所示。

admin_id	admin_name	admin_age	admin_rank	enter_year
220404	张路平	28	一级职员	2020年
220405	陈谷星	29	一级职员	2021年
220406	周向军	29	二级职员	2023年

图 10-31　管理员（ADMINISTRATOR）数据集-删除数据（未结束事务）

wh_id	wh_name	wh_address	wh_goods	wh_stock	admin_id
WH004	出货仓库	产业园3栋	电机	15000	220404
WH005	燃料仓库	产业园10栋	煤炭	10000	220405
WH006	备用仓库	产业园21栋	喇叭	30000	220406

图 10-32　仓库详情（WAREHOUSE_DETAIL）数据集-删除数据（未结束事务）

本事务中，如果以上对两个数据表的删除操作是错误操作或删除操作出现其他异常问题，则最后通过回滚事务的方式可将两张数据表恢复到先前的数据，将删除操作撤销。

事务回滚语句：

```
rollback;
```

事务回滚后更新，在命令行客户端检索两张数据表的数据集，可以看到事务中被删除的数据已经重新恢复到数据中，可以看到如图 10-33 和图 10-34 所示。

admin_id	admin_name	admin_age	admin_rank	enter_year
220401	伍兰珍	25	二级职员	2022年
220402	赵海明	26	二级职员	2021年
220403	何志峰	24	三级组员	2023年
220404	张路平	28	一级职员	2020年
220405	陈谷星	29	一级职员	2021年
220406	周向军	29	二级职员	2023年

图 10-33　管理员（ADMINISTRATOR）数据集-删除数据（回滚事务）

wh_id	wh_name	wh_address	wh_goods	wh_stock	admin_id
WH001	零件仓库	产业园12栋	水箱	50000	220401
WH002	成品仓库	产业园8栋	齿轮	20000	220402
WH003	原料仓库	产业园15栋	矿石	30000	220403
WH004	出货仓库	产业园3栋	电机	15000	220404
WH005	燃料仓库	产业园10栋	煤炭	10000	220405
WH006	备用仓库	产业园21栋	喇叭	30000	220406

图 10-34　仓库详情（WAREHOUSE_DETAIL）数据集-删除数据（回滚事务）

通过事务回滚可以实现对错误操作的补救，因而在重要场景下进行数据表的增加、删除、更新操作均需开启手动事务，在确认无错误操作的情况下才提交事务，以保证操作过程万无一失。

拓展阅读　基于分布式事务的 NoSQL 数据库 Tair

Tair 数据库又称为阿里云数据库，是阿里巴巴集团自主研发的云原生数据库产品，用于支持大规模分布式应用的数据存储和访问。从 2009 年开始正式承载阿里集团业务，是一款强大的企业级分布式数据库产品。

Tair 数据库是一个快速、高效的键值 NoSQL 存储系统。它采用分布式的节点架构，能够实现海量数据存储和快速读写操作，适用于对延迟要求极高的应用场景，如实时计算、缓存、会话存储等。

Tair 数据库最大的特点是高可用性和可扩展性，通过采用多节点的值和多副本的分布式事务机制，能够实现数据的高可靠存值，并且支持数据的自动迁移和负载均衡。同时，Tair 数据库还可以通过增加节点的方式来扩展存储容量和读写吞吐量。

Tair 数据库具有丰富的功能和灵活的配置选项，可以满足不同应用场景的需求。它支持多种数据类型的存储，包括字符串、列表等，并且提供了丰富的数据操作接口，可以实现数据的快速插入、查询和更新。此外，Tair 数据库还支持数据的持久化存储，可以将数据写入到磁盘中，以防止数据丢失。

对于开发者来说，Tair 数据库提供了丰富的数据访问接口和功能，包括读写接口、查询接口、事务接口、数据备份与恢复等。同时，Tair 支持实时数据分析和流式计算，可以与其他阿里云产品进行集成，实现数据的实时处理和分析。

作为云原生数据库，Tair 支持数据的索引和排序、数据的压缩和加密等高级特性，此外还提供了强大的管理和监控功能，支持自动扩缩容、备份和恢复，以及实时的性能监控和故障诊断，这将进一步提升数据库的性能和安全性。同时，Tair 与阿里云的其他云服务紧密集成，如云监控、云存储等，可以实现更加全面和高效的云原生应用架构，为企业提供稳定、可靠的数据存储和高效的数据访问方式。

（资料来源：https://www.jintuiyun.com/4135.html，有改动）

练习题

一、选择题

1. 以下（　　　　）是关系数据库事务的常规操作。[多选]

A. 开启事务操作　　B. 提交事务操作
C. 回滚事务操作　　D. 唤醒事务操作

2. MySQL 中开启一个事务可以用（　　　　）命令实现。[多选]

A. Start Transaction　　B. Run Transaction
C. Go Transaction　　D. Begin

3. MySQL 中提交一个事务用（　　　　）命令实现。[单选]

A. End　　B. Finish　　C. Commit　　D. Success

4. MySQL 中回滚一个事务用（　　　　）命令实现。[单选]

A. Return　　B. GoHome　　C. GoBAck　　D. Rollback

5. 可以通过以下（　　　　）命令结束一个正在运行的事务。[多选]

A. Start Transaction　　B. Commit
C. Begin　　D. Rollback

6. 关系数据库事务的 ACID 特征是指（　　　　）。[多选]

A. 原子性　　B. 一致性　　C. 隔离性　　D. 持久性

7. 关于事务封锁机制中，事务锁有（　　　　）类型。[多选]

A. 进程锁　　B. 共享锁　　C. 更新锁　　D. 独占锁

8. 关于事务封锁中，锁粒度分（　　　　）类型。[多选]

A. 表级锁　　C. 页级锁　　C. 行级锁　　D. 属性锁

9. 并发事务发生死锁时，解决策略或方法有（　　　　）。[多选]

A. 超时法　　B. 层级法　　C. 一次封锁法　　D. 回滚法

10. 当多个事务并发对同一资源进行读写操作时，会导致事务之间相互干扰，出现（　　　　）问题。[多选]

A. 脏读　　B. 丢失更新　　C. 不一致分析　　D. 幻读

11. 关系数据库的事务隔离级别有（　　　　）几个等级。[多选]

A. 未提交读（READ UNCOMMITTED）　　B. 提交读（READ COMMITTED）
C. 可重复读（REPEATABLE READ）　　D. 可串行化（SERIALIZABLE）

12. 以下关于关系数据库事务隔离级别说法正确的有（　　　　）。[多选]

A. 未提交读可能会导致数据脏读
B. 提交读可以避免数据脏读
C. 可重复读可以避免不一致分析
D. 可串行化可以避免幻读

13. 以下关于事务隔离级别高与低的描述正确的是（　　）。[多选]

A. 事务的隔离级别越高，并发操作的效率越低

B. 事务的隔离级别越高，数据的准确度越高

C. 事务隔离级别最低的一级是提交读

D. 事务隔离级别最高的一级是可串行化

14. 以下关于关系数据库默认的事务隔离级别的说法正确的是（　　）。[多选]

A. 大多数关系型数据库的默认隔离级别是提交读

B. 大多数关系型数据库的默认隔离级别是可重复读

C. MySQL 关系数据库的默认隔离级别是提交读

D. MySQL 关系数据库的默认隔离级别是可重复读

15. 在事务封锁中机制中，以下关于锁粒度的说法正确的是（　　）。[多选]

A. 表级锁的一个锁对象即可锁住整张数据表

B. 页级锁的一个锁对象可锁住若干条数据记录

C. 行级锁的一个锁对象只能锁住一条数据记录

D. 锁粒度越小并发操作的效率越高，反之锁粒度越大并发操作的效率越低

二、操作题

在一个电信业务的计费系统中有一个用户充值表，包含电话号码、充值金额、充值折扣、充值时间、充值方式、充值状态等字段。现假如要在生产系统中修改该表的相关数据值，为确保操作万无一失，请按以下方案完成数据更新操作。

1）先备份用户充值表数据。

2）对数据表进行更新操作前，手动开启事务。

3）开始对用户充值表的更新操作。

4）数据修改完成后确认是否有操作失误、数据错误之类的问题。

5）如检查发现有数据异常问题，则回滚事务，本次的更新将撤销。

6）如没有数据错误问题，则直接提交事务，更新正式生效。

7）如操作过程中发生其他问题导致数据表损坏，则通过备份文件重新恢复到系统中。

第 11 章　数据库设计

本章目标：

知识目标	能力目标	素质目标
① 认识数据建模的基本概念 ② 了解数据库设计的基本过程 ③ 了解数据库设计的基本原则 ④ 理解概念模型、逻辑模型、物理模型 ⑤ 掌握数据建模分析与设计方法 ⑥ 掌握数据建模中相关工具的使用	① 能够根据实际需求分析，设计出数据概念模型 ② 能够根据实际需求分析，设计出数据逻辑模型 ③ 能够根据实际需求分析，设计出数据物理模型 ④ 能够安装、配置 PowerDesigner 工具 ⑤ 能够熟练使用 PowerDesigner 进行数据建模设计 ⑥ 能够根据实际业务需求，定制出科学、合理的数据库设计方案	① 具有良好模型设计与分析能力 ② 养成细心、耐心撰写软件文档习惯 ③ 养成敬岗爱业、有责任、有担当的良好职业素养 ④ 养成程序开发人员的基本职业素养 ⑤ 树立程序开发人员职业生涯规划意识

11.1 数据库设计概述

数据库设计是指对于一个给定的应用环境，构造最优的数据库模式，并据此建立数据库及其应用系统，使之能够有效地存储和管理数据，满足各种用户的应用需求，包括信息管理和数据操作要求。

数据库设计是信息系统开发和建设中的核心技术，由于数据库应用系统的复杂性，为了支持相关程序运行，数据库设计变得异常复杂，因此最佳设计不可能一蹴而就，而只能是一种反复探寻、逐步求精的过程。

11.1.1 数据库设计原则

（1）一对一设计原则

11.1.1 数据库设计原则

在软件开发过程中，需要遵循一对一设计原则开展数据维护工作，通过利用此原则能够减少维护问题的出现，保证数据维护工作顺利开展的同时降低维护工作难度。在此过程中，尽量避免数据大且杂的现象出现，否则既会影响到软件开发进度，又会增加工作难度，给产品质量带来影响。所以，设计工作人员必须重视此问题。同时应充分了解实体间存在的关系，进而实现信息数据分散的目标，并在此基础上提高整体工作效率，提高软件应用程序可靠性、科学性、安全性以及自身性能。

（2）独特命名原则

独特命名原则的应用是为了进一步规范目标对象命名，减少在数据库设计过程中出现重复命名现象。通过应用此原则能够减少数据冗杂，维护数据一致性，保持各关键字之间的相对关系，有利于规范后台代码开发。

（3）双向使用原则

双向使用原则包括事务使用原则和索引功能原则。双向使用原则是在逻辑工作单元模式基础上实现其表现形式的，不仅给非事务性单元操作提供基础保障，也保证其能够及时更新、获取数据资源。索引功能原则的有效运用，使其获取更多属性列数据信息，并且对其做到灵活排序。

11.1.2　数据库设计重要性

数据库设计的重要性包括如下几方面内容。

（1）节约资源

不少计算机软件设计时过于重视计算机软件的功能模块，却没有综合、全面地分析、设计，这往往会导致软件在实际运行过程中性能低下以及各类故障，甚至还会引发系统崩溃等问题。同样，对数据库设计加以重视不仅可减少软件后期的维修，达到节约人力与物力的目的，同时还有利于软件功能的高效发挥。

（2）提高软件运行速度

高水平的数据库设计不仅可满足不同计算机软件系统对于运行速度的需求，还可以提高系统性能，使计算机处于一个最佳的运行状态。计算机软件性能提高后，系统发出的运行指令也将更加快速有效，软件运行速度自然得以提高。此外，具有扩展性的数据库设计可节约操作时间。

（3）减少软件故障

在进行数据库设计时，如果设计步骤过于复杂，或没有对软件本身进行有效分析，会导致计算机软件无法有效发挥自身功能。另外，如果缺乏有效的提示信息还会导致软件在运行过程中出现一系列故障，加大改正错误的操作难度。因此，加强数据库设计能有效兼顾这些问题，有效减少软件故障发生的概率，推动计算机软件功能的实现与完善。

11.1.3　数据库设计的六大阶段

在软件工程中，数据库设计过程包含六大阶段，依次分别为需求分析、概念设计、逻辑设计、物理设计、验证设计、运行与维护设计。各阶段的工作目标与成果输出各不相同，前一阶段的输出是后一阶段工作的基础，每一阶段紧密相连。

11.1.3　数据库设计的六大阶段

（1）需求分析

调查和分析用户的业务活动和数据的使用情况，弄清所用数据的种类、范围、数量以及它们在业务活动中交流的情况，确定用户对数据库系统的使用要求和各种约束条件等，形成用户需求规约。

需求分析是在用户调查的基础上，通过分析，逐步明确用户对系统的需求，包括数据需求和围绕这些数据的业务处理需求。在需求分析中，通过自顶向下，逐步分解的方法分析系统，分析的结果采用数据流程图（DFD）进行图形化的描述。

(2) 概念设计

通过对用户需求描述的现实世界进行分类、聚集和概括，建立抽象的概念数据模型。这个概念模型应能反映现实世界各部门的信息结构、信息流动情况、信息间的互相制约关系以及各部门对信息存储、查询和加工的要求。所建立的模型应避开数据库在计算机上的具体实现细节，用一种抽象的形式表示出来。

以扩充实体模型联系（E-R 模型）为例，第一步先明确现实世界各部门所含的各种实体及其属性、实体间的联系以及对信息的制约条件等，从而给出各部门内所有信息的局部描述，在数据库中也称为用户局部视图。第二步再将前面得到的多个用户的局部视图集成为一个全局视图，即为用户所描述的现实世界的概念数据模型。

(3) 逻辑设计

逻辑设计是将现实世界的概念数据模型设计成数据库的一种逻辑模式，使其能适用于某种特定数据库管理系统所支持的逻辑数据模式。与此同时，可能还需为各种数据处理应用领域产生相应的逻辑子模式，该阶段的设计结果将产生“逻辑数据库”。

(4) 物理设计

物理设计是根据特定数据库管理系统所提供的多种存储结构和存取方法，对具体的应用任务选定最合适的存取方法、存取路径以及物理存储结构，包括文件类型、索引结构和数据的存放次序与位逻辑等。该阶段的设计结果将产生“物理数据库”。

(5) 验证设计

验证设计是在上述设计的基础上，收集数据并建立一个数据库，运行一些典型的应用任务来验证数据库设计的正确性和合理性。一个大型数据库的设计过程往往需要经过多次循环反复，当设计的某步发现问题时，可能就需要返回到前面进行修改，在进行数据库设计时就应考虑以后修改设计的可能性和方便性。

(6) 运行与维护设计

在数据库系统正式投入运行的过程中，必须不断地对其进行调整与修改。

至今，数据库设计的很多工作仍需要人工来做，除了关系型数据库已有一套较完整的数据范式理论可用来部分地指导数据库设计之外，尚缺乏一套完善的数据库设计理论、方法和工具，来实现数据库设计的自动化或交互式的半自动化设计。所以数据库设计今后的研究发展方向是研究数据库设计理论，寻求更有效地表达语义关系的数据模型，为各阶段的设计提供自动或半自动的设计工具和集成化的开发环境，使数据库的设计更加工程化、规范化和便利化，使得在数据库的设计中充分体现软件工程的先进思想和方法。

11.1.4　数据库设计常见问题

(1) 业务基本需求无法得到满足

无法充分满足业务基本需求的数据库设计不仅会造成数据系统的波动，而且还会因无法及时调整系统而对数据资源运行与处理带来较大的制约性。

(2) 数据库性能不高

计算机软件数据库系统对于业务数据的要求较高，然而目前却有不少数据库的性能并不高，在设计环节所采用的数据形式也不合理，用户在执行查询等操作时较为复杂，数据运用的兼顾性未得到充分考虑。

（3）数据库的扩展性较差

对于一个完整的计算机软件数据库而言，其运行与调整离不开完整的数据资源。不完整的数据资源不仅会造成数据信息不合理，还会导致数据库更新不畅以及删除不完整等问题，这些问题的存在将严重制约信息资源的展示与分析。

（4）数据资源冗余

数据资源冗余问题在计算机软件数据库设计中较为常见，系统查询速度将会由于大量数据资源的占用而降低。统计工作的限制性又会对表系统设计带来一定的影响，如关联字段无法实现与统计字段的合理结合等。如此一来，数据库中的数据统计步骤将会很烦琐，统计工作也无法很好开展。

（5）表与表之间的耦合过密

表与表之间的耦合过密是制约计算机数据库设计以及资源统计与分析的主要原因，一旦某个表发生变化，必然也会对其他表带来重大变化。

11.1.5 数据库设计注意事项

（1）明确用户需求

作为计算机软件开发的重要基础，数据库设计直接体现了用户的需求，因此在设计数据库时一定要与用户密切沟通，紧密结合用户需求。明确用户开发需求后，还需将具体的业务体现出其关联与流程。为便于后期业务拓展，设计环节还应充分考虑到拓展性，适当预留变通字段。

（2）增加命名规范性

数据库程序与文件的命名非常重要，既要避免名称重复，又要保证数据处于平衡状态。即每个数据的关键字都应处于相对应的关系中。因此，在命名时应清晰表达数据库程序与文件之间的关系，灵活运用大小写字母来对其进行命名，降低用户查找信息和资源的复杂度与困难度。

（3）充分考虑数据库优化与效率的问题

考虑到数据库的优化与效率，针对不同表的存储数据需要采用不同的设计方式。比如采用粗粒度的方式设计数据量较大的数据表，为使表查询功能更加简便快捷，可建立有效的索引，在设计中还应使用最少的表和最弱的关系来实现海量数据的存储。

（4）不断调整数据之间的关系

进行不断调整与精简数据之间的关系，可有效减少设计与数据之间的连接，进而可为数据之间平衡状态的维持以及数据读取效率的提升提供保障。

（5）合理使用索引

数据库索引通常分为有簇索引和非簇索引，这两种索引均可提升数据查找效率的方式。尽管数据索引效率得到提升了，但索引的应用往往又会带来插入、更新等性能减弱的问题。数据库性能减弱往往会在填写较大因子数据时表现较为突出，因此在对索引空间较大的数据表执行插入、更新等操作时应尽量填写较小因子，以便为数据页留存空间。

11.2 概念数据模型

数据模型是现实世界中数据特征的抽象，数据模型应该满足3个方面的要求：第一，能够比较真实的模拟现实世界；第二，容易为人们所理解；第三，便于计算机实现。

概念数据模型（Concept Data Model，CDM）也称信息模型，它以实体-联系（Entity-Relationship，E-R）理论为基础，并对这一理论进行了扩充，它从用户的观点出发对信息进行建模，主要用于数据库的概念设计。

11.2.1　数据模型基本概念

11.2.1 数据模型基本概念

为了把现实世界中的具体事物抽象组织为某个数据库管理系统（Database Management System：DBMS）支持的数据模型，人们常常首先将现实世界抽象为概念世界，然后将概念世界转换为机器世界，也就是说首先把现实世界中的客观对象抽象为实体（Entity）和联系（Relationship），它并不依赖于具体的计算机系统或某个数据库管理系统，这样的模型就是概念数据模型，然后再将概念数据模型转换为计算机上某一数据库管理系统所支持的数据模型，这样就是物理数据模型（Physical Data Model，PDM）。实物、概念、物理三大模型的关系如图 11-1 所示。

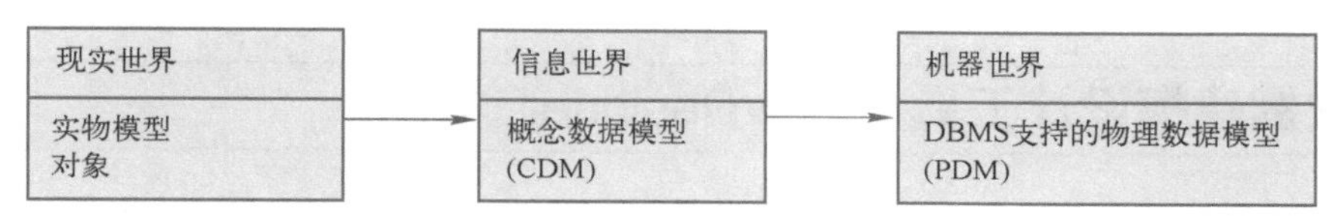

图 11-1　实物、概念、物理三大模型的关系

概念数据模型是一组严格定义的模型元素的集合，这些模型元素精确地描述了系统的静态特性、动态特性以及完整性约束条件等，包括数据结构、数据操作和完整性约束 3 部分。

1）数据结构表达为实体和属性。

2）数据操作表达为实体中的记录的插入、删除、修改、查询等操作。

3）完整性约束表达为数据的自身完整性约束（如数据类型、检查、规则等）和数据间的参照完整性约束（如联系、继承联系等）。

11.2.2　实体与属性

实体（Entity）也称为实例，对应现实世界中可区别于其他对象的“事件”或“事物”。例如，学校中的学生。

每个实体都有用来描述实体特征的一组性质，称之为属性，一个实体由若干个属性来描述。如学生实体可由学号、姓名、性别、出生年月、所在系别、入学年份等属性组成。

实体集（Entity Set）是具有相同类型及相同性质实体的集合。例如社区的所有居民的集合可定义为“居民”实体集，“居民”实体集中的每个实体均具有身份证号、姓名、性别、住址、职业、年龄等性质。

实体类型（Entity Type）是实体集中每个实体所具有的共同性质的集合，例如，“职员”实体类型为：职员｛工号，姓名，性别，年龄，部门，岗位、工资、工龄｝。实体是实体类型的一个实例，在含义明确的情况下，实体、实体类型通常互换使用。

实体类型中的每个实体包含唯一标志（它的一个或一组属性），这些属性称为实体类型的标识符（Identifier），有时称为码。如“身份证号”是居民实体类型的标识符，“姓名”“生日”“地址”等共同组成“居民”实体类型的标识符。

有些实体类型可有几组属性充当其标识符，选定其中一组属性做实体类型的主标识符（Primary Identifier），其他的标识符为次标识符（Secondary Identifier）。例如：“居民”实体类型中的“身份证号”或“姓名、住址、出生日”一般都可作为“居民”实体的标识符。

实体在建模设计中用长方形表示，分上、中、下3个区域，每个区域分别代表实体的不同特性。上部书写实体类型的名称，中部书写实体类型的属性，下部显示实体类型的标志符。如图11-2所示为一个学生实体的表示方法。

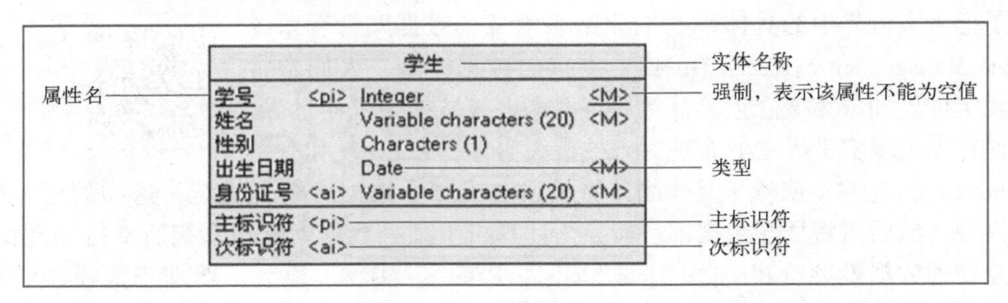

图11-2　学生实体的表示方法

11.3 数据建模设计工具PowerDesigner

数据建模是认识数据的过程，对于业务信息系统设计与开发以及数据分析都有举足轻重的作用。数据建模过程需要编程人员、业务人员、系统管理员以及潜在的信息系统用户紧密工作在一起，同时需要使用专业的软件工具来建立数据逻辑模型和物理模型。

11.3.1 认识PowerDesigner

PowerDesigner是目前应用广泛的数据建模工具，功能包括完整的集成模型，面向IT以及非IT为中心的差异化建模诉求，支持非常强大的元数据信息库和各种不同格式的输出。

11.3.1 认识PowerDesigner

PowerDesigner是Sybase公司的CASE工具集。PowerDesigner可以非常方便、高效地对管理信息系统进行数据建模，包括了数据库模型设计的全部过程。利用PowerDesigner不但可以创建数据流程图、概念数据模型、物理数据模型，还可以为数据库创建结构模型，也能对团队设计模型进行控制。

PowerDesigner是一款进行数据库设计的强大软件，同时也是一款开发人员常用的数据库建模工具。使用它可以分别从概念数据模型（Conceptual Data Model）和物理数据模型（Physical Data Model）两个层次对数据库进行设计。

在数据库建模的过程中借助PowerDesigner进行数据库设计，不但可以让人直观地理解模型，而且可以充分地利用数据库技术来优化数据库的设计。使用PowerDesigner工具进行数据建模，主要就是建立实体关系（E-R）图。在实体关系设计中，一个实体对应一个数据表，实体、属性、联系是进行系统设计时要考虑的3个要素，也是一个科学、合理的数据库设计方案的核心部分。

11.3.2 PowerDesigner的应用

PowerDesigner最主要的作用是数据建模，作为数据库的开发设计人员必须能熟练应用此

数据建模工具，下面从 PowerDesigner 的安装、使用等方面来介绍此工具。

1. 安装软件

本安装过程以 PowerDesigner 16 为例，作一个详细的说明。

1）如图 11-3 所示，双击“PowerDesigner16.exe”文件，开始安装过程，接下来按提示一步步操作即可。

图 11-3　安装软件

2）在 PowerDesigner 使用地区这一栏选择“Peoples Republic of China(PRC)”，并同意相关的安装协议，如图 11-4 所示。

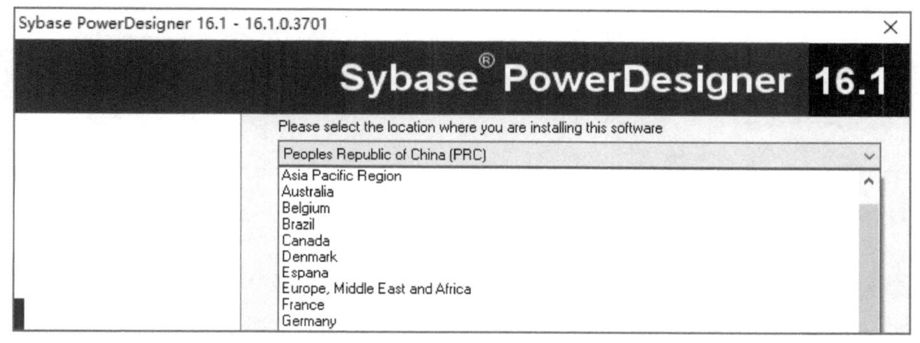

图 11-4　选择使用地区

3）把解压出来的 pdflm16.dll 文件复制到安装目录下即完成注册，如图 11-5 所示，至此完成 PowerDesigner16 的安装。

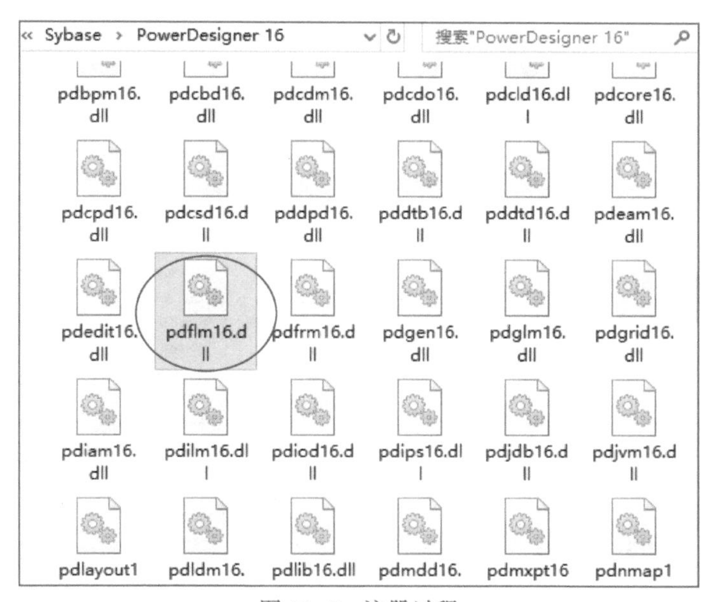

图 11-5　注册过程

2. 创建表实体

1）打开 PowerDesigner，选择菜单“File”→“New Model”命令，创建一个数据模型，如图 11-6 所示。

2）在弹出的“New Model”界面中依次单击“Categories”→“Information”→“Physical Data”项，如图 11-7 所示，最后单击“OK”按钮。

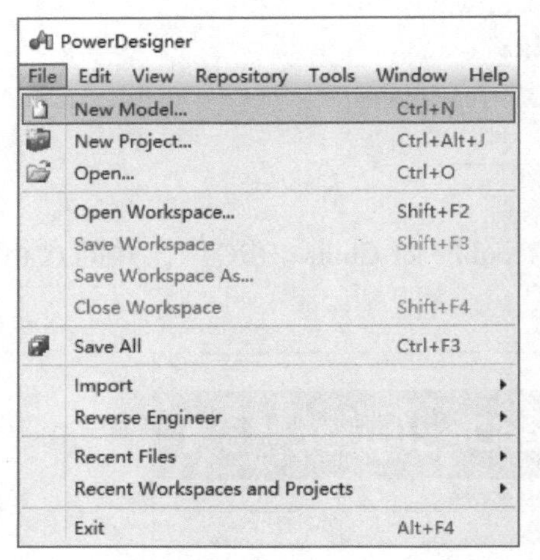

图 11-6　创建数据模型

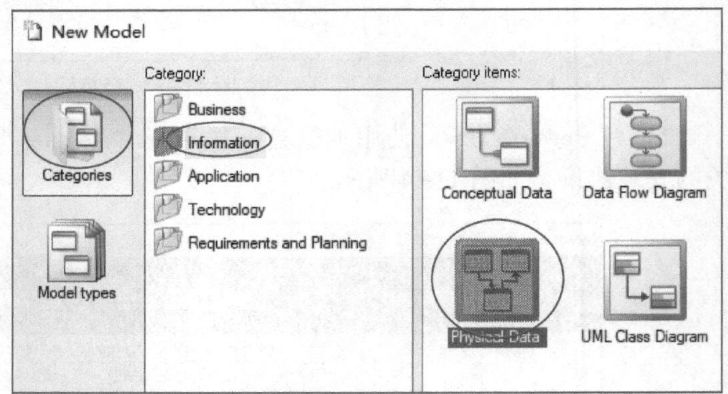

图 11-7　创建物理模型

3）在新建的模型上单击右键，从弹出的快捷菜单中选择“New”→“Table”命令，如图 11-8 所示。

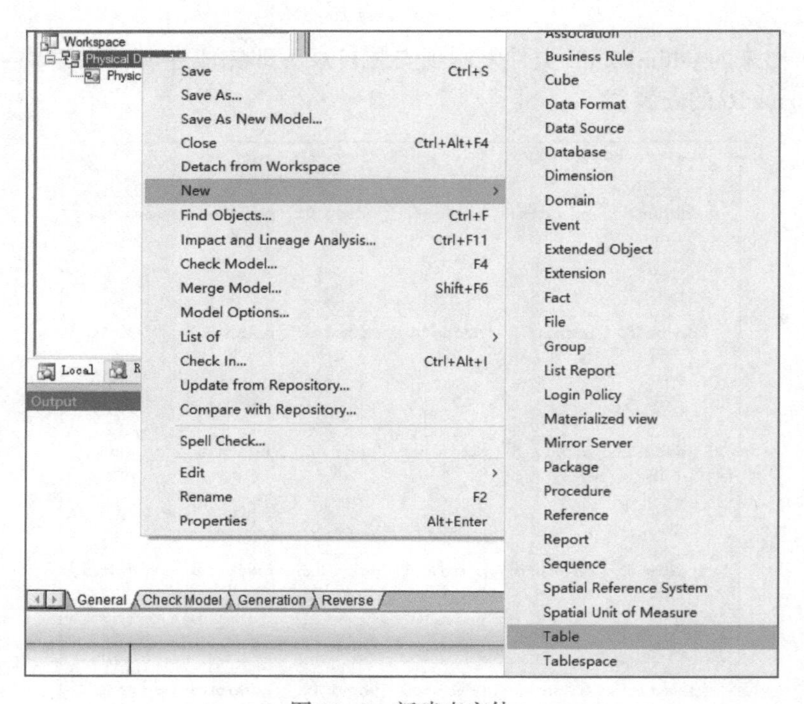

图 11-8　新建表实体

4）在弹出的“Table Properties”窗体上单击“General”选项卡，在表窗体的“Name”“Code”“Comment”栏填入相应的信息，如图 11-9 所示。

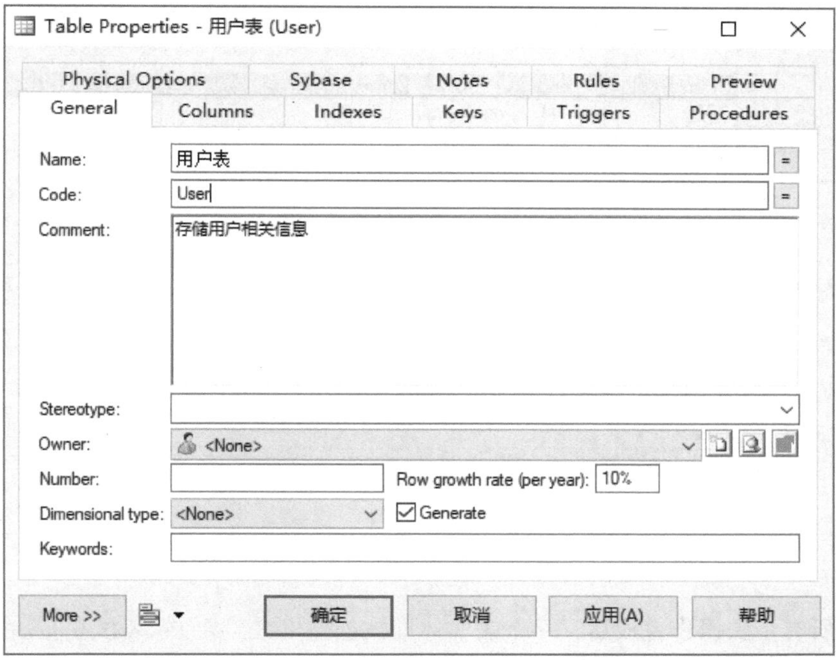

Table Properties - 用户表 (User)
Physical Options　Sybase　Notes　Rules　Preview
General　Columns　Indexes　Keys　Triggers　Procedures
Name:　用户表
Code:　User
Comment:　存储用户相关信息
Stereotype:
Owner:　<None>
Number:　Row growth rate (per year):　10%
Dimensional type:　<None>　Generate
Keywords:
More >>　确定　取消　应用(A)　帮助

图 11-9　填写表实体信息

5）在“Table Properties”窗体上单击“Columns”选项卡，输入表实体的相关数据项、数据类型、主键字段等表实体结构信息，如图 11-10 所示。

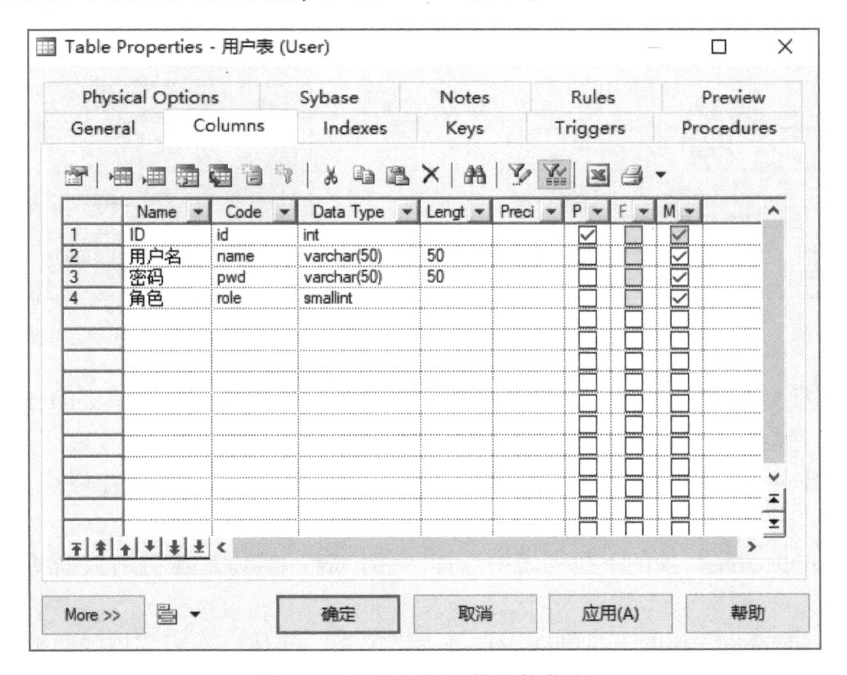

图 11-10　填写表实体结构信息

6）在表实体的数据项设计过程中，可双击数据项的序号，如图 11-11 所示。弹出“Column Properties”窗体，在此窗体上可为对应的数据项添加详细的说明，如图 11-12 所示。

	Name	Code	Data Type	Lengt	Preci	P	F	M
1	ID	id	int			☑	☐	☑
→	用户名	name	varchar(50)	50		☐	☐	☑
3	密码	pwd	varchar(50)	50		☐	☐	☑
4	角色	role	smallint			☐	☐	☑
						☐	☐	☐

图 11-11　双击数据项序号

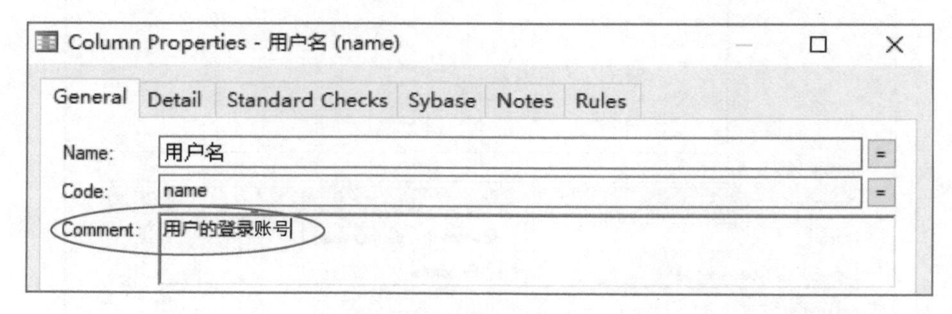

图 11-12　添加数据项说明

7）以上所有步骤操作完成后，一个表实体即被创建出来，在 PowerDesigner 的数据模型中可看到一个“用户表”实体，如图 11-13 所示。

3. 创建实体间主外键关系

11.3.2 PowerDesigner 的应用-创建实体间主外键关系

1）在 PowerDesigner 的数据模型空间另外创建一个“订单表”实体，如图 11-14 所示。建立“订单表”实体的“用户 ID”数据项对前面创建的“用户表”实体的“ID”数据项的外键引用。

用户表		
ID	int	<pk>
用户名	varchar(50)	
密码	varchar(50)	
角色	smallint	

图 11-13　模型空间的用户表实体

订单表		
ID	int	<pk>
用户ID	int	
订单商品	varchar(50)	
订单金额	float	
订单时间	datetime	
订单状态	char(1)	

图 11-14　订单表实体

2）在数据模型上单击右键，从弹出的快捷菜单中选择“New”→“Reference”命令，如图 11-15 所示，弹出“Reference Properties”窗体。

3）单击“Reference Properties”窗体的“General”选项卡，并设置好引用关系的父表（Parent table）与子表（Child table），如图 11-16 所示。

① 在“Parent table”项的下拉列表中选择“用户表”实体，被引用数据项所有的表实体为父表。

② 在“Child table”项的下拉列表中选择“订单表”实体，本表实体的数据项引用其他表实体，则本表实体为子表。

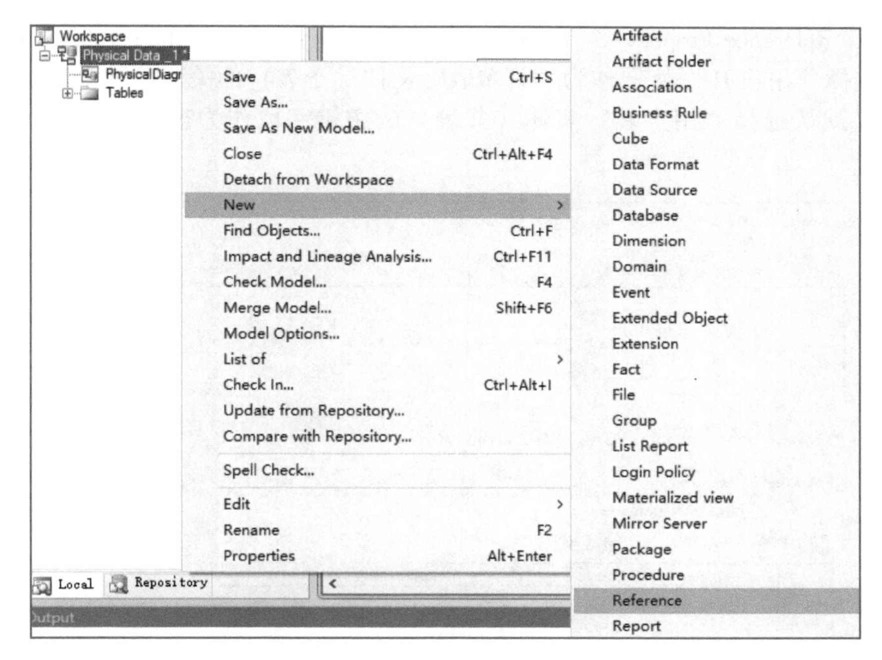

图 11-15　创建主外键关系

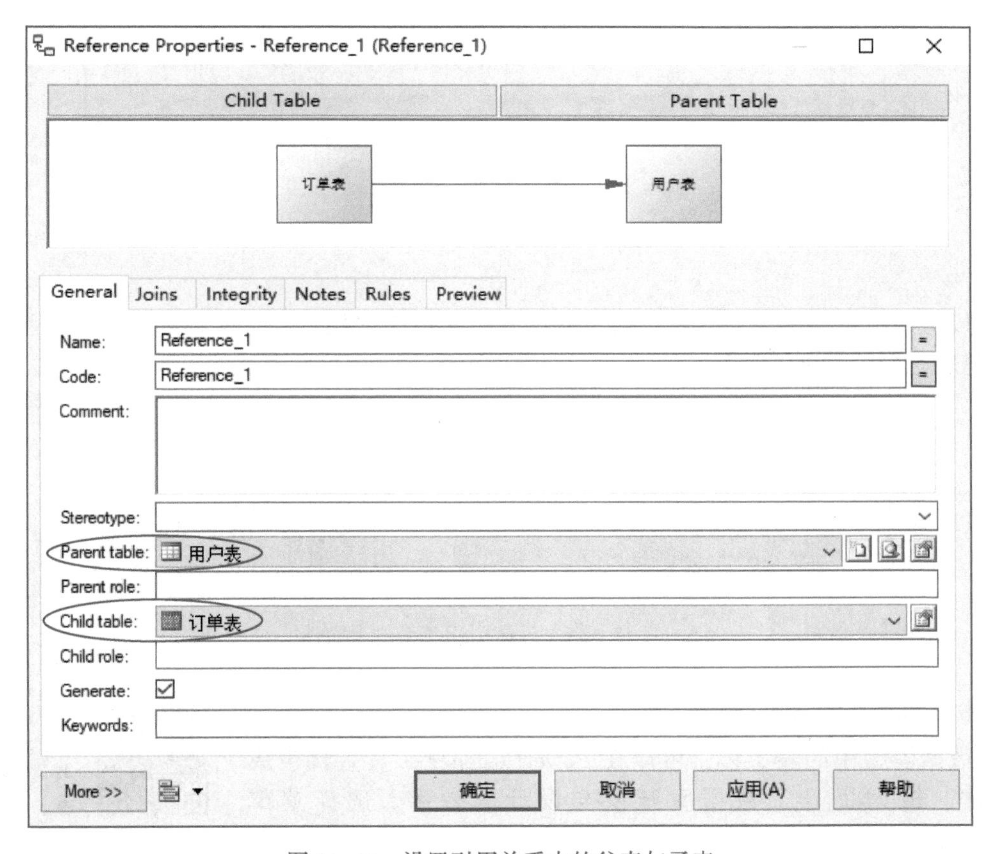

图 11-16　设置引用关系中的父表与子表

4）单击“Reference Properties”窗体的“Joins”选项卡，在“Child Table Column”项的下拉列表中选择“用户 ID”字段作为“订单表”实体（子表）的关联字段，在“Parent Table Column”项将默认选择“用户表”实体（父表）的主键字段作为被引用字段，如图 11-17 所示。

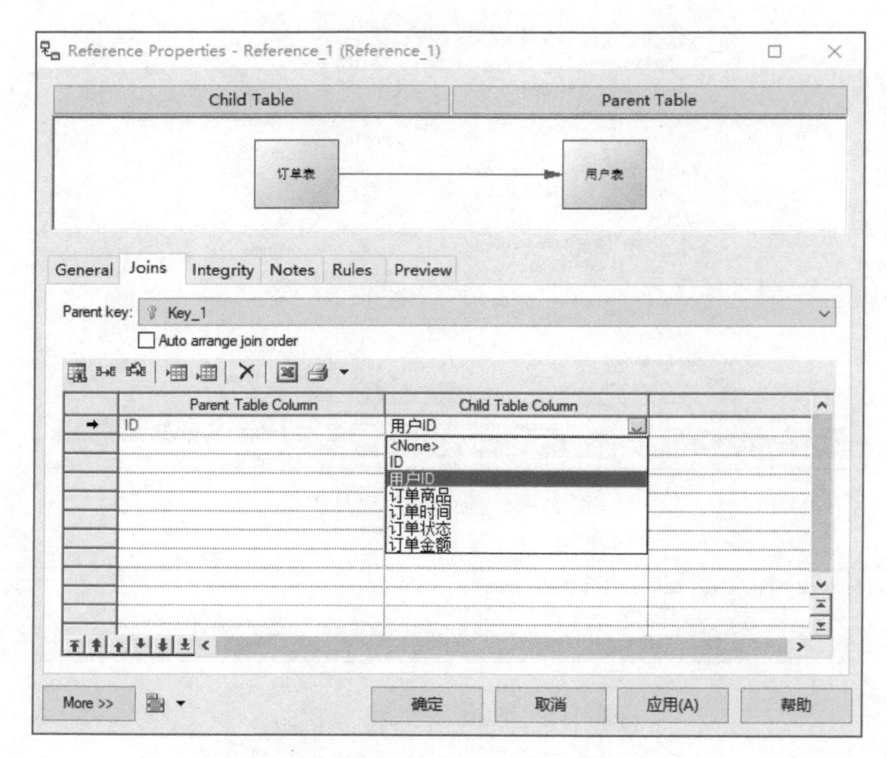

图 11-17　设置关联数据项

5）以上所有步骤操作完成后，则“订单表”实体与“用户表”实体的主外键引用关系正式建立起来，如图 11-18 所示。

图 11-18　带主外键引用关系的表实体

4. 数据模型生成 SQL 程序

1）数据模型中的表实体，可以在 PowerDesigner 工具直接生成 SQL 程序，极大提升了数据库开发与设计的效率。选择菜单“Tools”→“Generate Physical Data Model”命令，设置要生成数据库类型的 SQL 程序，如图 11-19 所示。

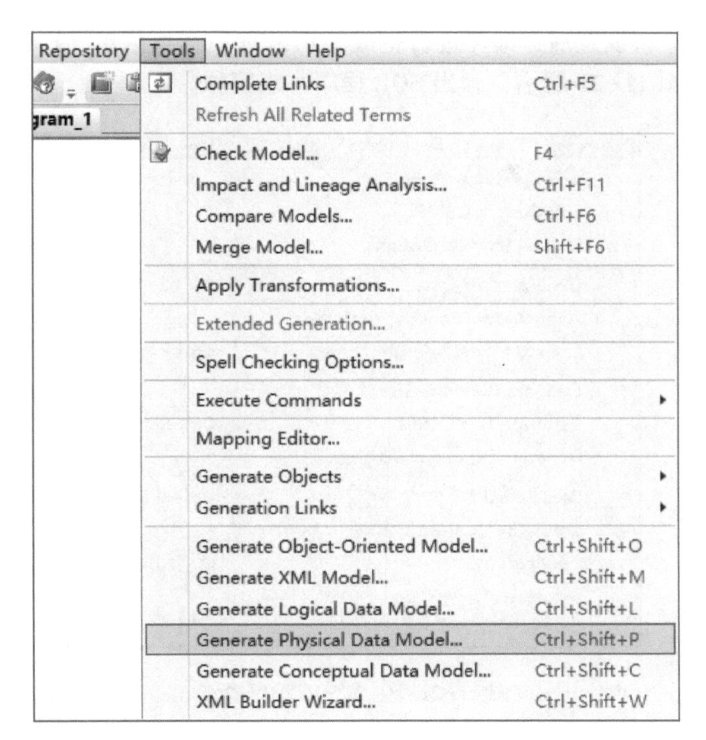

图 11-19　设置数据库类型

2）在弹出的“PDM Generation Options”窗体上单击“General”选项卡，在 DBMS 栏的下列表中选择“MySQL 5.0”项，如图 11-20 所示，并单击“确定”按钮，完成数据库类型设置。

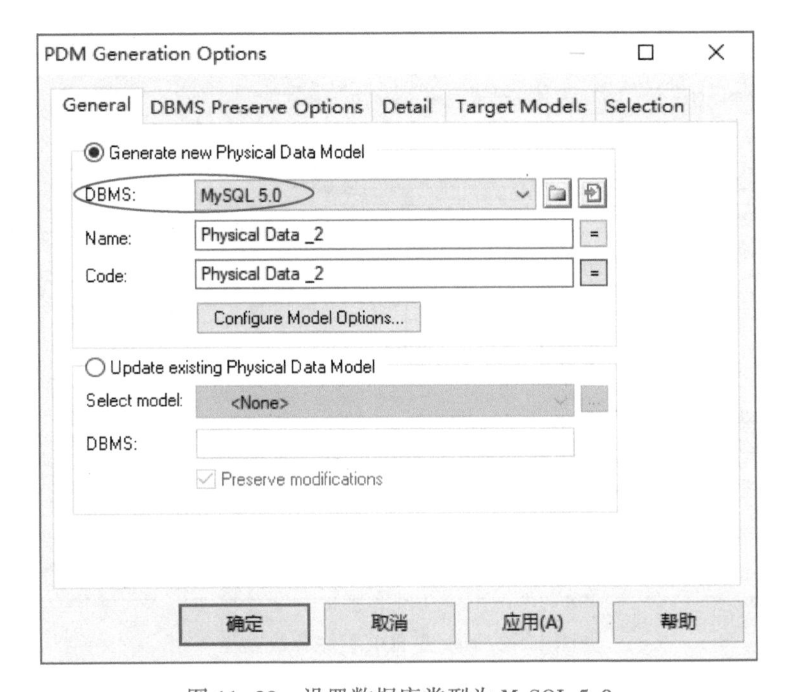

图 11-20　设置数据库类型为 MySQL 5.0

3）完成数据库类型设置后，即可进行生成 SQL 程序，选择菜单“Database”→“Generate Database”命令，如图 11-21 所示，弹出 SQL 程序生成窗体。

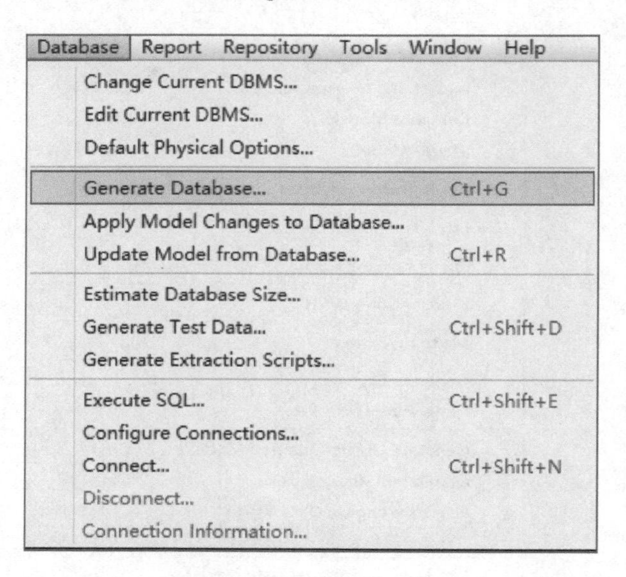

图 11-21 生成 SQL 程序操作

4）在“Database Generation”窗体“General”选项卡中的“Directory”项指定所生成的 SQL 程序的存放目录，在“File name”项输入 SQL 文件的名称，最后单击“确定”按钮即可生成 SQL 文件，如图 11-22 所示。此处所生成的 SQL 程序，可以直接在数据库环境中运行，并创建相关的数据表。

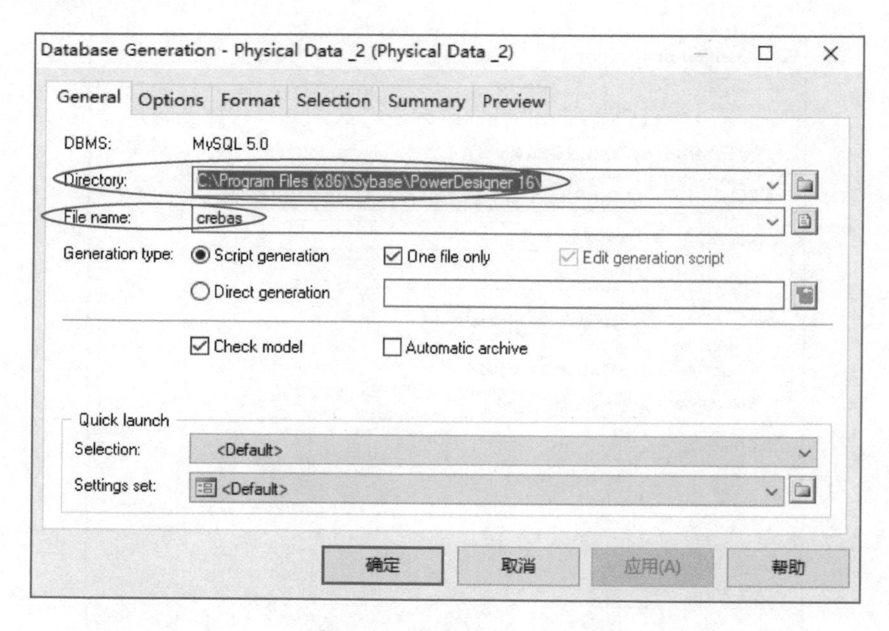

图 11-22 设置 SQL 程序存放路径

11.4 案例：教学管理系统数据库设计

数据库设计工具的重要性不言而喻，本节结合前面知识内容，以一所高等职业院校的教学管理系统的后台数据库设计为载体，以案例的方式来讲解如何使用 PowerDesinger 工具进行数据库设计的过程。

11.4.1 数据建模需求概述

在一所高等职业院校，教学单位设有一个教务处和若干个教学系。每个系有若干名教师，开设若干专业。每个专业每年招收的学生被编成若干个班集体，通常每个班都有一名教师作为班主任。

教务处负责全校的教学管理工作，主要包括组织制订各专业培养计划，制定每学期的教学计划——课程表，登记学生各门课程的成绩，登记和统计教师各学期的教学工作，登记在校学生及其相关信息。

整个教学管理系统是一个 B/S 结构 Web 系统，后台数据库使用 MySQL 服务器。教学管理系统的业务主要有两方面：制定专业培养计划和日常教学工作安排。

（1）制定专业培养计划

专业培养计划是指导日常教学工作的重要文件，其规定了该专业学生应学习的各门课程，包含了以下几大方面的模型实体。

1）专业培养计划是一个复杂的实体，每个专业都有自己的培养计划。不同专业培养计划中可能会引用相同的课程，不同培养计划的执行者可能会有重叠交叉的现象。

2）课程是一个一般的概念，可以细分为“基础课程”“专业课程”和“实践课程”，这种分类对所有专业、所有培养计划都是适用的，具有通用性与可行性。

3）教师实体虽然在培养计划表格中没有标出，但培养计划的执行者就是教师，因而要考虑教师与课程的关系，因此教师实体也是必须全面考虑的。

4）学生是学校中最主要的角色，是培养计划的承受者，因而要考虑学生与教师、课程以及其他方面的关系，学生实体是理所当然要详细分析、考虑的一个重要关系模式。

5）专业与教学系部是教学组织过程中不可缺少的要素，专业直接与培养计划相关。教学系部直接管理培养计划，并按计划实施人才培养方案，是学校教学过程的担当部门。

（2）日常教学工作安排

日常教学工作是指学校在执行培养计划过程中所发生的，所有教师与学生及教学管理部门之间的教学活动，主要包括以下 4 方面内容。

1）安排学期教学计划。根据培养计划、教师情况、学生选课情况，制订本学期全校的课程表，对每一门课安排主讲教师等相关工作。

2）登记学生各门课程的成绩。每门课程成绩是学生是否完成培养任务、达到专业培养标准的重要参考依据，必须记录好每个学生每门课程的成绩，以供需要时查阅。

3）对学生进行教学班级划分。同一届、同一个专业的学生被编成一个或多个学生班（集体），原则上每个班指定一名教师作为班主任。对所有必修课和大部分选修课，都是以班为单位安排课程，分为大班（几个班集体）课和小班课。

4）安排授课场所。授课场所是一个广义的范畴，可以是教室、实验室、车间，也可以是

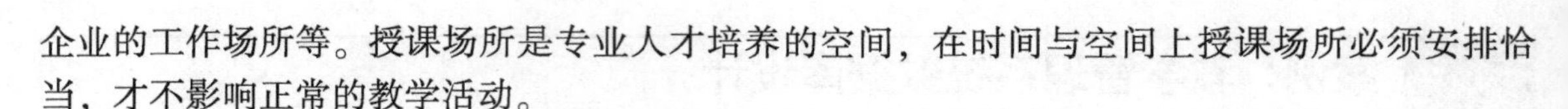

企业的工作场所等。授课场所是专业人才培养的空间，在时间与空间上授课场所必须安排恰当，才不影响正常的教学活动。

11.4.2 数据建模设计

根据以上的需求分析，对教学管理系统分步骤，按实际情况采用如下合理、恰当的数据库建模设计方案。

（1）针对专业培养计划实体

考虑专门建立一个完整的实体来存储相关信息，此实体的信息主要包括培养目标、专业编号、适用年级、编制部门、编制日期、课程编号、授课时间的安排等，进而得到如图 11-23 所示的专业培养计划实体。

（2）针对教学系统课程信息

课程是系统中的一个重要概念，里面包含了众多极其重要的信息，在此专门设计一个课程实体来存储这方面的数据。此实体的信息主要包括课程编号、课程名字、学分、学时、考核方式、课程类型（基础课程，专业课程，实践课程）、课程性质（选修，必修）、内容简介、教师编号、系部编号等，可以得到如图 11-24 所示的课程实体。

专业培养计划		
培养目标	varchar(50)	<pk>
专业编号	varchar(50)	
适用年级	varchar(50)	
编制部门	varchar(50)	
编制日期	date	
课程编号	varchar(50)	
授课时间的安排	varchar(50)	

图 11-23 专业培养计划实体

课程		
课程编号	varchar(50)	<pk>
课程名字	varchar(50)	
学分	varchar(50)	
学时	varchar(50)	
考核方式	date	
课程类型	varchar(50)	
课程性质	varchar(50)	
内容简介	varcahar(500)	
教师编号	varchar(50)	
系部编号	varchar(50)	

图 11-24 课程实体

（3）针对教学系统教师信息

教师是系统中的另一个重要概念，里面包含了众多重要而又复杂的业务信息，在此专门设计一个教师实体满足相关业务需求。此实体的信息主要包括工号、姓名、年龄、性别、学历、职称、工龄、任教学科、系部编号等，其中工号为主键，所在系部属性不直接提供，而是引用系部实体取得相关信息，进而得到如图 11-25 所示的教师实体。

（4）针对教学系统学生信息

学生是系统中一个与教师同等重要的概念，其中也包含复杂的业务信息，在进行数据建模设计时需一并考虑，在此专门设计一个学生实体，用来满足相关业务需求。此实体的信息主要包括学号、姓名、年龄、性别、专业编号、年级、入学年份、班级编号、系部编号等，进而得到如图 11-26 所示的学生实体。

（5）针对专业与教学系部信息

专业与教学系部是教学过程中必备元素，是教学管理的重要实施形式，在此考虑分别设计专业、教学系部两个实体。专业实体信息包括专业编号、专业名称、修学年限、毕业学分、专业负责人、归属教学系部等。教学系部实体信息包括系部编号、系部名称、办公地点、联系电话、系主任等。从对两个实体的分析，进而得到如图 11-27 所示的专业和教学系部实体。

教师	
工号	varchar(50) <pk>
姓名	varchar(50)
年龄	samllint
性别	varchar(50)
学历	date
职称	varchar(50)
工龄	smallint
任教学科	varchar(50)
系部编号	varchar(50)

图 11-25 教师实体

学生	
学号	varchar(50) <pk>
姓名	varchar(50)
年龄	samllint
性别	varchar(50)
专业编号	varchar(50)
年级	varchar(50)
入学年份	varchar(50)
班级编号	varchar(50)
系部编号	varchar(50)

图 11-26 学生实体

专业	
专业编号	varchar(50) <pk>
专业名称	varchar(50)
修学年限	samllint
毕业学分	varchar(50)
专业负责人	varchar(50)
系部编号	varchar(50) <fk>

<<从属于>>　0,n　1,1

教学系部	
系部编号	varchar(50) <pk>
系部名称	varchar(50)
办公地点	varchar(50)
联系电话	varchar(50)
系主任	varchar(50)

图 11-27 专业和教学系部实体

（6）针对安排学期教学计划信息

每个学期的教学计划涉及教师、班级、教室、课表等资源信息，其中教师实体已经定义，班级、教室实体在后面的环节中定义，剩下只需定义好课表的实体即可。课表实体包含课表编号、班级编号、教室编号、授课学期、授课周次、授课日、授课时间、教师编号、课程编号等信息，经建模得到如图 11-28 所示的课表实体。

（7）针对学生各门课程成绩信息

课程成绩是学生对每门课程是否达标的最重要依据，涉及学生、课程、教师、成绩等实体，在此只需要定义成绩实体即可。成绩实体信息应包括成绩编号、学生编号、课程编号、教师编号、授课学期、分数、是否合格等，经建模可得到如图 11-29 所示的成绩实体。

课表	
课表编号	varchar(50) <pk>
班级编号	varchar(50)
教室编号	varchar(50)
授课学期	varchar(50)
授课周次	varchar(50)
授课日	varchar(50)
授课时间	varchar(50)
教师编号	varchar(50)
课程编号	varchar(50)

图 11-28 课表实体

成绩	
成绩编号	varchar(50) <pk>
学生编号	varchar(50)
课程编号	varchar(50)
教师编号	varchar(50)
授课学期	varchar(50)
分数	integer
是否合格	varchar(50)

图 11-29 成绩实体

（8）针对学生班级信息

班级是教学活动的基本单元，整个学校的所有学生都必须编入某个班级。班级实体应包含班级编号、班级名称、班长编号、班主任编号、班级人数、所属年级、专业编号等信息，经建模可得到如图 11-30 所示的班级实体。

（9）针对教学场地信息

教室是教学场地的统称，在教学活动中跟教室发生联系的实体有多个，在实体模型设计中，教室实体应用包含教室编号、教室名称、教室位置、可容纳人数、是否被使用、教室类型等信息，经设计可得到如图 11-31 所示的教室实体。

班级	
班级编号	varchar(50)
班级名称	varchar(50)
班长编号	varchar(50)
班主任编号	varchar(50)
班级人数	smallint
所属年级	varchar(50)
专业编号	varchar(50)

图 11-30　班级实体

教室	
教室编号	varchar(50)
教室名称	varchar(50)
教室位置	varchar(50)
可容纳人数	integer
是否被使用	smallint
教室类型	smallint

图 11-31　教室实体

11.4.3　实体模型关系设计

在教学管理系统的各实体模型中，各实体之间不是孤立的，而是相互关联的，以解决数据表中的结构冗余、操作异常等问题，达到数据模型的最优设计。

（1）教学系部实体关系

教学系部实体是系统中非常重要的一个实体，基本上每一个实体都与该实体有直接或间接的关联。直接关联的实体有学生、教师、专业、课程，4 个实体中均通过属性“系部编号”直接与教学系部形成多对一的关系，如图 11-32 所示。语义上可理解为一个教学系部有多名学生，有多个教学专业，开了多门教学课程，拥有多名任课教师。

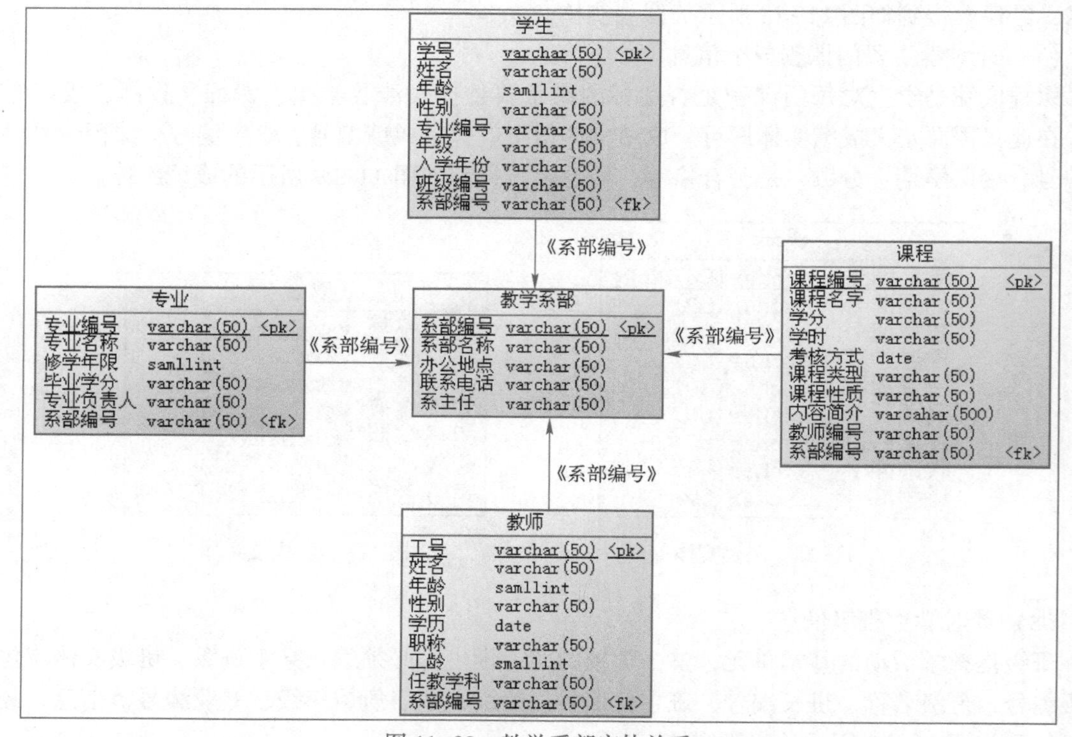

图 11-32　教学系部实体关系

（2）教师实体关系

教师实体是系统中另一个重要实体，成绩、班级、课程、课表 4 个实体均通过属性“教师编号”直接与教师实体形成多对一的关系，如图 11-33 所示。语义上可理解为一名教师可以给多名学生评定成绩，可以带多个班级（班主任），可以主讲多门课程，可以有多张课表（不同学期）。

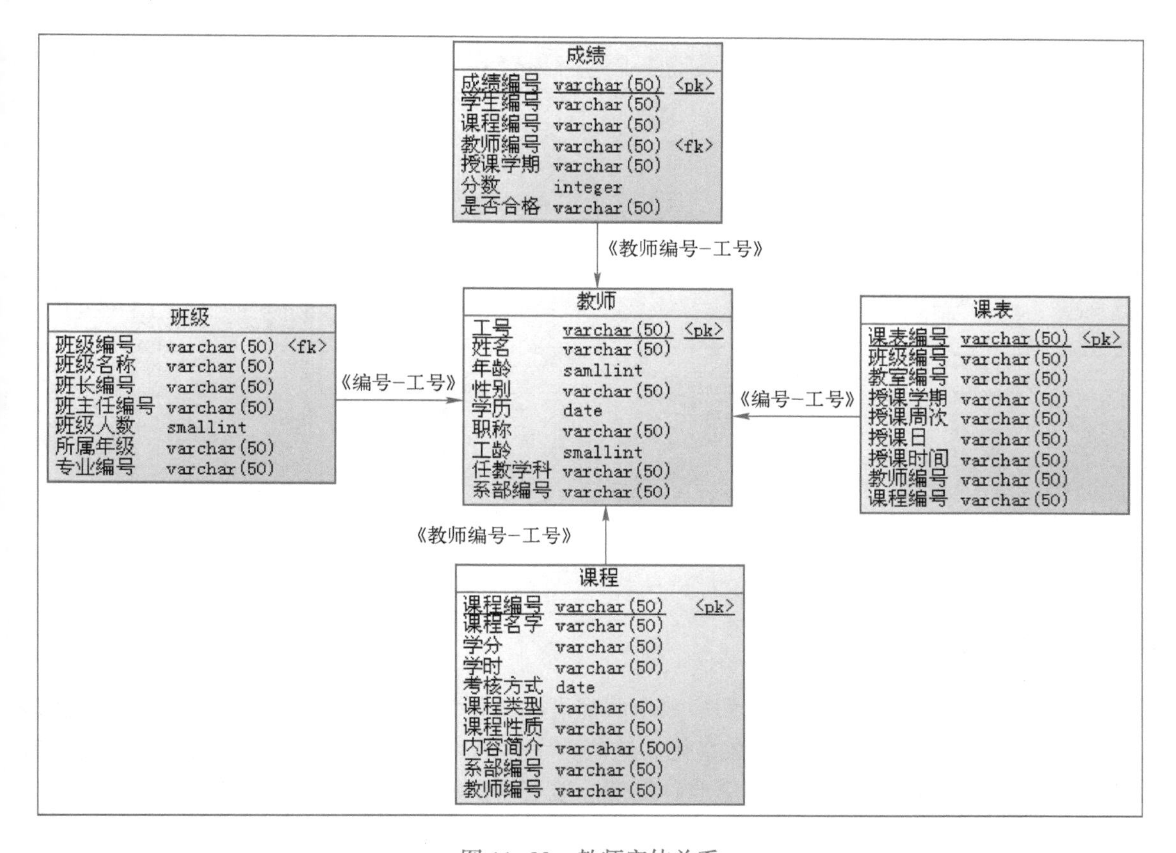

图 11-33　教师实体关系

（3）专业培养计划、专业、班级、学生、课表实体关系

专业培养计划、专业、班级、学生、课表等实体在整个系统中占有举足轻重的位置，其跟其他实体的关系也较为复杂。

课表实体通过“教室编号”和“班级编号”两个外键分别与教室实体、班级实体发生多对一关联，成绩实体通过“学生编号”与学生实体形成多对一的关系，学生实体通过“班级编号”与班级实体形成多对一的关系，班级实体通过“专业编号”与专业实体形成多对一的关系，专业培养计划通过“专业编号”和“课程编号”分别与专业实体、课程实体形成多对一的关系，此部分实体模型的综合关系如图 11-34 所示。

实体语义为一个教室可以服务于多张课表，一个班级可以有多张课表（不同学期），可以有多名学生，一名学生可以有多门课程的成绩，一个专业可以有多个班级，可以有多个培养计划（不同入学年份），一门课程可以被多个专业培养计划采用。

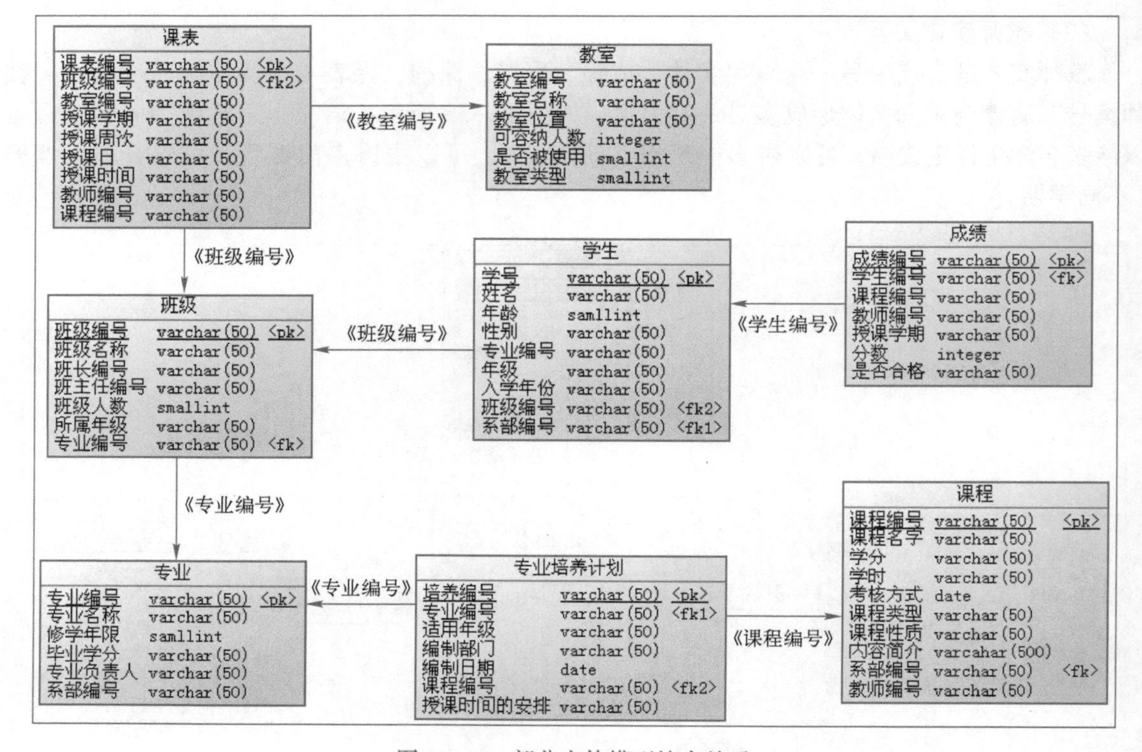

图 11-34　部分实体模型综合关系

拓展阅读　数字化转型

近几十年来，现实生活中的绝大多数东西都可以转化为数据。这些数据只用两个数字来表达，那就是 0 和 1，因此也被叫作数字化。这些数字化的内容可以非常容易地被处理、复制和传播，并可以在其他的时间和空间里准确复现。改变了所有人生活的移动互联网，就是一个庞大的数字世界。

数字化转型是建立在数字化转换、数字化升级的基础上，以新建一种商业模式为目的的高层次转型。要推动数字化转型，需要从“数字化”“网络化”“智能化”三个方面着手。

这里所说的“数字化”，不仅仅是把业务流程搬到网上，而是把企业的一切业务场景，进行深度的、全面的数字化。到底有多深呢？就是要达到数字化的内容能完全跟现实一模一样，就像虚拟的双胞胎一样。数字化到了这个境界，就叫作“数字孪生”。数字孪生也被称为数字映射、数字镜像，就是在一个设备或系统的基础上，创造一个数字版的“克隆体”。数字孪生体最大的特点在于它是对实体对象的动态仿真，也就是说，数字孪生体是会“动”的。通过数字孪生，为现实中的每一个流程，每一个设备，甚至每一个人都创建一个动态同步的数字克隆体，是数字化转型的基础。

这里说的“网络化”同样是指深度的网络化，不但要把企业内部所有的数字孪生体，以及背后的人、物、设备连接起来，还要打破企业内部组织的藩篱，让上下游产业链也联通起来。

5G 在网络化的过程中发挥着关键作用，生产中的各种图像、视频以及运行数据非常庞杂，需要通过 5G 的大带宽、低时延、高可靠性以及海量连接，将数据及时回传和下发，实现数字世界和物理世界的同步。

通过网络化，企业自身的所有数字孪生体以及客户、供应商等上下游产业的数字孪生体都连接起来了，相当于在数字世界构建了一个完整的虚拟系统。只要输入合适的启动数据，这个由数字孪生组成的网络就像一个真正的组织一样，自主运行起来，并不断根据目标进行自我优化，并把优化成果投射到背后的实体上。

“智能化”背后的含义就是无人化。通过前面的数字化和网络化，系统掌控着数字世界的一切，并随时把指令同步下发给物理设备来进行执行，这些工作系统、机器都可以自主完成，不再需要人了。想象一下，在工厂里，流水线上各种机械臂工作得有条不紊，AGV 小车穿梭自如，投料、取件、入库动作娴熟，系统还可以自动给供应商下单，并自主向客户分配发货。人在其中起到的作用，主要是系统的设计以及运营和维护。

从以上可以看出，数字化转型绝非是简单的信息化和办公自动化，数字化转换和升级已触及公司核心业务，可实现商业模式的创新，并能大幅降低成本，实现产业、行业盈利目标的大幅提升与增长。

练习题

一、选择题

1. 数据库设计的基本原则有（　　　　）。[多选]

A. 一对一设计原则　　　　B. 独特命名原则
C. 双向使用原则　　　　B. 头脑风暴原则

2. 数据库设计的重要作用有（　　　　）。[多选]

A. 有利于数据库软件的安装　　　　B. 有利于资源节约
C. 有利于软件运行速度的提高　　　　D. 有利于软件故障的减少

3. 数据库设计包含（　　　　）阶段。[多选]

A. 需求分析　　　　B. 概念、逻辑、物理设计
C. 验证设计　　　　D. 运行与维护设计

4. 数据库设计过程中会遇到的问题有（　　　　）。[多选]

A. 业务基本需求无法得到满足
B. 数据库性能不高
C. 数据库的扩展性较差
D. 数据资源冗余
E. 表与表之间的耦合过密

5. 在对信息系统的数据库设计过程中，注意事项有（　　　　）。[多选]

A. 明确用户需求　　　　B. 增加命名规范性
C. 充分考虑数据库优化与效率的问题
D. 不断调整数据之间的关系
E. 合理使用索引

6. 数据库设计中所涉及数据模型包含（　　　　）。[多选]

A. 概念模型　　B. 逻辑模型　　C. 原型模型　　D. 物理模型

7. 数据模型是现实世界中数据特征的抽象，数据模型应该满足（　　　　）方面的要

求。[多选]

A. 能够比较真实地模拟现实世界

B. 容易为人们理解

C. 便于计算机实现

D. 方便数据库软件的安装与升级

8. 关于 PowerDesigner 工具的说法，正确的有（　　）。[多选]

A. PowerDesigner 是数据建模业界的领头羊

B. PowerDesigner 是 IBM 公司的 CASE 工具集

C. PowerDesigner 最初由王晓昀开发

D. PowerDesigner 最主要的作用是在数据库应用领域的编程开发

9. 下面（　　）工具可以绘制实体关系（E-R）图。[单选]

A. Photoshop　　B. DreamWeaver　　C. CoreDraw　　D. PowerDesigner

10. 关于 PowerDesigner 数据建模的说法，正确的是（　　）。[单选]

A. 只能在概念层上建立和维护数据模型

B. 只能在物理层上建立和维护数据模型

C. 既能在概念层上也能在物理层上建立和维护数据模型

D. 既不能在概念层上也不能在物理层上建立和维护数据模型

二、操作题

假如现在要为一个“学生选课系统”系统做数据库设计方案，模块的功能要满足以下第（1）部分的要求，表实体设计要满足第（2）部分的要求，请使用数据建模工具设计出所有实体数据模型，并开发出数据库环境中的 SQL 建表程序。

（1）功能模型

1）每名学生可选多门课程。

2）每名老师可讲授多门课程。

3）学生可查询本人已修完的课程及学分。

4）学生可查询有哪些课程可选。

（2）基本实体模型

1）学生表（学生基本信息）。

2）教师表（教师基本信息）。

3）课程表（每门课程基本信息，如学分、学时）。

4）选课表（学生的选课信息）。

5）授课表（教师的授课信息）。

6）已选修课程表（学生已选修的课程明细，如课程、学分）。

7）可选修课程表（学生可选修的课程信息）。

（3）生成 SQL 程序

在数据库中调试通过。

参 考 文 献

[1] 田萍芳，刘琼，张志辉，等. Visual Basic 程序设计教程［M］. 北京：中国铁道出版社，2014.
[2] 王国胤，刘群，夏英，等. 数据库原理与设计［M］. 北京：电子工业出版社，2011.
[3] 钱雪忠，王月海，陈国俊，等. 数据库原理及应用［M］. 北京：北京邮电大学出版社，2015.
[4] 温立辉. 数据库高级应用技术［M］. 北京：北京理工大学出版社，2016.
[5] 杨波，许丽娟，陈刚，等. 电子商务概论［M］. 北京：北京邮电大学出版社，2014.
[6] 杨海霞，南志红，相洁. 数据库原理与设计［M］. 北京：人民邮电出版社，2013.
[7] 艾小伟. 数据库原理与开发技术［M］. 北京：机械工业出版社，2022.
[8] 明日科技. MySQL 从入门到精通［M］. 北京：清华大学出版社，2021.
[9] 顾韵华. 数据库基础教程［M］. 3 版. 北京：电子工业出版社，2021.
[10] 温立辉，冯昭强，练敏灵，等. Java EE 编程技术［M］. 2 版. 北京：北京理工大学出版社，2021.
[11] 李月军. 数据库原理与 MySQL 应用：微课版［M］. 北京：人民邮电出版社，2022.
[12] 范剑波，刘良旭. 数据库理论与技术实现［M］. 西安：西安电子科技大学出版社，2012.
[13] 叶明全，伍长荣. 数据库技术与应用［M］. 3 版. 合肥：安徽大学出版社，2020.
[14] 杨旭，汤海京. 数据科学导论［M］. 北京：北京理工大学出版社，2014.
[15] 王洪峰，王迤冉. 数据库系统原理与应用教程［M］. 北京：科学出版社，2022.
[16] 何玉洁. 数据库基础与实践技术：SQL Server 2017［M］. 北京：机械工业出版社，2020.
[17] 孔璐. 软件开发中数据库设计理论与实践分析［J］. 南方农机，2019，50（4）：135.
[18] 钱博韬. 计算机软件数据库设计的重要性以及原则研究［J］. 中小企业管理与科技，2018，（33）：138-139.
[19] 伍琴兰. 提高计算机软件数据库设计水平的有效方法［J］. 科学技术创新，2018，（33）：68-69.